C++嵌入式开发实例精解

[美] 艾格尔·威亚契克　著

刘　颢　译

清华大学出版社

北　京

内容简介

本书详细阐述了与C++嵌入式开发相关的基本解决方案，主要包括嵌入式系统的基础知识，配置开发环境，与不同的体系结构协同工作，处理中断，调试、日志和分析，内存管理，多线程和同步机制，通信和序列化，外围设备，降低功耗，时间点和时间间隔，错误处理和容错机制，实时系统、安全性系统的指导原则，微控制器编程等内容。此外，本书还提供了相应的示例、代码，以帮助读者进一步理解相关方案的实现过程。

本书适合作为高等院校计算机及相关专业的教材和教学参考书，也可作为相关开发人员的自学用书和参考手册。

北京市版权局著作权合同登记号　图字：01-2020-6419

图书在版编目（CIP）数据

C++嵌入式开发实例精解 /（美）艾格尔·威亚契克著；刘颙译. —北京：清华大学出版社，2022.5
书名原文：Embedded Programming with Modern C++ Cookbook
ISBN 978-7-302-60780-9

Ⅰ．①C…　Ⅱ．①艾…　②刘…　Ⅲ．①C++语言—程序设计　Ⅳ．①TP312.8

中国版本图书馆 CIP 数据核字（2022）第 075866 号

责任编辑：贾小红
封面设计：刘　超
版式设计：文森时代
责任校对：马军令
责任印制：宋　林

出版发行：清华大学出版社
　　　　　网　　　址：http://www.tup.com.cn，http://www.wqbook.com
　　　　　地　　　址：北京清华大学学研大厦 A 座　　　　　邮　　编：100084
　　　　　社 总 机：010-83470000　　　　　　　　　　　邮　　购：010-62786544
　　　　　投稿与读者服务：010-62776969，c-service@tup.tsinghua.edu.cn
　　　　　质量反馈：010-62772015，zhiliang@tup.tsinghua.edu.cn
印 装 者：三河市铭诚印务有限公司
经　　销：全国新华书店
开　　本：185mm×230mm　　　印　　张：22　　　字　　数：439 千字
版　　次：2022 年 7 月第 1 版　　　　　　　　　印　　次：2022 年 7 月第 1 次印刷
定　　价：119.00 元

产品编号：088860-01

译 者 序

2021 年 5 月 30 日，中国航天再次创造了历史，天舟二号货运飞船发射升空约 8 小时后，即完成了自主快速交会对接，精准对接于天和核心舱后向端口。这是一项了不起的成就，因为从火箭点火升空开始，嵌入式系统就需要不断感知飞行状态，输出高精度测距、测速及测角信息，获取入轨目标参数，经过大量运算进行迭代修正，从而保证货运飞船准确进入核心舱所在的轨道面。由于这一切都是自主导引完成的，无需地面干预，因此它不但需要高科技的硬件，也需要高性能的嵌入式系统。考虑到其复杂的运行环境，这样的系统在测试和调试时必然面临重重困难，所以我们才说这是非常了不起的成就。

除了在航空航天领域大展神威之外，嵌入式系统在其他领域也在蓬勃发展。例如，华为和百度等公司已经成功开发自动驾驶控制系统，这样的系统可以通过激光雷达和微波雷达等感知世界，快速采集和处理大量驾驶数据，通过实时操作系统进行控制，能够在极短的时隙内做出最恰当的响应。虽然目前它们仍处于道路测试阶段，但是，乐观而言，很快我们的社会将迎来自动驾驶的时代。

本书详细介绍了 C++嵌入式系统开发的特点和技巧，主要包括嵌入式系统的基础知识、配置开发环境、处理中断、调试、日志和分析、内存管理、多线程和同步机制、通信和序列化、外围设备、时间点和时间间隔、错误处理和容错机制、实时系统、安全性系统的指导原则、微控制器编程等内容。

本书由刘颙翻译，此外张博、刘祎、刘璋、张华臻也参与了部分翻译工作。由于译者水平有限，错漏之处在所难免，在此诚挚欢迎读者提出任何意见和建议。

译 者

前　言

长久以来，嵌入式系统开发基本通过 C 语言或汇编语言予以实现，其原因在于，硬件往往缺少应有的资源运行高级编程语言（如 C++、Java 或 Python）编写的程序。更为重要的是，没有必要使用这些语言编写软件。有限的硬件资源限制了软件的复杂性，嵌入式应用程序的功能依然相对简单，这也使得 C 语言足以胜任此项工作。

随着硬件开发的不断进步，越来越多的嵌入式系统由廉价而强大的系统芯片驱动，甚至能够运行通用的多任务系统，如 Linux。不断增长的硬件能力需要我们编写更加复杂的软件，因此，C++越来越多地成为新的嵌入式系统的首选语言。C++允许开发人员创建使用计算和内存资源的应用程序，就像使用 C 语言编写的应用程序一样，但为开发人员提供了更多的工具处理复杂性和更安全的资源管理问题，如面向对象编程和 RAII 习惯用法。

具有丰富 C 语言经验的资深嵌入式开发人员通常倾向于以类似的、习惯性的方式使用 C++编写代码，并将这种语言视为 C 语言的面向对象扩展，即带有类的 C 语言。然而，现代 C++语言拥有自己的最佳实践方案和概念，如果使用得当，它可以帮助开发人员避免常见的陷阱，并允许开发人员在几行代码中完成诸多工作。

另一方面，当具有 C++经验的开发人员步入嵌入式系统这一领域时，他们需要了解特定的硬件平台，以及应用程序领域的需求、限制条件和相关功能，进而设计 C++代码。

本书旨在填补这一项空白，并演示如何在嵌入式系统中应用现代 C++语言的特性和最佳实践方案。

适用读者

本书适用于软件开发人员、电子硬件工程师、软件工程师和系统芯片工程师，可帮助他们通过 C++语言构建高效的嵌入式程序。

嵌入式系统涵盖了较为广泛的领域，本书试图讨论其中的一种类型，即运行 Linux 操作系统的 SoC，如树莓派或 BeagleBoard，并简要介绍底层微控制器，如 Arduino。

本书希望读者了解与 C++这门编程语言相关的基础知识，但并不需要具备丰富的 C++知识或嵌入式系统经验。

本书内容

第 1 章定义了嵌入式系统的具体含义、嵌入式系统与其他系统之间的区别、所需的特定编程技术，以及为何大多数时候 C++语言是嵌入式开发的首选方案。另外，本章还将介绍嵌入式开发人员在日常工作中所面临的约束和挑战，即有限的系统资源和 CPU 性能、处理硬件错误和远程调试。

第 2 章解释了嵌入式系统开发环境与 Web 或桌面应用程序开发的区别，并介绍了构建和目标系统、交叉编译和交叉工具箱、串行控制台和远程 Shell 等概念。对于运行 Windows、macOS 或 Linux 的大多数常见桌面配置，本章还提供了设置虚拟化构建和目标主机的实际操作步骤。

第 3 章解释了 C++代码中目标系统的 CPU 架构和内存配置之间的差别。

第 4 章介绍了中断和中断服务例程的底层概念。在现代操作系统中，开发人员或启动程序需要使用操作系统提供的高层 API，因而需要通过 8051 微控制器考查中断技术。

第 5 章讨论基于 Linux 的嵌入式系统的调试技术，如在目标板（target board）上直接运行 gdb、针对远程调试机制的 gdb 服务器，以及针对调试和故障根源分析的日志机制的重要性。

第 6 章提供与内存分配相关的多个示例和最佳实践方案，这对于嵌入式系统的开发人员来说十分有用。其间讨论了为何需要在嵌入式应用程序中避免使用动态内存分配，以及快速、专用内存分配的相关替代方案。

第 7 章将讨论如何使用 C++标准库中的函数和类实现高效的多线程应用程序，同时发挥现代多核 CPU 的最大功效。

第 8 章将讨论进程和系统通信间的一些概念、挑战性问题和最佳实践方案，如 Socket、管道、共享内存和基于 FlatBuffers 库的高效内存序列化机制。另外，本章还讨论如何将应用程序解耦为独立的组件，且这些组件使用定义良好的异步协议相互通信，这实际上是扩展软件系统同时保持其快速和容错的标准方法。

第 9 章将介绍如何在 C++程序中与各种外围设备协同工作。虽然大多数设备通信 API 并不依赖于特定的编程语言，但我们仍将通过 C++语言的强大功能编写封装器（这对于开发人员来说十分方便），并防止出现创建的资源泄露错误。

第 10 章将探讨编写高效节能的应用程序，以及利用操作系统电源管理功能的最佳实践方案。本章针对基于 Linux 的嵌入式系统提供了多个示例，在此基础上，相同的概念也可扩展至其他操作系统和平台。

第 11 章介绍与时间管理相关的各种话题，如测算时间间隔、增加延时。此外，我们还将学习 C++ Chrono 标准库提供的 API，并以此构建可移植的应用程序。

第 12 章将讨论 C++嵌入式应用程序中错误机制的可能实现和最佳实践方案，同时还将解释如何高效地使用 C++异常机制，并将该机制与其他替代方案进行比较，如传统的错误代码和复杂的返回机制。其间将涉及一些基本的容错机制，如看门狗计时器和心跳信号。

第 13 章讨论实时系统规范，主要介绍实时系统的定义方式，以及实时系统所包含的类型。本章通过实际案例探讨了如何使应用程序的行为更具确定性，这也是实时系统的关键需求。

第 14 章考查什么是安全关键系统，以及安全系统与其他嵌入式系统之间的不同之处。本章涵盖了开发关键安全系统时所需的开发方法和工具，如编码指南（包括 MISRA、AUTOSAR 或 JSF）、静态代码分析、软件验证工具。

第 15 章简要介绍微处理器 C++代码的编写、编译和调试等概念。同时使用 Arduino 电路板作为示例，并讨论如何设置开发环境。

嵌入式系统开发意味着应用程序将与某些专用硬件进行交互，如特定的 SoC 平台、特定的微控制器或特定的外围设备。因此，存在多种可能的硬件配置，以及与这些硬件设置协同工作的专用操作系统或 IDE。

本书旨在指导读者学习如何实现嵌入式系统编程，但不会过多地涉及硬件内容。因此，大多数示例工作于虚拟 Linux 环境或模拟器中，某些示例可能需要使用真实的硬件设备。这些示例将运行于 Raspberry Pi 或 Arduino 这些广泛使用且价格低廉的平台上，具体内容如表 1 所示。

表 1

本书涉及的软件/硬件	操 作 系 统
Docker（https://www.docker.com/products/docker-desktop）	❑ 64 位 Microsoft Windows 10 专业版或企业版 ❑ macOS 10.13 或更新的版本 ❑ Ubuntu Linux 16.04 或更新的版本 ❑ Debian Linux Stretch（9）或 Buster（10） ❑ Fedora Linux 30 或更新的版本
QEMU（https://www.qemu.org/download/）	❑ Windows 8 或更新的版本（32 位或 64 位） ❑ macOS 10.7 或更新的版本 ❑ Linux（各个版本）
Raspberry Pi 3 Model B+	
Arduino UNO R3 或 ELEGOO UNO R3	

如果读者正在阅读本书的电子版，建议输入代码或通过 GitHub 存储库查看代码，这有助于防止代码复制、粘贴过程中出现的潜在错误。

下载示例代码文件

读者可访问 www.packt.com 并通过个人账户下载本书的示例代码文件。无论读者在何处购买了本书，均可访问 www.packt.com/support，经注册后我们会直接将相关文件通过电子邮件的方式发送给您。

下载代码文件的具体操作步骤如下。

（1）访问 www.packt.com 并注册。

（2）选择 Support 选项卡。

（3）单击 Code Downloads。

（4）在 Search 搜索框中输入书名。

当文件下载完毕后，可利用下列软件的最新版本解压或析取文件夹中的内容。

❑　WinRAR/7-Zip（Windows 环境）。

❑　Zipeg/iZip/UnRarX（Mac 环境）。

❑　7-Zip/PeaZip（Linux 环境）。

另外，本书的代码包也托管于 GitHub 上，对应网址为 https://github.com/PacktPublishing/ Embedded-Programming-with-Modern-CPP-Cookbook。若代码被更新，现有的 GitHub 库也会保持同步更新。

读者还可访问 https://github.com/PacktPublishing/并从对应分类中查看其他代码包和视频内容。

下载彩色图像

我们还进一步提供了本书中截图/图表的彩色图像，读者可访问 https://static.packt-cdn. com/downloads/9781838821043_ColorImages.pdf 进行查看。

🛈图标表示警告或重要的注意事项。

🛈图标表示提示信息和操作技巧。

读者反馈和客户支持

欢迎读者对本书提出建议或意见并予以反馈。

对此，读者可向 customercare@packtpub.com 发送邮件，并以书名作为邮件标题。

勘误表

尽管我们希望将本书做到尽善尽美，但疏漏依然在所难免。如果读者发现谬误，无论是文字错误或是代码错误，还望不吝赐教。对此，读者可访问 http://www.packtpub.com/submit-errata，选取对应书籍，输入并提交相关问题的详细内容。

版权须知

一直以来，互联网上的版权问题从未间断，Packt 出版社对此类问题异常重视。若读者在互联网上发现本书任意形式的副本，请告知我们网络地址或网站名称，我们将对此予以处理。关于盗版问题，读者可发送邮件至 copyright@packtpub.com。

若读者针对某项技术具有专家级的见解，抑或计划撰写书籍或完善某部著作的出版工作，可访问 authors.packtpub.com。

问题解答

若读者对本书有任何疑问，可发送邮件至 questions@packtpub.com，我们将竭诚为您服务。

目　　录

第1章 嵌入式系统的基础知识

嵌入式系统是整合了硬件和软件组件以在较大的系统或设备中处理特定任务的计算机系统。与一般用途的计算机设备不同，嵌入式设备具有专用性，且经优化后仅执行单项任务。

嵌入式系统无处不在，但却很少引起我们的注意。嵌入式系统存在于几乎所有的家用电器或电气化设备中，如微波炉、电视机、联网存储设备或智能恒温器。另外，汽车中也配置了多个互连的嵌入式系统，用以控制刹车、燃油喷射、娱乐信息节目等。

本章主要涉及与嵌入式系统相关的下列主题。

- ❑ 考查嵌入式系统。
- ❑ 与有限的资源协同工作。
- ❑ 考查性能影响。
- ❑ 与不同的结构协同工作。
- ❑ 处理硬件错误。
- ❑ C++嵌入式开发。
- ❑ 远程部署软件。
- ❑ 远程运行软件。
- ❑ 日志和诊断。

1.1 考查嵌入式系统

每一个作为较大系统或设备的部分内容，并针对处理特定问题而实现的计算机系统均可视为嵌入式系统，甚至通用 PC 或笔记本电脑也涵盖了诸多嵌入式系统，如键盘、硬盘、网卡或 Wi-Fi 模块，它们都是配备了处理器（通常称作微控制器）及其自身软件（通常称作固件）的嵌入式系统。

接下来考查嵌入式系统的不同特性。

1.1.1 与台式机或 Web 应用程序的不同之处

与台式机或服务器相比，嵌入式系统最显著的特点是其硬件和软件的紧密耦合，且专门用于完成特定的任务。

嵌入式系统工作于多种物理和环境条件下，它们中的大多数并不是针对特定条件下的数据中心或办公室而设计的，且需要在无法控制的环境中发挥作用，通常缺少应有的监督或维护。

由于嵌入式系统的专业性，硬件需求条件往往被精确地计算，进而完成具有成本效益的任务，因此，软件的目标是在低存储或 0 存储的前提下百分之百地利用可用资源。

与常规的台式机和服务器相比，嵌入式系统的硬件差别更大，每个系统的设计都是独立的，且需要特定的 CPU 和电路图以连接内存和外围设备。

嵌入式系统的设计目标旨在连接外围设备。相应地，嵌入式程序的主要内容是检查相关状态、读取输入、发送数据或控制外部设备。与传统的台式机或 Web 应用程序相比，嵌入式系统一般不包含用户界面，这也使得开发、调试和诊断过程较为困难。

1.1.2　嵌入式系统的类型

嵌入式系统涉及广泛的用例和技术，如用于自动驾驶或大规模存储系统的功能强大的系统、用于控制灯泡或 LED 显示屏的微控制器。

基于硬件的集成度和专业化程度，嵌入式系统大致可以分为以下几类。

- ❑　微控制器（MCU）。
- ❑　片上系统（SoC）。
- ❑　专用集成电路（ASIC）。
- ❑　现场可编程门阵列（FPGA）。

1.1.3　微控制器

MCU 是针对嵌入式应用程序设计的通用集成电路。MCU 单芯片通常包含一个或多个 CPU、内存和可编程的输入/输出外围设备，进而可与传感器或执行机构直接交互，而不需要添加任何额外的组件。

MCU 广泛地应用于车辆引擎控制系统、医疗设备、远程控制、办公设备、电器、电动工具和玩具中。

CPU 可配备简单的 8 位处理器、稍显复杂的 32 位处理器，甚至复杂的 64 位处理器。

当前，较为常见的 MCU 包括以下几种。

- ❑　Intel MCS-51 or 8051 MCU。
- ❑　Atmel 开发的 AVR。

❑　Microchip Technology 开发的可编程接口控制器（PIC）。

❑　各种基于 ARM 的 MCU。

1.1.4　片上系统

SoC 是一种集成电路，并将解决某一类特定问题所需的全部电子电路混入部件结合在一块芯片上。

取决于具体应用，片上系统可能会包含信号、模拟或混合信号功能。这里，将大多数电子部件集成在一个芯片上，主要包含两个优点，即小型化、低功耗。

与集成程度较低的硬件设计相比，SoC 需要的功率明显更低。在硬件和软件层面上优化功耗，可以构建一个无须外部电源且仅携带电池即可数天、数月甚至数年的系统。通常情况下，片上系统还集成了射频信号处理，连同紧凑的物理尺寸，使其成为移动应用程序的理想解决方案，如图 1.1 所示。除此之外，SoC 还用于汽车行业、可穿戴电子产品和物联网（IoT）等领域。

图 1.1

Raspberry Pi 家族单片机就是基于 SoC 设计的系统示例。具体来说，Model B+构建于 Broadcom BCM2837B0 SoC 之上，并集成了 1.4 Hz 双核 ARM CPU、1 GB 内存、网络接口控制器和 4 个以太网接口。

这一类电路板配备 4 个 USB 接口、一个启动操作系统和存储数据的 MicroSD 卡端口、以太网和 Wi-Fi 网络接口、HDMI 视频输出，以及一个 40 引脚的 GPIO 头连接自定义外设硬件。

Raspberry Pi 是 Linux 操作系统附带产品，同时也是教育和 DIY 项目的绝佳选择方案。

1.1.5　专用集成电路

专用集成电路或 ASIC 是厂商针对特定应用定制的集成电路。注意，定制行为是一种代价高昂的过程，但往往可以满足通用硬件解决方案通常无法实现的需求。例如，现代高效的比特币矿工通常建立在专用的 ASIC 芯片之上。

当定义 ASCI 的功能时，硬件设计人员可使用 Verilog 或 VHDL 硬件描述语言。

1.1.6　现场可编程门阵列

不同于 SoC、ASIC 和 MCU，现场可编程门阵列或 FPGA 是一种半导体器件，并可在制造完毕后在硬件级别上重新编程。FPGA 基于一个可配置的逻辑块（CLB）矩阵，这些逻辑块通过可编程的互连方式进行连接。开发人员可以根据具体要求对互连进行编程，以执行特定的功能。FPGA 采用硬件定义语言（HDL）编程，允许实现任何数字功能的组合，进而快速、有效地处理大量数据。

1.2　与有限的资源协同工作

一种常见的误解是，嵌入式系统慢于桌面服务器硬件，但事实并非总是如此。

某些较为特殊的应用程序可能需要大量的计算能力和内存空间。例如，自动驾驶技术需要内存和 CPU 资源通过实时 AI 算法处理来自各种传感器的大量数据。另一个例子则是使用大量内存和资源进行数据缓存、复制和加密的高端存储系统。

无论哪一种情况，嵌入式系统硬件的设计目标旨在最小化系统的成本。嵌入式系统软件工程师往往会面临资源稀缺这一类问题，因而会通过有效的资源实现性能和内存的优化。

1.3　考查性能影响

大多数嵌入式系统均已对性能问题进行了适当优化。如前所述，我们将选择经济、有效的目标 CPU，开发人员将充分利用其有效的计算能力。另一个因素是与外围设备间的通信。这通常需要精确和快速的反应时间。因此，脚本语言、解释型语言、字节码语言（如 Python 或 Java）的空间是有限的。大多数嵌入式程序都是采用可编译为本地代码的语言编写的，主要是 C 和 C++语言。

针对性能最大化问题，嵌入式程序将利用编译器的所有性能优化能力。现代编译器非常擅长代码优化，其性能可以超过熟练开发人员编写的汇编语言代码。

然而，工程师不能仅依赖编译器提供的性能优化措施。当实现性能最大化时，还需要进一步考查目标平台的规范。针对运行于 x86 平台的桌面或服务器应用程序，其编码结果会根据架构（如 ARM 或 MIPS）的不同而有所不同。这里，借助目标架构的特性通常可以显著地提升程序的性能。

1.4　与不同的架构协同工作

桌面应用程序开发人员通常不会过多地注意硬件体系结构问题。首先，开发人员一般采用高级编程语言实现相关任务——这隐藏了一些复杂问题，但会导致性能下降。其次，在大多数时候，代码一般运行于 x86 架构上，且不会出现太多变化。例如，开发人员可能会假设 int 的大小为 32 位，但这在很多情况下是不正确的。

嵌入式开发人员往往需要处理更广泛的体系结构问题。即使开发人员未采用目标平台的汇编语言编写代码，他们也应该知道 C/C++语言中的基本类型均依赖于相应的体系结构，相关标准仅可保证 int 至少是 16 位。除此之外，开发人员还需要了解特定体系结构的特性，如字节顺序和对齐方式，并考虑与浮点数或 64 位数据相关的操作，这些操作适用于 x86 体系结构，但在其他体系结构上可能代价高昂。

1.4.1　字节顺序

字节顺序定义了较大数值在内存中的字节存储顺序。

相应地，存在以下几种字节顺序类型。

（1）大端模式，即首先存储最高有效字节。表 1.1 展示了 32 位值 0x01020304 在地址 ptr 处的存储方式。

表 1.1

内存偏移量	值
ptr	0x01
ptr+1	0x02
ptr+2	0x03
ptr+3	0x04

AVR32 和 Motorola 68000 则是大端体系结构示例。

（2）小端模式，即首先存储最低有效字节。表 1.2 展示了 32 位值 0x01020304 在地址 ptr 处的存储方式。

表 1.2

内存偏移量	值
ptr	0x04
ptr+1	0x03
ptr+2	0x02
ptr+3	0x01

x86 即小端体系结构示例。

（3）双端模式，即硬件支持可切换的字节顺序，相关示例包括 PowerPC、ARMv3 以及上述示例。

当与其他系统交换数据时，字节顺序将十分重要。若开发人员按原样发送 32 位整数 0x01020304，如果接收方的字节顺序与发送方的字节顺序不匹配，该整数可能被读取为 0x04030201，因此需要实现数据的序列化。

下列 C++代码用于确定某个系统的字节顺序。

```cpp
#include <iostream>
int main() {
  union {
    uint32_t i;
    uint8_t c[4];
  } data;
  data.i = 0x01020304;
  if (data.c[0] == 0x01) {
    std::cout << "Big-endian" << std::endl;
  } else {
    std::cout << "Little-endian" << std::endl;
  }
}
```

1.4.2　对齐问题

注意，处理器不是以字节读写数据，而是以匹配其数据地址大小的内存字读写数据。也就是说，32 位处理器处理 32 位字，64 位处理器处理 64 位字，等等。

当字对齐时读写效率最高，即数据地址是字大小的倍数。例如，对于 32 位体系结构，0x00000004 地址是对齐的，而 0x00000005 地址是未对齐的。

编译器将自动对齐数据以实现高效的数据访问。对于结构来说，是否对齐则会产生显著的差异。

```
struct {

    uint8_t c;

    uint32_t i;

} a = {1, 1};

std::cout << sizeof(a) << std::endl;
```

其中，uint8_t 的尺寸为 1，uint32_t 的尺寸为 4，开发人员希望当前结构的尺寸为二者之和。然而，最终结果取决于目标体系结构。

对于 x86，对应结果为 8。下面在 i 之前添加另一个字段 uint8_t。

```
struct {

    uint8_t c;

    uint8_t cc;

    uint32_t i;

} a = {1, 1};

std::cout << sizeof(a) << std::endl;
```

最终结果仍为 8。编译器根据对齐规则优化了结构中的数据字段占位符，即添加了填充字节。具体规则取决于相应的体系结构，因而不同体系结构之间最终结果可能会有所不同。最终，如果缺少序列化操作，则结构无法在两个不同的系统之间进行交换，第 8 章将对此加以讨论。

除 CPU 外，数据对齐对于基于硬件地址转换机制的有效内存映射也是至关重要的。现代操作系统通过操作 4 KB 内存块或页将进程虚拟地址空间映射到物理内存。在 4 KB 边界上对齐数据结构可以进一步提高性能。

1.4.3　定宽整数类型

C 和 C++开发人员经常忘记基本数据类型（如 char、short 或 int）的大小依赖于体系结构。为了使代码具有可移植性，嵌入式开发人员经常使用固定大小的整数类型，以明确指定数据字段的大小。

表 1.3 列出了较为常用的数据类型。

表 1.3

宽　　度	有　符　号	无　符　号
8 位	int8_t	uint8_t
16 位	int16_t	uint16_t
32 位	int32_t	uint32_t

另外，指针的大小也取决于体系结构。开发人员经常需要处理数组的元素，由于数组在内部以指针表示，偏移量的表达结果取决于指针的大小。对此，size_t 是一种特殊的数据类型，以独立于体系结构的方式表示偏移量和数据大小。

1.5　处理硬件错误

嵌入式开发人员的主要任务即处理硬件。与大多数应用程序开发人员不同，嵌入式开发人员无法依赖硬件。硬件的故障可能源自多种因素，开发人员需要将纯粹的软件故障与由硬件失败或故障引起的软件故障区分开来。

1.5.1　硬件的早期版本

嵌入式系统是专门为特定用例设计和制造的硬件，这意味着在开发嵌入式系统的软件时，其硬件尚不稳定且缺乏良好的测试。当软件开发人员遇到代码错误时，并不意味着一定存在软件缺陷，也可能是硬件问题导致的不正确的结果。

这一类问题往往难以分离，对此，需要通过相关知识、直觉，有时还需要使用示波器将问题的根源缩小至硬件上来。

1.5.2　硬件的不可靠性

硬件自身缺少应有的可靠性。每个硬件组件均包含故障可能性，开发人员应对此有所认识。例如，由于内存故障，存储在内存中的数据可能会被损坏；通过通信信道传输的信息会因外部噪声而改变。

嵌入式开发人员应对此有所准备，并通过校验或循环冗余校验（CRC）代码对此进行检测，进而修复受损数据（如果可能）。

1.5.3　环境条件的影响

高温、低温、高湿、振动、粉尘等环境因素会显著影响硬件的性能和可靠性。当开发人员设计软件以处理所有潜在的硬件错误时，通常的做法是在不同的环境中测试系统。此外，了解环境条件还可针对问题的根本原因提供重要的线索。

1.6　C++嵌入式开发

在很长一段时间内，人们采用 C 语言开发了许多嵌入式项目，该语言可满足嵌入式软件开发人员的大多数需求，并提供了丰富的特性和方便的语法特征。但是，C 语言偏向于底层，且未向开发人员隐藏平台规范内容。

C 语言的多功能性、紧凑型和编译代码的出色性能，使其成为嵌入式领域中事实上的标准开发语言。C 语言编译器存在于大多数体系结构中，经过适当优化后，生成的机器码比手工编写的代码更高效。

随着时间的推移，嵌入式系统的复杂程度也不断增加；同时，开发人员也感受到 C 语言的局限性，如资源管理问题和高级抽象的缺失。因此，采用 C 语言开发复杂的应用程序往往更加耗时、费力。

与此同时，C++语言处于不断发展中，新增的特性和技术使其逐渐成为现代嵌入式系统开发人员的最佳选择方案，相关的新特性如下。

- ❑ 不必为无用的事务付诸实践。
- ❑ 基于面向对象编程的代码复杂度计算。
- ❑ 资源获取时即初始化（RAII）。
- ❑ 异常机制。
- ❑ 功能强大的标准库。

❑　作为语言规范一部分内容的线程和内存模型。

1.6.1　不必为无用的事务付诸实践

"不必为无用的事务付诸实践"是 C++语言的格言之一。相比于 C 语言，C++语言
涵盖了更多的特性，但对那些未使用的特性，C++语言实现了 0 开销。

例如，考查下列虚函数。

```cpp
#include <iostream>

class A {

public:

  void print() {

    std::cout << "A" << std::endl;

  }

};

class B: public A {

public:

  void print() {

    std::cout << "B" << std::endl;

  }

};

int main() {

  A* obj = new B;

  obj->print();

}
```

代码将输出 A，尽管 obj 指向 B 类的对象。为了使其正常工作，开发者添加了一个关键字 virtual。

```cpp
#include <iostream>

class A {
public:
  virtual void print() {
    std::cout << "A" << std::endl;
  }
};

class B: public A {
public:
  void print() {
    std::cout << "B" << std::endl;
  }
};

int main() {
  A* obj = new B;
  obj->print();
}
```

经修改后，上述代码将输出 B，这也是期望的结果。这里的问题是，为什么 C++在默认情况下不强制每个方法为虚方法？相比较而言，Java 也采用了这种方法，而且似乎没有任何缺点。

其原因在于，虚函数并非 0 开销。函数解析在运行期通过虚表（即一个函数指针数组）执行。这增加了与函数调用时间相关的少量开销。如果不需要动态的多态机制，则无须为此而产生开销。这就是 C++开发人员添加虚拟关键字的原因，并以此表明同意增加性能开销。

1.6.2　基于面向对象编程的代码复杂度计算

随着嵌入式程序的复杂度不断增加，通过 C 语言提供的传统的过程式方案，程序将变得越发难以管理。当考查大型 C 项目时，如 Linux 内核，将会发现其中采用了大量的面向对象编程内容。

Linux 内核大量采用了封装机制，隐藏了实现的细节内容，并通过 C 结构提供了对象接口。

虽然也可通过 C 语言编写面向对象的代码，但 C++语言实现起来则更加简单、方便，其间，编译器为开发人员完成了所有繁重的工作。

1.6.3　资源获取时即初始化

嵌入式开发人员频繁地与操作系统提供的资源协同工作，包括内存、文件和网络Socket。C 语言开发人员使用 API 函数对获取并释放资源，例如，可通过 malloc()函数声明内存块，并使用 free()函数将内存返回系统。如果开发人员出于某种原因忘记调用 free()函数，那么对应的内存块将处于泄漏状态。在使用 C 语言编写的应用程序中，内存泄漏或资源泄漏是一类常见的问题。

```c
#include <stdio.h>

#include <unistd.h>

#include <fcntl.h>

#include <string.h>

int AppendString(const char* str) {

  int fd = open("test.txt", O_CREAT|O_RDWR|O_APPEND);

  if (fd < 0) {

    printf("Can't open file\n");
```

```
    return -1;

  }

  size_t len = strlen(str);

  if (write(fd, str, len) < len) {

    printf("Can't append a string to a file\n");

    return -1;

  }

  close(fd);

  return 0;

}
```

上述代码看似正确，实际上包含了几个较为严重的问题。如果 write()函数返回一个错误信息，或者写入的数据少于所请求的数据（这是一种正确的行为），那么 AppendString()函数将记录一条错误信息并返回。但是，如果忘记了关闭文件描述符，则会产生泄漏问题。随着时间的推移，越来越多的文件描述符处于泄漏状态。在某一时刻，程序将到达处于开启状态的、文件描述符的极限，这将使 open()函数的调用失败。

C++语言提供了一种强大的机制可防止资源泄漏，即 RAII。其间，资源在对象的构造函数中分配，并在对象的析构函数中释放。这意味着，资源仅在对象处于活动状态时被持有，并在销毁对象时自动释放。

```
#include <fstream>
void AppendString(const std::string& str) {

  std::ofstream output("test.txt", std::ofstream::app);

  if (!output.is_open()){

    throw std::runtime_error("Can't open file");

  }
```

```
   output << str;

}
```

注意，AppendString()函数并未显式地调用 close()函数。对应文件在输出对象的析构函数中关闭。

1.6.4 异常机制

从传统意义上讲，C 语言开发人员通过错误代码处理错误。这种方法需要程序员投入大量的关注，并且在 C 程序中往往难以找到 bug。其间很容易忽略某些检查块进而掩盖某些错误。

```c
#include <stdio.h>

#include <unistd.h>

#include <fcntl.h>

#include <iostream>

#include <fstream>

char read_last_byte(const char* filename) {

    char result = 0;

    int fd = open(filename, O_RDONLY);

    if (fd < 0) {

        printf("Can't open file\n");

        return -1;

    }

    lseek(fd, -1, SEEK_END);

    size_t s = read(fd, &result, sizeof(result));

    if (s != sizeof(result)) {
```

```
            printf("Can't read from file: %lu\n", s);

            close(fd);

            return -1;

        }

        close(fd);

    return result;

}
```

上述代码至少包含两个与错误处理机制相关的问题。首先，lseek()函数的调用结果未被检查。如果 lseek()函数返回一个错误，该函数将以错误方式工作。第 2 个问题则较为微妙且难以修复。read_last_byte()函数返回−1 表明存在一个错误，但也是一个有效的字节值，因而无法区分文件的最后一个字节是 0xFF 还是函数遇到了错误。当正确处理此类情形时，需要重新定义函数接口，如下所示。

```
int read_last_byte(const char* filename, char* result);
```

如果出现错误，函数返回−1，否则返回 0。最终结果存储在一个通过引用传递的 char 变量中。尽管这个接口是正确的，但它对开发人员来说不如原来的接口方便。

一个随机崩溃的程序可视为此类错误的最佳结果。如果该程序继续工作，那么情况会变得更加糟糕，因为它会悄无声息地破坏数据或生成不正确的结果。

除此之外，实现逻辑的代码和负责错误检查的代码是交织在一起的，因而代码变得难以阅读和理解，因此更容易出错。

虽然开发人员仍可继续使用 return 代码，但在现代 C++语言中，错误处理机制的推荐方法则是使用异常。正确地设计和使用异常可显著降低错误处理机制的复杂度，进而使代码更具可读性和健壮性。

当采用异常时，同一函数如下所示。

```
char read_last_byte2(const char* filename) {

        char result = 0;

        std::fstream file;
```

```
file.exceptions (

    std::ifstream::failbit | std::ifstream::badbit );

file.open(filename);

file.seekg(-1, file.end);

file.read(&result, sizeof(result));

return result;

}
```

1.6.5　强大的标准库

C++语言涵盖丰富的特性和强大的标准库，C 语言开发人员所需的许多第三方库函数现在均为 C++标准库中的一部分内容。这意味着较少的外部依赖项、更加稳定和可预测的行为，以及硬件体系结构间较好的可移植性。

C++标准库中包含了构建于常用数据结构上的容器，如数组、二叉树和哈希表。这些泛型容器可满足开发人员的大多数需求。因此，开发人员无须耗时、耗力编写自己的数据结构。

这里，容器一般通过某种方式精细设计，进而最小化显式资源、分配或重新分配等需求，从而大大降低了内存或其他系统资源泄漏的机会。

除此之外，标准库还提供了许多标准算法，如 find、sort、二分搜索、集合操作和置换。这些算法可以应用于公开了接口的任何容器上。当与标准容器结合使用时，这些算法有助于开发人员专注于高级抽象行为，并通过少量代码和经过良好测试的功能对其加以构建。

1.6.6　线程和内存模型

C++11 标准引入了内存模型，可在多线程环境中清晰地定义 C++程序的行为。

对于 C 语言规范，内存模型则超出了该语言的自身范围。C 语言自身并不理解线程或并行执行的语义。这取决于第三方库并针对多线程应用程序提供所有必要的支持，如 pthreads。

C++的早期版本遵循同样的原则，即多线程超出了语言规范的范围。然而，支持指令重排序的多管道 CPU 则要求编译器的行为更具确定性。

因此，C++的现代规范针对线程显式地定义了类、各种类型的锁和互斥锁、条件变量和原子变量。这为嵌入式开发人员提供了一个强大的工具包，以设计和实现发挥多核 CPU 功效的应用程序。由于此类工具包是语言规范的一部分，因而这些应用程序具有确定性的行为，并可移植到所有受支持的体系结构中。

1.7　远程部署软件

嵌入式系统的软件部署是一个较为复杂的过程，因而需要仔细设计、实现和测试。其间主要面临两项挑战任务。

（1）嵌入式系统通常部署在难以访问或不切实际的位置处。

（2）如果软件部署失败，则会导致系统无法正常运行，因而需要求助于熟练的技术人员和附加工具进行恢复。这一过程代价高昂，有时甚至是无法实现的。

针对连接至互联网的嵌入式系统的第一项挑战，其解决方案是以无线（OTA）更新的形式呈现的。系统周期性地连接至专用服务器，并检查有效的更新操作。如果发现软件的新版本，则下载至设备上并安装至持久化内存中。

该方案广泛地应用于需要连接至互联网的手机制造商、机顶盒（STB）设备、智能电视和游戏机中。

当设计 OTA 更新时，系统架构师需要考虑影响整体方案的可伸缩性和可靠性的诸多因素。如果所有设备几乎在同一时间检查更新，就会在更新服务器中产生高峰值负载，而在其他时间内则处于空闲状态。检查时间的随机化则可保持负载处于均匀分布的状态。目标系统应该设计为，在应用完整的更新镜像之前保留足够的持久内存以下载完整的更新镜像。实现更新软件镜像下载的代码应处理网络连接中断问题，并在连接恢复后恢复下载，而不是重新开始。OTA 更新的另一个重要因素是安全性。更新过程应仅接收真正的更新镜像。另外，更新过程由制造商加密签名，并且在设备上运行的安装程序不接受镜像，除非签名匹配。

嵌入式系统开发人员应该意识到，更新过程的失败可能包含多种原因，如更新过程中断电。即使更新过程成功完成，软件的新版本仍会处于不稳定状态并在启动时崩溃。希望在这种情况下系统也能够得到恢复。

对此，可通过分离主要组件和引导加载程序予以实现。其中，引导加载程序验证主要组件的一致性，如操作系统内核，以及包含所有可执行文件、数据和脚本的根文件系统，随后可尝试运行操作系统。当出现故障时，当前方案可切换至之前的版本，该版本

连同新版本一起存储到持久化内存中。另外，硬件看门狗计时器可用于检测和防止软件
更新导致的系统挂起情况。

　　注意，在软件开发和测试中使用 OTA 或完整的镜像进行刷新并不可行，这会明显减
缓开发过程。对此，工程师可使用其他方式将软件构建部署到开发系统中，如远程 shell
或网络文件系统，从而在开发人员的工作站和目标板之间共享文件。

1.8　远程运行软件

　　嵌入式系统通过特定的硬件和软件组合解决某项特殊问题。因此，系统中的全部软
件都为实现这一目标而加以定制。相应地，一些不必要的事物将被禁用，全部定制软件
均集成到引导序列中。

　　这里，用户无法启动嵌入式程序，此类程序在系统引导时被启动。然而，在开发过
程中，工程师需要在不重启系统的情况下运行他们的应用程序。

　　这取决于目标平台的类型。对于基于 SoC 的功能足够强大的系统，以及运行抢占式
多任务的操作系统（如 Linux），我们可以使用远程 shell 完成所需任务。

　　现代系统通常采用 secure shell（SSH）作为远程 shell。目标系统运行一个 SSH 守护
进程，同时等待传入的连接。开发人员使用客户端 SSH 程序进行连接以访问目标系统，
如 Linux 中的 SSH 或 Windows 中的 PuTTY。一旦连接成功，它们就可以像在本地计算机
上一样在嵌入板上使用 Linux shell。

　　远程运行程序的常见工作流如下所示。

　　（1）利用交叉编译工具包在本地系统中构建一个可执行程序。

　　（2）利用 scp 工具将程序复制至远程系统。

　　（3）利用 SSH 连接至远程系统，并在命令行中运行可执行文件。

　　（4）使用相同的 SSH 连接分析程序的输出结果。

　　（5）当程序终止或中断时，将其日志发送至开发人员的工作站以供进一步分析。

　　MCU 缺少足够的资源用于远程 shell。开发人员通常将编译后的代码直接上传至平台
内存，并从特定的内存地址开始执行代码。

1.9　日志和诊断

　　日志机制和诊断是嵌入式项目中的重要内容。

在许多时候，使用交互式调试器并不现实或不具备实际的可操作性。硬件的状态可以在几毫秒内发生变化。当程序在某点断点处终止时，开发人员无法获得足够的时间对此进行分析。对于高性能、多线程和时间敏感的嵌入式系统，较好的做法是收集详细的日志数据，并使用相关的分析和可视化工具。

鉴于大多数资源均处于有限状态，因而开发人员经常需要制订某些折中方案。一方面，我们需要尽可能地收集数据识别问题的根源，无论是软件还是硬件、故障时硬件的状态，抑或是系统所处理的硬件和软件事件的时间。另一方面，日志的空间也是有限的，每次写入日志将会对整体性能产生影响。

对此，解决方法是在设备上以本地方式缓存日志数据，并将其发送至远程系统以供进一步分析。

对于嵌入式软件，当前方案工作良好。但是，部署系统的诊断过程则需要使用更加高级的技术。

许多嵌入式系统处于离线工作状态，且并未提供内部日志的访问机制。因此，开发人员需要精心设计和实现与诊断和报告相关的其他方案。如果系统未配备显示屏，那么LED 指示器或蜂鸣装置则常用于编码各种错误条件，且足以提供有关故障类别的信息，但在大多数情况下无法提供必要的详细信息以确定故障的根本原因。

嵌入式设备包含专用的诊断模式，用于测试硬件组件。供电后，几乎任何设备或电器都会执行开机自检（power-on-self-test，POST），这将对硬件进行快速测试。这些测试行为通常较为快速，但无法覆盖全部测试场景。因此，许多设备持有隐藏的服务模式，开发者或现场工程师可以激活这些模式以进行更完备的测试。

1.10　本 章 小 结

本章讨论了嵌入式软件的概述内容及其不同之处。除此之外，我们还学习了 C++语言在这一领域内的使用方法及原因。

第2章　配置开发环境

当开始与嵌入式系统协同工作时，需要配置相应的开发环境。与桌面开发所用的开发环境不同，嵌入式编程环境需要以下两个系统。

（1）构建系统，即写入代码的系统。

（2）目标系统，即代码将要运行的系统。

本章将学习如何配置这两个系统，并将二者进行连接。其中，构建系统的配置存在明显的不同，因为存在不同的操作系统、编译器和 IDE。相比之下，目标系统配置的变化则更为明显——每种嵌入式系统均有所不同。而且，当使用笔记本电脑或桌面电脑作为构建系统时，还需要使用某种嵌入式电路板作为目标系统。

本章不可能涉及所有的构建和目标系统组合。相应地，我们将学习如何实现一种流行的配置。

❑　Ubuntu 18.04 作为构建系统。

❑　Raspberry Pi 作为目标系统。

本章将使用 Docker 并在笔记本电脑或桌面电脑的虚拟环境中运行 Ubuntu。Docker 支持 Windows、macOS、Linux 等操作系统，如果读者正在使用 Linux，则无须在其上运行容器。

另外，本章还将使用 Quick EMUlator（QEMU）模拟 Raspberry Pi 电路板。因此，即使无法访问真实的硬件，我们也可针对嵌入式电路板构建应用程序。在模拟环境中实现开发过程的初始阶段是一种常见行为，而且在许多情况下，这也是唯一可能的解决方案，因为在软件开发的开始阶段，目标硬件可能尚无法使用。

本章主要涉及以下主题。

❑　在 Docker 容器中配置构建系统。

❑　与模拟器协同工作。

❑　交叉编译。

❑　连接至嵌入式系统。

❑　调试嵌入式应用程序。

❑　针对远程调试使用 gdbserver。

❑　使用 CMake 作为构建系统。

2.1　在 Docker 容器中配置构建系统

当前示例将配置 Docker 容器，进而在桌面电脑或笔记本电脑上运行 Ubuntu 18.04。这里，机器设备上运行的操作系统并不重要，因为 Docker 支持 Windows、macOS 和 Linux 等操作系统。最终，我们将持有一个运行于主机操作系统中的统一、虚拟化的 Ubuntu Linux 构建系统。

如果读者的操作系统正在运行 Ubuntu Linux，则可忽略 2.1.1～2.1.3 节。

2.1.1　实现方式

我们将在笔记本电脑或桌面电脑安装 Docker 应用程序，然后使用已有的 Ubuntu 镜像在虚拟环境中运行操作系统。

（1）在 Web 浏览器中，打开下列链接并遵循相关指示针对操作系统配置 Docker。

（2）Windows 操作系统：https://docs.docker.com/docker-for-windows/install/。

（3）macOS 操作系统：https://docs.docker.com/docker-for-mac/install/。

（4）打开终端窗口（Windows 中的命令行提示符；macOS 中的 Terminal 应用程序）运行下列命令并检查安装是否正确。

```
$ docker --version
```

（5）运行下列命令并使用 Ubuntu 镜像。

```
$ docker pull ubuntu:bionic
```

（6）创建工作目录。在 macOS、Linux shell 或 Windows PowerShell 中运行下列命令。

```
$ mkdir ~/test
```

（7）在容器中运行下载后的镜像，如下所示。

```
$ docker run -ti -v $HOME/test:/mnt ubuntu:bionic
```

（8）运行 uname -a 命令获取与系统相关的命令。

```
# uname -a
```

当前，我们处于一个虚拟 Linux 环境中，并可供本书中的后续示例使用。

2.1.2　工作方式

在第 1 个步骤中，我们安装了 Docker，这是一个虚拟环境，并允许隔离的 Linux 操作系统运行于 Windows、macOS 或 Linux 上。这可视为一种较为方便的容器分布和部署方式，并封装了操作系统所需的全部库和程序。

在 Docker 安装完毕后，可运行命令查看是否安装重构，如图 2.1 所示。

Terminal — bash
$ docker --version
Docker version 18.06.0-ce, build 0ffa825
$

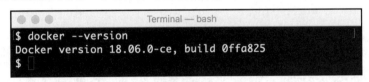

图 2.1

在安装结果检查完毕后，需要从 Docker 存储库中获取预置的 Ubuntu 镜像。Docker 镜像包含标签，我们可使用 bionic 标签查找 Ubuntu 18.04，如图 2.2 所示。

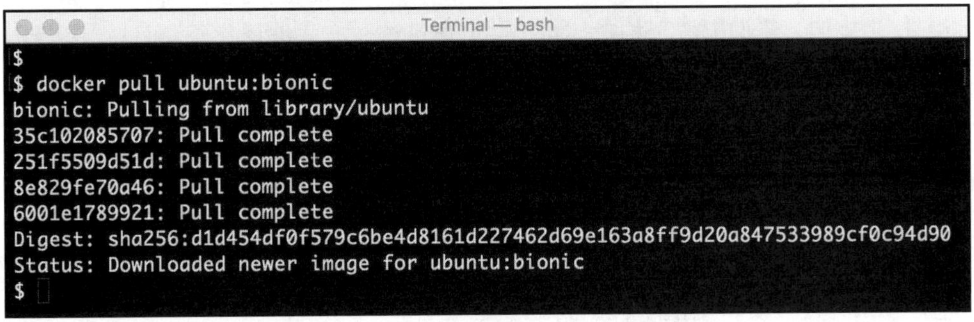

Terminal — bash
$
$ docker pull ubuntu:bionic
bionic: Pulling from library/ubuntu
35c102085707: Pull complete
251f5509d51d: Pull complete
8e829fe70a46: Pull complete
6001e1789921: Pull complete
Digest: sha256:d1d454df0f579c6be4d8161d227462d69e163a8ff9d20a847533989cf0c94d90
Status: Downloaded newer image for ubuntu:bionic
$

图 2.2

镜像的下载过程会占用些许时间。待获取镜像后，即可创建开发所用的目录。该目录的内容将在运行于 Docker 内的操作系统和 Linux 间共享。通过这种方式，用户可使用自己喜爱的文本编辑器处理代码，但仍可使用 Linux 构建工具将代码编译为二进制可执行文件。

随后可通过步骤（4）中获取的 Ubuntu 镜像启动 Docker 容器。选项-v $HOME/test:/mnt 命令行使得步骤（5）中创建的文件夹在 Ubuntu 中显示为/mnt 目录。这意味着，~/test 目录中创建的所有文件将自动出现于/mnt 目录中。-ti 选项则使容器处于交互状态，进而可访问 Linux shell 环境（bash），如图 2.3 所示。

```
● ● ●                root@66571879e057: / — bash
$ docker run -ti -v $HOME/test:/mnt ubuntu:bionic
root@66571879e057:/#
```

图 2.3

最后，执行.uname 容器的快速完备检查，这将显示与 Linux 内核相关的信息，如图 2.4
所示。

```
● ● ●                root@66571879e057: / — bash
$ docker run -ti -v $HOME/test:/mnt ubuntu:bionic
root@66571879e057:/# uname -a
Linux 66571879e057 4.9.93-linuxkit-aufs #1 SMP Wed Jun 6 16:55:56 UTC 2018 x86_6
4 x86_64 x86_64 GNU/Linux
root@66571879e057:/#
```

图 2.4

虽然内核的实际版本可能有所不同，但可以看到，当前正在运行 Linux 且对应架构
为 x86。这也表明，我们配置了构建环境，并可通过统一方式编译代码，而与运行于计算
机设备上的操作系统无关。然而，由于目标架构为 Acorn RISC Machines（ARM），而非
x86，因此目前仍无法运行编译后的代码。稍后将讨论如何配置一个模拟的 ARM 环境。

2.1.3　更多内容

Docker 是一个灵活且功能强大的系统，不仅如此，其存储库涵盖了大量的预置镜像，
其中包含了供开发人员所用的多种工具。

读者可访问 https://hub.docker.com/search?q=type=image 查看较为流行的镜像。例如，
可输入关键字 embedded 搜索相关镜像。

2.2　与模拟器协同工作

某些时候，使用真实的嵌入式电路板并不实际——硬件尚未处于完备状态，或者电
路板的数量有限。对此，模拟器可帮助开发人员使用与目标系统非常接近的环境，同时
不依赖于硬件的可用性。另外，这也是开始学习嵌入式开发的最佳方式。

在当前示例中，我们将学习如何配置 QEMU（硬件模拟器），从而模拟基于 ARM
且运行 Debian Linux 的嵌入式系统。

2.2.1　实现方式

与 Docker 不同，我们需要使用一个模拟处理器的虚拟环境，其架构不同于计算机设备的架构。

（1）访问 https://www.qemu.org/download/，选择与当前操作系统匹配的选项卡，即 Linux、macOS 或 Windows 并遵循后续的安装指令。

（2）创建测试目录（如果不存在）。

```
$ mkdir -p $HOME/raspberry
```

（3）下载下列文件，并将其复制至步骤（2）创建的~/raspberry 目录中。

❑　访问 http://downloads.raspberrypi.org/raspbian_lite/images/raspbian_lite-2019-07-12/ 2019-07-10-raspbian-buster-lite.zip 并下载 Raspbian Lite zip-archive。

❑　访问 https://github.com/dhruvvyas90/qemu-rpi-kernel/raw/master/kernel-qemu-4.14.79-stretch 并下载 Kernel image。

❑　访问 https://github.com/dhruvvyas90/qemu-rpikernel/raw/master/versatile-pb.dtb 并下载 Device tree blob。

（4）切换至~/raspberry 目录，并解压步骤（3）下载的 Raspbian Lite 压缩归档文件，其中包含了名为 2019-07-10-raspbian-buster-lite.img 的单一文件。

（5）打开终端窗口并运行 QEMU。对于 Windows 和 Linux，对应的命令行如下所示。

```
$ qemu-system-arm -M versatilepb -dtb versatile-pb.dtb -cpu arm1176
-kernel kernel-qemu-4.14.79-stretch -m 256 -drive file=2019-07-10-
raspbian-buster-lite.img,format=raw -append "rw console=ttyAMA0
rootfstype=ext4 root=/dev/sda2 loglevel=8" -net
user,hostfwd=tcp::22023-:22,hostfwd=tcp::9090-:9090 -net nic -
serial stdio
```

（6）此时弹出一个新窗口并显示 Linux 启动过程。稍后将显示一个登录提示符。

（7）分别利用 pi 和 raspberry 作为用户名和密码登录。随后输入下列命令。

```
# uname -a
```

（8）检查上述命令的输出结果。该结果表明，当前系统架构为 ARM（而非 x86）。接下来，我们可使用当前环境测试针对 ARM 平台构建的应用程序。

2.2.2　工作方式

在步骤（1）中，我们安装了 QEMU 模拟器。如果未加载代码镜像，虚拟机将无法正常工作。随后，我们可获取运行 Linux 操作系统所需的 3 个镜像。

❑ The Linux root filesystem：包含 Raspberry Pi 设备上使用的 Raspbian Linux 快照。

❑ The Linux kernel。

❑ The Device tree blob：包含系统硬件组件的描述。

当获得全部镜像且这些镜像被置入~/raspberry 目录后，即可运行 QEMU 并通过命令行参数向镜像提供路径。除此之外，我们还需要配置虚拟网络，并从本地环境连接到运行在虚拟环境中的 Linux 系统。

在启动 QEMU 后，将会看到一个包含 Linux 登录提示符的窗口，如图 2.5 所示。

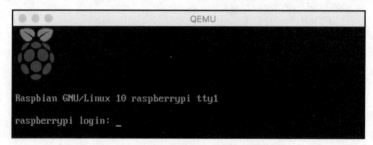

图 2.5

在登录系统后，可通过运行 uname 命令执行完备性检查，如图 2.6 所示。

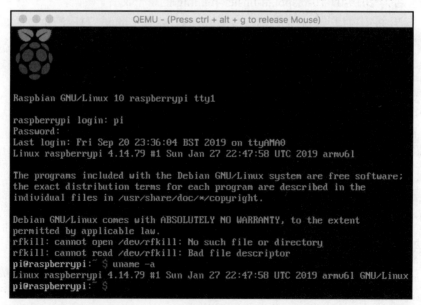

图 2.6

完备性检查显示，当前正在运行 Linux 操作系统，但此时目标系统为 ARM。

2.2.3　更多内容

QEMU 是一个功能强大的处理器模拟器，除 x86 和 ARM 外，QEMU 还支持多种架构，如 PowerPC、SPARC64、SPARC32 和 MIPS。其强大之处主要在于多种配置选项所体现的灵活性。读者可访问 https://qemu.weilnetz.de/doc/qemu-doc.html 以配置所需的 QEMU。

微控制器供应商也会提供相应的模拟器。当针对特定硬件进行开发时，首先需要检查有效的模拟选项，这将对开发的时间和工作量产生显著的影响。

2.3　交　叉　编　译

如前所述，嵌入式开发环境包含两个系统，即编写代码的构建系统，以及运行代码的目标系统。

目前，我们已经配置了两个虚拟环境，如下所示。

❑　构建系统为 Docker 容器中的 Ubuntu Linux。
❑　目标系统为运行 Raspbian Linux 的 QEMU。

当前示例需要配置交叉编译工具，从而针对 ARM 平台构建 Linux 应用程序。此外，还将构建一个简单的 Hello, world!应用程序以测试配置结果。

2.3.1　准备工作

当配置交叉编译工具时，需要使用之前设置的 Ubuntu Linux。

此外，还需要使用~/test 目录，并在操作系统和 Ubuntu 容器之间交换源代码。

2.3.2　实现方式

下面开始创建一个简单的 C++程序，并针对目标平台编译该程序。

（1）在~/test 目录中创建一个名为 hello.cpp 的文件。

（2）向文本编辑器中添加下列代码片段。

```
#include <iostream>
```

```
int main() {
 std::cout << "Hello, world!" << std::endl;
 return 0;
}
```

（3）编译 Hello, world!程序代码。

（4）切换至 Ubuntu（或构建系统）控制台。

（5）运行下列命令，获取最新的安装包列表。

```
# apt update -y
```

（6）从 Ubuntu 服务器中获取包描述内容将占用些许时间。随后运行下列命令并安装交叉编译工具。

```
# apt install -y crossbuild-essential-armel
```

（7）此时会看到较长的安装包列表。按下 Y 键确认安装。作为完备性检查，运行交叉编译器（不包含任何参数）。

```
# arm-linux-gnueabi-g++
```

（8）将目录切换至/mnt。

```
# cd /mnt
```

（9）步骤（1）创建的 hello.cpp 文件即存在于该目录中。接下来构建该文件，如下所示。

```
# arm-linux-gnueabi-g++ hello.cpp -o hello
```

（10）该命令生成了一个名为 hello 的可执行文件。这里的问题是，为何该文件未包含扩展名？在 UNIX 操作系统中，扩展名是可选的，二进制可执行文件一般不包含任何扩展名。随后尝试运行这个文件——最终结果将失败并返回一条错误消息。

（11）利用 file 工具生成与二进制可执行文件相关的详细信息。

2.3.3　工作方式

在步骤（1）中，我们创建了一个简单的 C++程序 Hello, World!，并将其置于~/test目录中。该目录可通过运行 Linux 的 Docker 容器访问。

当构建源代码时，我们切换至 Ubuntu shell。

当尝试运行标准的 Linux g++编译器构建程序时，我们针对 x86 构建平台得到了一个可执行文件。然而，我们还需要一个针对 ARM 平台的可执行文件。当构建程序时，编译器版本应可运行于 x86 上，同时构建 ARM 代码。

作为初始步骤，我们需要更新 Ubuntu 包分发版中可用包的信息，如图 2.7 所示。

```
root@66571879e057:/# apt-get update
Get:1 http://security.ubuntu.com/ubuntu bionic-security InRelease [88.7 kB]
Get:2 http://archive.ubuntu.com/ubuntu bionic InRelease [242 kB]
Get:3 http://security.ubuntu.com/ubuntu bionic-security/restricted amd64 Package
s [6222 B]
Get:4 http://security.ubuntu.com/ubuntu bionic-security/universe amd64 Packages
[760 kB]
Get:5 http://archive.ubuntu.com/ubuntu bionic-updates InRelease [88.7 kB]
Get:6 http://archive.ubuntu.com/ubuntu bionic-backports InRelease [74.6 kB]
Get:7 http://archive.ubuntu.com/ubuntu bionic/universe amd64 Packages [11.3 MB]
Get:8 http://security.ubuntu.com/ubuntu bionic-security/main amd64 Packages [628
 kB]
Get:9 http://security.ubuntu.com/ubuntu bionic-security/multiverse amd64 Package
s [4173 B]
Get:10 http://archive.ubuntu.com/ubuntu bionic/main amd64 Packages [1344 kB]
Get:11 http://archive.ubuntu.com/ubuntu bionic/multiverse amd64 Packages [186 kB
]
Get:12 http://archive.ubuntu.com/ubuntu bionic/restricted amd64 Packages [13.5 k
B]
Get:13 http://archive.ubuntu.com/ubuntu bionic-updates/universe amd64 Packages [
1279 kB]
Get:14 http://archive.ubuntu.com/ubuntu bionic-updates/main amd64 Packages [926
kB]
Get:15 http://archive.ubuntu.com/ubuntu bionic-updates/multiverse amd64 Packages
 [7216 B]
```

图 2.7

通过运行 apt-get install crossbuild-essential-armel 命令，可安装编译器以及一组相关工具，如图 2.8 所示。

步骤（9）中的完备性检查显示了编译器已被正确安装，如图 2.9 所示。

当前，我们需要通过交叉编译器构建 hello.cpp，这将生成 ARM 平台的可执行文件。这就是在步骤（10）中尝试在构建系统中运行程序失败的原因。

为了确保得到真正的 ARM 可执行文件，还需要运行 file 命令，其输出结果如图 2.10 所示。

```
● ● ●                    root@66571879e057: / — bash
 libgdbm-compat4 libgdbm5 libgomp1 libgomp1-armel-cross libgssapi3-heimdal
 libhcrypto4-heimdal libheimbase1-heimdal libheimntlm0-heimdal
 libhtml-form-perl libhtml-format-perl libhtml-parser-perl
 libhtml-tagset-perl libhtml-tree-perl libhttp-cookies-perl
 libhttp-daemon-perl libhttp-date-perl libhttp-message-perl
 libhttp-negotiate-perl libhx509-5-heimdal libicu60 libio-html-perl
 libio-socket-ssl-perl libio-string-perl libisl19 libitm1 libkrb5-26-heimdal
 libksba8 libldap-2.4-2 libldap-common liblocale-gettext-perl liblsan0
 liblwp-mediatypes-perl liblwp-protocol-https-perl libmagic-mgc libmagic1
 libmailtools-perl libmpc3 libmpfr6 libmpx2 libnet-http-perl
 libnet-smtp-ssl-perl libnet-ssleay-perl libnpth0 libperl5.26 libquadmath0
 libreadline7 libroken18-heimdal libsasl2-2 libsasl2-modules
 libsasl2-modules-db libsqlite3-0 libssl1.1 libstdc++-7-dev
 libstdc++-7-dev-armel-cross libstdc++6-armel-cross libtimedate-perl
 libtry-tiny-perl libtsan0 libubsan0 libubsan0-armel-cross liburi-perl
 libwind0-heimdal libwww-perl libwww-robotrules-perl libxml-libxml-perl
 libxml-namespacesupport-perl libxml-parser-perl libxml-sax-base-perl
 libxml-sax-expat-perl libxml-sax-perl libxml-simple-perl libxml2 libyaml-0-2
 libyaml-libyaml-perl libyaml-perl linux-libc-dev linux-libc-dev-armel-cross
 make manpages manpages-dev netbase openssl patch perl perl-modules-5.26
 perl-openssl-defaults pinentry-curses readline-common ucf xz-utils
0 upgraded, 161 newly installed, 0 to remove and 4 not upgraded.
Need to get 92.8 MB of archives.
After this operation, 377 MB of additional disk space will be used.
Do you want to continue? [Y/n]
```

图 2.8

```
● ● ●                    root@66571879e057: / — bash
root@66571879e057:/# arm-linux-gnueabi-g++
arm-linux-gnueabi-g++: fatal error: no input files
compilation terminated.
root@66571879e057:/#
```

图 2.9

```
● ● ●                    root@66571879e057: /mnt — bash
root@66571879e057:/mnt# arm-linux-gnueabi-g++ hello.cpp -o hello
root@66571879e057:/mnt# ./hello
/lib/ld-linux.so.3: No such file or directory
root@66571879e057:/mnt# file hello
hello: ELF 32-bit LSB executable, ARM, EABI5 version 1 (SYSV), dynamically linke
d, interpreter /lib/ld-, for GNU/Linux 3.2.0, BuildID[sha1]=5cb7eaf6f52c7d6188ce
9095008b50b39d9a6f1e, not stripped
root@66571879e057:/mnt#
```

图 2.10

可以看到，二进制文件是针对 ARM 平台构建的，这就是为什么它不能在构建系统上运行的原因。

2.3.4　更多内容

许多交叉编译工具包适用于各种体系结构。其中一些可以在 Ubuntu 存储库中找到，而某些工具包可能需要手动安装。

2.4　连接至嵌入式系统

在嵌入式应用程序通过交叉编译器在构建系统上构造完毕后，该程序还需要传输至目标系统。在基于 Linux 的嵌入式系统上，一种较好的做法是使用网络连接和远程 shell。

考虑到安全性和多样性，SSH 是一种广泛使用的方案。它不仅可以在远程主机上运行 shell 命令，还可以通过密码加密和基于密钥的身份验证机制在机器间复制文件。

在当前示例中，我们将学习如何利用安全复制将二进制应用程序复制至 ARM 模拟系统中，并通过 SSH 进行连接，同时在 SSH 中运行可执行文件。

2.4.1　准备工作

当前示例将使用之前配置的 Raspberry Pi 模拟器作为目标系统。除此之外，还需要使用 Ubuntu 构建系统和之前创建的 hello 可执行文件。

2.4.2　实现方式

这里，我们将通过网络访问目标系统。QEMU 针对模拟机器提供了一个虚拟网络接口，因而无须连接到真实的网络上。针对于此，我们需要获得一个 IP 地址，以确保 SSH 服务器运行于虚拟环境中。

在本地操作系统环境中获取机器的 IP 地址。对此，打开 Terminal 窗口或 PowerShell；在 macOS 或 Linux 中运行 ifconfig，或者在 Windows 中运行 ipconfig，并检查输出结果。

在接下来的各项步骤中，我们将使用 192.168.1.5 作为模板 IP 地址。在实际操作过程中，可利用实际的 IP 地址替换该模板地址。

（1）切换至 Raspberry Pi 模拟器，并通过下列命令启用 SSH 服务。

```
$ sudo systemctl start ssh
```

（2）切换至 Ubuntu 窗口并安装 SSH 客户端。

```
# apt install -y ssh
```

（3）将 hello 可执行文件复制至目标系统。

```
# scp -P22023 /mnt/hello pi@192.168.1.5:~
```

（4）当请求密码时，可输入 raspberry。切换回 Raspberry Pi 模拟器窗口，并检查刚刚复制的可执行文件。

```
$ ls hello
hello
```

（5）运行当前程序。

```
$ ./hello
```

可以看到，当前程序按照期望的方式运行。

2.4.3　工作方式

在当前案例中，我们通过 SSH 设置了两个虚拟环境（即 Docker 和 QEMU）间的数据交换机制。对此，我们需要一个在目标系统（QEMU）上运行并接收连接的 SSH 服务器，以及一个在构建系统上发起连接的 SSH 客户端。

步骤（2）在构建系统上设置了 SSH 客户端。运行于 QEMU 中的目标系统已经包含了一个处于运行状态的 SSH 服务器。前述内容曾配置了 QEMU，并将连接从主机端口 22023 转至虚拟机端口 22，即 SSH。

当前，我们可使用 scp 命令并通过一个安全的网络连接将文件从构建系统复制到目标系统，同时可以指定系统 IP 地址（从步骤（1）中获得）和端口 22023（针对 QEMU 转发而配置）作为 scp 连接的参数，如图 2.11 所示。

图 2.11

在文件复制完毕后，我们可利用 scp 所使用的相同 IP、端口和用户名并通过 SSH 登录目标系统，这将打开一个与本地控制台类似的登录提示符，在经过身份验证后，即可获得与本地终端相同的命令 shell。

我们在上一步复制的 hello 应用程序应该在 home 目录中可用。另外，在步骤（5）中，曾通过运行 ls 命令对此进行了检查。

最后，可运行当前应用程序，如图 2.12 所示。

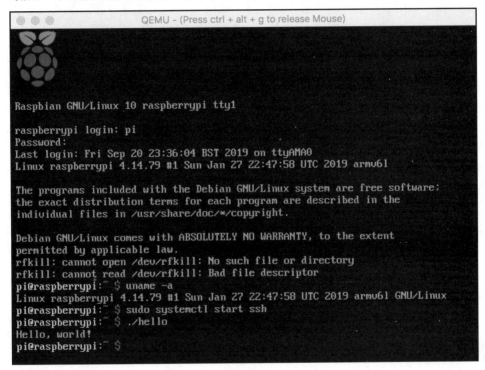

图 2.12

之前尝试在构建系统上运行程序时，曾接收到一条错误消息。当前，输出结果为 Hello, world!，这也是我们期望的结果，其原因在于，当前应用程序针对 ARM 平台构建，并在 ARM 平台上运行。

2.4.4　更多内容

虽然运行当前示例后连接的是模拟系统，但相同的操作步骤也适用于真实的嵌入式系统。即使目标系统未配置显示屏，我们也可以使用串行控制台连接设置 SSH。

当前示例中，我们仅向目标系统复制了文件。除了复制操作，常见的操作还包括向嵌入式系统开启交互式 SSH 会话。通常情况下，与串行控制台相比，SSH 会话使用起来更加方便、有效，其构建方式与 scp 相似，如下所示。

```
# ssh pi@192.168.1.5 -p22023
```

SSH 提供了各种身份验证机制。若启用并配置了公钥身份验证，则无须针对每次复制和登录输入密码。对于开发人员来说，这无疑提升了开发速度和方便程度。

关于 ss 密钥，读者可访问 https://www.ssh.com/ssh/key/以了解更多内容。

2.5　调试嵌入式应用程序

嵌入式应用程序的调试依赖于目标系统的类型。对此，微控制器制造商通常会向其微控制器单元（MCU）提供专用的调试器，以及通过联合测试行为组织（JTAG）协议针对远程调试提供硬件支持。在 MCU 开始执行指令后，开发人员可即刻对微控制器代码进行调试。

如果目标电路板运行 Linux，最实用的调试方法是使用广泛的调试输出结果，并使用 GDB 作为交互式调试器。

在当前示例中，我们将学习如何在命令行调试器 GDB 中运行应用程序。

2.5.1　准备工作

前述内容讨论了如何将可执行文件传输至目标系统。在此基础上，我们将学习如何在目标系统上使用调试器。

2.5.2　实现方式

在介绍了如何将应用程序复制至目标系统并运行该程序后，接下来将讨论如何在目标系统上通过 GDB 调试应用程序。在当前示例中，我们仅讨论如何调用调试器并在调试器环境中运行应用程序。相对于后续更加高级和实用的调试技术，当前示例可作为基础内容。

（1）切换至 QEMU 窗口。

（2）使用 pi 作为用户名，并使用 raspberry 作为密码登录。

（3）运行下列命令。

```
$ gdb ./hello
```

（4）这将打开 gdb 命令行。

（5）输入 run 运行当前应用程序。

```
(gdb) run
```

（6）对应的输出结果为 Hello, world。

（7）运行 quit 或 q 命令。

```
(gdb) q
```

这将终止调试会话并返回至 Linux shell。

2.5.3 工作方式

模拟过程所采用的 Raspberry Pi 预先安装了 GNU 调试器并可直接使用。

在 home 用户目录中，查找 hello 可执行文件，该文件从构建系统中被复制。

运行 gdb 并将路径传递至 hello 可执行文件。该命令将打开 gdb shell，但不会自身运行应用程序。因此，需要输入 run 命令，如图 2.13 所示。

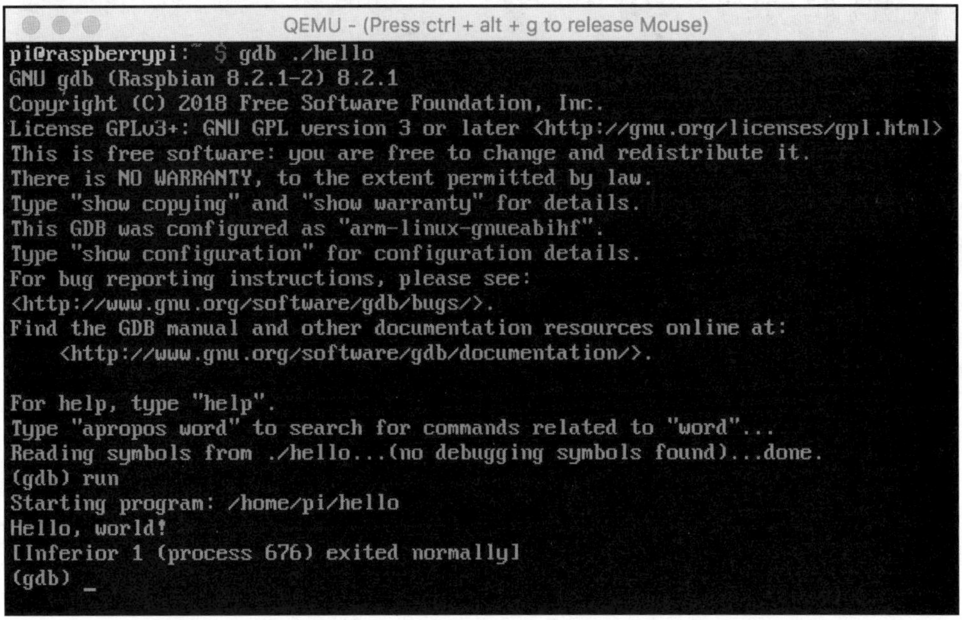

图 2.13

应用程序运行后将在屏幕上输出 Hello, world!并于随后终止。然而，我们目前仍处于调试器中，若退出调试器，可输入 quit 命令，如图 2.14 所示。

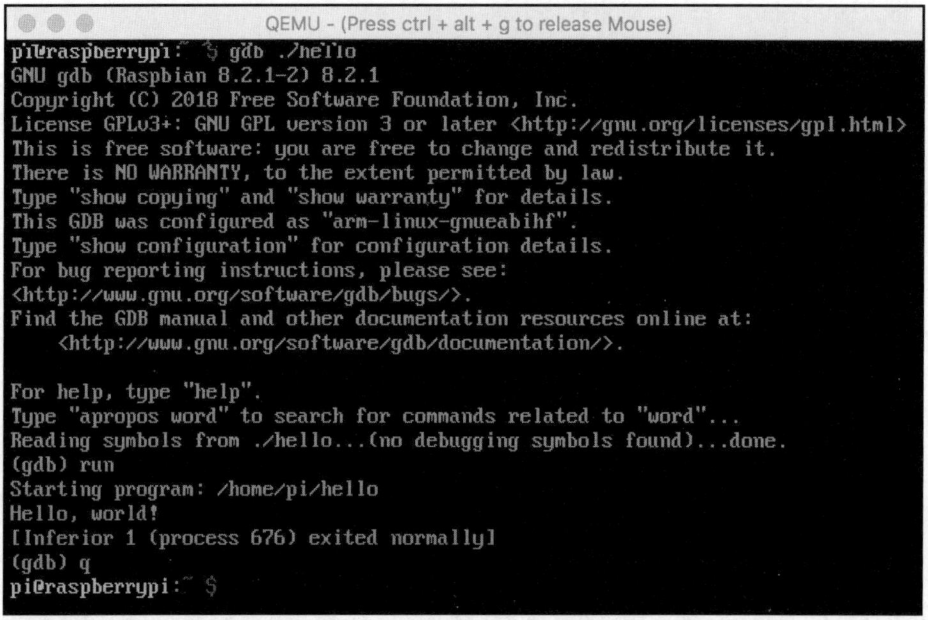

图 2.14

可以看到，命令行提示符已发生变化，表明当前已不再处于 gdb 环境中。我们已经返回至 Raspberry Pi Linux 的默认 shell 环境，这也是我们在运行 GDB 之前使用的环境。

2.5.4　更多内容

当前示例预先安装了 GNU 调试器，但在实际的目标系统中可能并非如此。对于基于 Debian 的系统，可通过运行下列命令安装 GNU.

```
# apt install gdb gdb-multiarch
```

在其他基于 Linux 的系统中，需要采用不同的命令安装 GDB。在许多时候，我们需要从源代码中对其加以构建并通过手动方式进行安装，类似于之前构建并测试的 hello 应用程序。

当前示例仅介绍了如何利用 GDB 运行应用程序，GDB 是一种涵盖多种命令、技术和最佳实践方案的复杂工具。部分内容将在第 5 章加以讨论。

2.6 针对远程调试使用 gdbserver

如前所述，嵌入式开发环境涉及两个系统，即构建系统或目标系统（模拟器）。某些时候，由于较高的远程通信延迟，目标系统上交互式调试的实用性较差。

对此，开发人员可使用 GDB 提供的远程调试技术。其中，嵌入式应用程序在目标系统上通过 gdbserver 启动。开发人员可在构建系统上运行 GDB，并通过网络连接至 gdbserver。

在当前示例中，我们将学习如何利用 GDB 和 gdbserver 调试应用程序。

2.6.1 准备工作

前述内容讨论了如何使应用程序在目标系统上正常工作。在此基础上，下面将介绍远程调试技术。

2.6.2 实现方式

此处将安装并运行 gdbserver 应用程序，在构建系统上运行 GDB 并将所有命令转发至目标系统。对此，切换至 Raspberry Pi 窗口。

（1）分别使用 pi 和 raspberry 作为用户名和密码登录系统。

（2）运行下列命令安装 gdbserver。

```
# sudo apt-get install gdbserver
```

（3）在 gdbserver 下运行 hello 应用程序。

```
$ gdbserver 0.0.0.0:9090 ./hello
```

（4）切换至构建系统终端，并将目录调整为/mnt/hello。

```
# cd /mnt/hello
```

（5）安装 gdb-multiarch 包，进而提供对 ARM 平台所需的支持。

```
# apt install -y gdb-multiarch
```

（6）运行 gdb。

```
# gdb-multiarch -q ./hello
```

（7）在 gdb 命令行中输入下列命令配置远程连接（利用真实的 IP 地址替换

192.168.1.5）。

```
target remote 192.168.1.5:9090
```

（8）输入下列命令。

```
continue
```

当前，程序处于运行状态。

2.6.3　工作方式

在我们使用的 Raspberry Pi 镜像中，默认状态下并未安装 gdbserver。因此，首先需要安装 gdbserver，如图 2.15 所示。

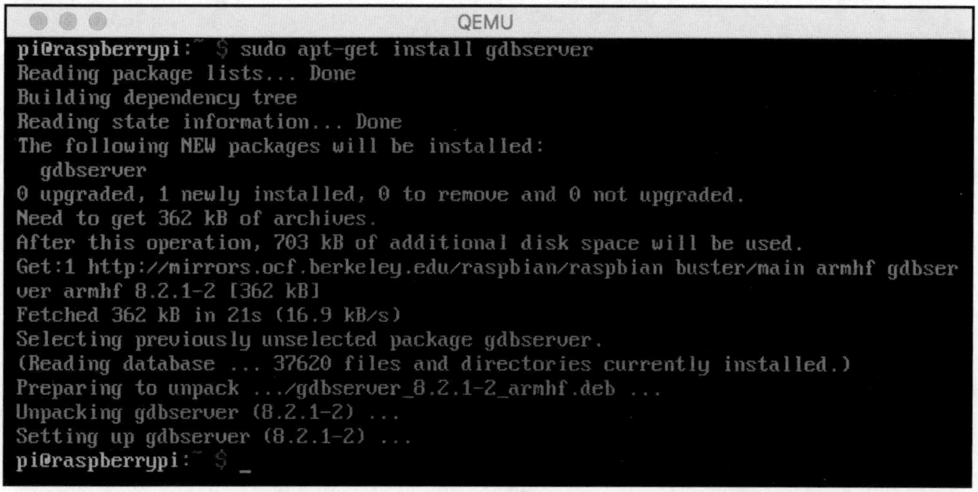

图 2.15

待安装完毕后，即可运行 gdbserver，并作为参数传递需要调试的应用程序的名称、IP 地址，以及针对输入连接所监听的端口。这里，使用 0.0.0.0 作为 IP 地址，表明可以接收任何 IP 地址上的连接，如图 2.16 所示。

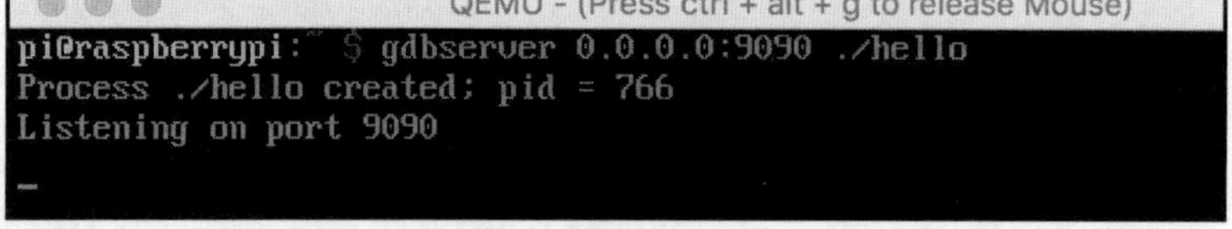

图 2.16

随后切换至构建系统并运行 gdb。此处并未直接在 GDB 中运行应用程序，而是指示 gdb 利用所提供的 IP 地址和端口初始化远程主机的连接，如图 2.17 所示。

```
user@3324138cc2c7: /mnt/hello — bash
user@3324138cc2c7:/mnt/hello$ gdb -q hello
Reading symbols from hello...(no debugging symbols found)...done.
(gdb) target remote 192.168.1.5:9090
Remote debugging using 192.168.1.5:9090
warning: while parsing target description (at line 10): Target description speci
fied unknown architecture "arm"
warning: Could not load XML target description; ignoring
Reply contains invalid hex digit 59
(gdb)
```

图 2.17

接下来，在 gdb 提示符处输入的全部命令将被传输至 gdbserver 并执行。运行该应用程序时，将会在构建系统的 gdb 控制台中看到输出结果，即使我们正在运行 ARM 可执行文件，如图 2.18 所示。

```
user@3324138cc2c7: /mnt/hello — bash
user@3324138cc2c7:/mnt/hello$ gdb -q hello
Reading symbols from hello...(no debugging symbols found)...done.
(gdb) target remote 192.168.1.5:9090
Remote debugging using 192.168.1.5:9090
warning: while parsing target description (at line 10): Target description speci
fied unknown architecture "arm"
warning: Could not load XML target description; ignoring
Reply contains invalid hex digit 59
(gdb) run
Starting program: /mnt/hello/hello
Hello, world!
[Inferior 1 (process 2781) exited normally]
(gdb)
```

图 2.18

具体解释较为简单，即二进制文件运行于远程 ARM 系统上，此处为 Raspberry Pi 模拟器。这是一种在目标平台上较为方便的应用程序调试方式，可以使用户处于构建系统的更加舒适的环境中。

2.6.4　更多内容

注意，应确保所使用的 GDB 和 gdbserver 版本匹配，否则，二者间的通信将会出现问题。

2.7　使用 CMake 作为构建系统

前述内容讨论了如何编译由一个 C++文件组成的程序。然而，真实的程序往往包含更加复杂的结构，如包含多个源文件、依赖其他库，并被划分为独立的项目。

对此，需要一种方法可针对任意应用程序类型方便地定义构建规则。CMake 是一个较为知名且广泛使用的工具，允许开发人员定义高级规则，并将其转换为底层构建系统，如 UNIX make。

在当前示例中，我们将学习如何设置 CMake，并针对 Hello, world!应用程序制定简单的项目定义。

2.7.1　准备工作

如前所述，常见的嵌入式开发工作流包含两种环境，即构建系统和目标系统。CMake 是构建系统中的一部分内容。本节将使用之前生成的 Ubuntu 构建系统。

2.7.2　实现方式

（1）当前，构建系统尚未安装 CMake。当安装 CMake 时，可运行下列命令。

```
# apt install -y cmake
```

（2）切换回本地操作系统环境。

（3）在~/test 目录中创建一个名为 hello 的子目录。随后使用文本编辑器在 hello 子目录中生成一个名为 CMakeLists.txt 的文件。

（4）输入下列代码行。

```
cmake_minimum_required(VERSION 3.5.1)
project(hello)
add_executable(hello hello.cpp)
```

（5）保存文件并切换至 Ubuntu 控制台。

（6）切换至 hello 目录。

```
# cd /mnt/hello
```

（7）运行 CMake。

```
# mkdir build && cd build && cmake ..
```

（8）运行下列命令构建应用程序。

```
# make
```

（9）利用 file 命令获取与二进制可执行文件相关的信息。

```
# file hello
```

（10）可以看到，构建系统为本地 x86 平台。相应地，需要添加交叉编译方面的支持。切换回文本编辑器，打开 CMakeLists.txt 文件并添加下列代码行。

```
set(CMAKE_C_COMPILER /usr/bin/arm-linux-gnueabi-gcc)
set(CMAKE_CXX_COMPILER /usr/bin/arm-linux-gnueabi-g++)
set(CMAKE_FIND_ROOT_PATH_MODE_PROGRAM NEVER)
set(CMAKE_FIND_ROOT_PATH_MODE_LIBRARY ONLY)
set(CMAKE_FIND_ROOT_PATH_MODE_INCLUDE ONLY)
set(CMAKE_FIND_ROOT_PATH_MODE_PACKAGE ONLY)
```

（11）保存文件并切换至 Ubuntu 终端。

（12）再次运行 cmake 命令并重新生成构建文件。

```
# cmake ..
```

（13）运行 make 并构建代码。

```
# make
```

（14）再次检查输出结果的类型。

```
# file hello
```

至此，我们利用 CMake 得到了一个针对构建系统的可执行文件。

2.7.3　工作方式

首先在构建系统上安装 CMake。当安装完毕后，切换至本地环境创建 CMakeLists.txt 文件。giant 文件包含了与项目组成和属性相关的高级构建指令。

此处将项目命名为 hello，意味着从源文件 hello.cpp 生成一个名为 hello 的可执行文件。除此之外，我们还指定了构建应用程序所需的最小化 CMake 版本。

在生成了项目定义后，即可切换回构建系统 shell，并通过运行 make 生成底层构建指令。

常见的操作方法是，创建专用的构建目录保存全部构建工件。据此，编译器生成的对象文件或 CMake 生成的文件不会破坏源代码目录。

在命令行中，我们创建了一个构建目录，随后切换至新创建的目录并运行 CMake。

作为参数，我们传递了父目录，以使 CMake 了解 CMakeListst.txt 文件的查找位置，如图 2.19 所示。

默认状态下，CMake 针对传统的 UNIX make 工具生成 Makefile 文件。这里，我们运行 make 命令并实际构建应用程序，如图 2.20 所示。

图 2.19

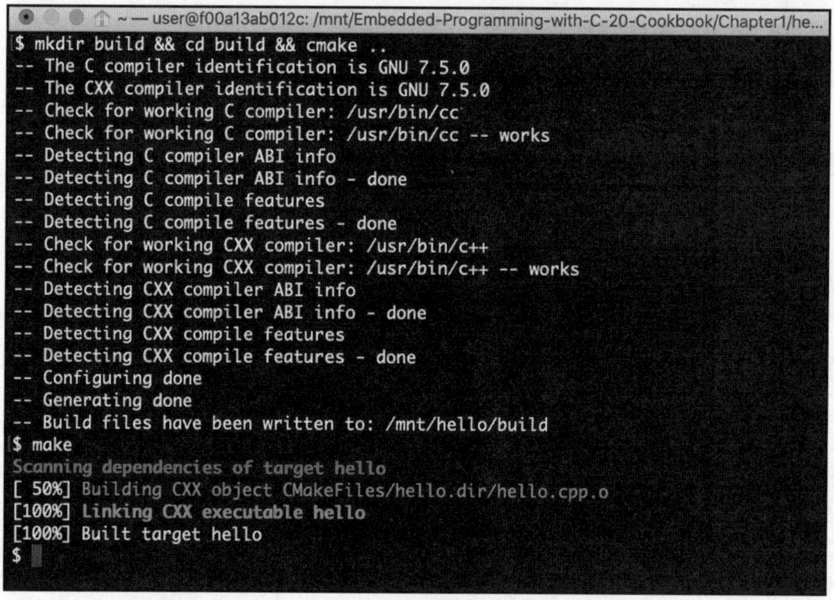

图 2.20

虽然一切工作正常，但最终结果是针对 x86 平台构建的二进制可执行文件，而我们的目标系统是 ARM，如图 2.21 所示。

针对这一问题，可向 CMakeLists.txt 文件添加一些选项，从而对交叉编译进行配置。

再次执行构建步骤，我们将得到一个面向 ARM 平台的二进制新文件 hello，如图 2.22 所示。

```
● ● ● ● ⌂ ~ — user@f00a13ab012c: /mnt/Embedded-Programming-with-C-20-Cookbook/Chapter1/he...
-- Check for working C compiler: /usr/bin/cc
-- Check for working C compiler: /usr/bin/cc -- works
-- Detecting C compiler ABI info
-- Detecting C compiler ABI info - done
-- Detecting C compile features
-- Detecting C compile features - done
-- Check for working CXX compiler: /usr/bin/c++
-- Check for working CXX compiler: /usr/bin/c++ -- works
-- Detecting CXX compiler ABI info
-- Detecting CXX compiler ABI info - done
-- Detecting CXX compile features
-- Detecting CXX compile features - done
-- Configuring done
-- Generating done
-- Build files have been written to: /mnt/hello/build
$ make
Scanning dependencies of target hello
[ 50%] Building CXX object CMakeFiles/hello.dir/hello.cpp.o
[100%] Linking CXX executable hello
[100%] Built target hello
$ file hello
hello: ELF 64-bit LSB shared object, x86-64, version 1 (SYSV), dynamically linke
d, interpreter /lib64/l, for GNU/Linux 3.2.0, BuildID[sha1]=170ef6e9b2fd8a9a15b2
6f85b40d0b8e7047a3f5, not stripped
$
```

图 2.21

```
● ● ● ● ⌂ ~ — user@f00a13ab012c: /mnt/Embedded-Programming-with-C-20-Cookbook/Chapter1/he...
-- Configuring done
-- Generating done
-- Build files have been written to: /mnt/hello/build
$ make
Scanning dependencies of target hello
[ 50%] Building CXX object CMakeFiles/hello.dir/hello.cpp.o
[100%] Linking CXX executable hello
[100%] Built target hello
$ file hello
hello: ELF 64-bit LSB shared object, x86-64, version 1 (SYSV), dynamically linke
d, interpreter /lib64/l, for GNU/Linux 3.2.0, BuildID[sha1]=170ef6e9b2fd8a9a15b2
6f85b40d0b8e7047a3f5, not stripped
$ cmake ..
-- Configuring done
-- Generating done
-- Build files have been written to: /mnt/hello/build
$ make
[ 50%] Building CXX object CMakeFiles/hello.dir/hello.cpp.o
[100%] Linking CXX executable hello
[100%] Built target hello
$ file hello
hello: ELF 32-bit LSB executable, ARM, EABI5 version 1 (SYSV), dynamically linke
d, interpreter /lib/ld-, for GNU/Linux 3.2.0, BuildID[sha1]=d12c5182fd3ec0dd07f8
106f4787850cbcc113d7, not stripped
$
```

图 2.22

　　在 file 命令的输出结果中可以看到，我们针对 ARM 平台（而非 x86 平台作为构建平台）构建了可执行文件，这意味着，该程序不会在构建机器平台上运行，但会被成功地复制到目标平台并运行。

2.7.4　更多内容

　　CMake 交叉编译的最佳配置方案是使用工具链文件。工具链文件针对特定的目标系统定义了构建规则的所有设置项和参数，如编译器前缀、编译标志和目标系统上预置库的位置。通过使用不同的工具链文件，应用程序可针对不同的目标平台重新构建。关于 CMake 工具链，读者可查看其文档以了解更多内容，对应网址为 https://cmake.org/cmake/help/v3.6/manual/cmake-toolchains.7.html。

第 3 章　与不同的体系结构协同工作

桌面应用程序开发人员通常很少关注硬件体系结构。首先，开发人员一般使用高级编程语言进行设计，而此类语言往往以性能为代价隐藏了较为复杂的内容。其次，在大多数时候，代码运行于 x86 体系结构上，因而开发人员往往对其特性呈默认态度。例如，开发人员通常假定 int 的大小为 32 位，但在许多场合下，情况并非如此。

嵌入式开发人员将面临更为广泛的体系结构特性。即使他们并未采用本地目标系统上的汇编语言编写代码，也应意识到所有的 C 和 C++基础类型均与体系结构相关。相关标准唯一可保证 int 至少为 16 位。除此之外，开发人员还应了解特定体系结构的特征，如字节顺序和对齐方式，并关注浮点数或 64 位数字的执行方式——这在 x86 体系结构上较为平常，而在其他体系结构中则很可能代价高昂。

为了发挥嵌入式硬件的最大性能，我们应了解如何在内存中组织数据，并在 CPU 缓存和操作系统分页机制中获取高效的应用方案。

本章主要涉及以下主题。

- ❑　定宽整数类型。
- ❑　处理 size_t 类型。
- ❑　检测平台的字节顺序。
- ❑　转换字节顺序。
- ❑　处理数据对齐问题。
- ❑　处理打包结构。
- ❑　缓存行对齐数据。

通过上述主题，我们将学习如何改进目标平台上的代码，进而实现最大化的性能和可移植性。

3.1　定宽整数类型

char、short 和 int 等基本数据类型的大小是依赖于体系结构的，这一点 C 和 C++程序员经常会忘记。同时，大多数硬件外围设备定义了与字段大小相关的特定需求条件，这些字段往往用于数据交换。为了使代码与外部硬件或可移植的通信协议协同工作，嵌入式开发人员一般使用固定大小的整数类型，进而显式地指定数据字段的大小。

某些较为常用的数据类型如表 3.1 所示。

表 3.1

宽　　度	有符号整数	无符号整数
8 位	int8_t	uint8_t
16 位	int16_t	uint16_t
32 位	int32_t	uint32_t

另外，指针的大小也依赖于体系结构。开发人员通常需要寻址数组元素，由于数组从内部来讲体现为指针，因而偏移量表达取决于指针的大小。size_t 是一种特殊的数据类型，因为它以独立于体系结构的方式表示偏移量和数据大小。

在当前示例中，我们将在代码中学习使用固定尺寸的数据类型，以实现不同体系结构间的移植行为。通过这种方式，应用程序可与其他目标平台实现快速的协同工作，同时降低代码修改量。

3.1.1　实现方式

本节将通过外围设备创建一个应用程序，并模拟数据交换过程，相关步骤如下。

（1）在工作目录~/test 中，创建一个子目录 fixed_types。

（2）通过文本编辑器在子文件夹 fixed_types 中创建一个名为 fixed_types.cpp 的文件。将下列代码片段复制至 fixed_types.cpp 文件中。

```cpp
#include <iostream>
void SendDataToDevice(void* buffer, uint32_t size) {
  // This is a stub function to send data pointer by
  // buffer.
  std::cout << "Sending data chunk of size " << size << std::endl;
}

int main() {
  char buffer[] = "Hello, world!";
  uint32_t size = sizeof(buffer);
  SendDataToDevice(&size, sizeof(size));
  SendDataToDevice(buffer, size);
  return 0;
}
```

（3）在 loop 子文件夹中创建 CMakeLists.txt 文件，并添加下列内容。

```
cmake_minimum_required(VERSION 3.5.1)
project(fixed_types)
add_executable(fixed_types fixed_types.cpp)

set(CMAKE_SYSTEM_NAME Linux)
set(CMAKE_SYSTEM_PROCESSOR arm)

SET(CMAKE_CXX_FLAGS "--std=c++11")
set(CMAKE_CXX_COMPILER /usr/bin/arm-linux-gnueabi-g++)
```

（4）构建应用程序并将二进制可执行文件复制到目标系统中（借助第 2 章的示例）。

（5）切换至目标系统的终端，并通过用户证书登录。

（6）运行二进制可执行文件并查看其工作方式。

3.1.2　工作方式

当运行二进制可执行文件时，对应的输出结果如图 3.1 所示。

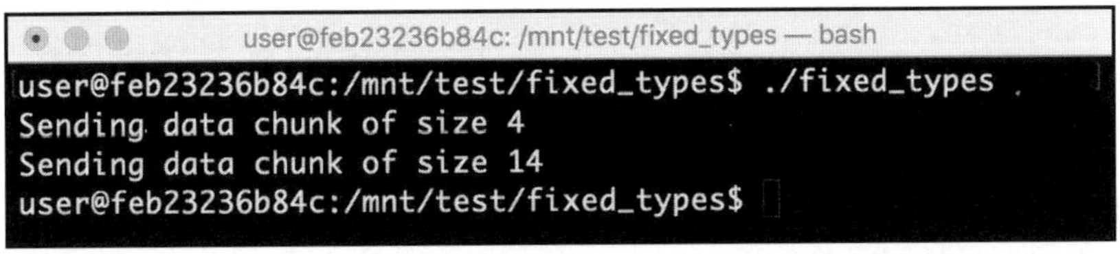

图 3.1

该程序模拟了与外部设备之间的通信。由于当前并未使用真实的设备，因而 SendDataToDevice()函数只是输出了发送至目标设备的数据的大小。

假设设备可处理可变尺寸的数据块，每个数据块以其大小作为前缀，并编码为 32 位无符号整数，其描述方式如表 3.2 所示。

表 3.2

大　　小	负　　载
0～4 字节	5-N 字节。其中 N 表示为数据大小

当前代码将 size 声明为 uint32_t，如下所示。

```
uint32_t size = sizeof(buffer);
```

这意味着将在每个平台（16 位、32 位或 64 位）上实际占用 32 位。

接下来将 size 发送到设备中，如下所示。

```
SendDataToDevice(&size, sizeof(size));
```

SendDataToDevice()函数并未发送真实的数据，相反，该函数仅输出所发送的数据的大小。可以看到，对应大小为 4 字节，这也是我们期望的结果。

```
Sending data chunk of size 4
```

假设声明了 int 数据类型，如下所示。

```
int size = sizeof(buffer);
```

在当前示例中，代码仅工作于 32 位和 64 位系统上，并以静默方式在 16 位系统上生成错误的结果，因为此时 sizeof(int)为 16。

3.1.3　更多内容

当前示例实现的代码缺少完备的可移植性，因为未考虑 32 位字中的字节顺序。这一顺序称作字节顺序，稍后将讨论其含义。

3.2　处理 size_t 类型

指针的大小也依赖体系结构。开发人员通常需要寻址数组元素，由于数组从内部来讲体现为指针，因而偏移量表达取决于指针的大小。

例如，在 32 位系统中，指针表示为 32 位，而 int 也是 32 位。然而，在 64 位系统中，int 的大小仍为 32 位，而指针则为 64 位。

size_t 是一种特殊的数据类型，因为它以独立于体系结构的方式表示偏移量和数据大小。

在当前示例中，我们将学习如何使用 size_t 处理数组。

3.2.1　实现方式

本节将创建一个应用程序处理可变尺寸的数据缓冲区，必要时，还能够访问目标系统提供的内存地址，对应步骤如下。

（1）在工作目录~/test 中创建一个名为 sizet 的子目录。

（2）使用文本编辑器在 sizet 子目录中生成一个名为 sizet.cpp 的文件，将下列代码复制至 sizet.cpp 文件中。

```
#include <iostream>
void StoreData(const char* buffer, size_t size) {
  std::cout << "Store " << size << " bytes of data" << std::endl;
}

int main() {
  char data[] = "Hello,\x1b\a\x03world!";
  const char *buffer = data;
  std::cout << "Size of buffer pointer is " << sizeof(buffer) <<
std::endl;
  std::cout << "Size of int is " << sizeof(int) << std::endl;
  std::cout << "Size of size_t is " << sizeof(size_t) << std::endl;
  StoreData(data, sizeof(data));
  return 0;
}
```

（3）在 loop 子文件夹中创建名为 CMakeLists.txt 的文件，并添加下列内容。

```
cmake_minimum_required(VERSION 3.5.1)
project(sizet)
add_executable(sizet sizet.cpp)

set(CMAKE_SYSTEM_NAME Linux)
set(CMAKE_SYSTEM_PROCESSOR arm)

SET(CMAKE_CXX_FLAGS "--std=c++11")
set(CMAKE_CXX_COMPILER /usr/bin/arm-linux-gnueabi-g++)
```

（4）构建应用程序并将二进制可执行文件复制到目标系统中（借助第 2 章的示例）。

（5）切换至目标系统的终端并通过用户证书登录。

（6）运行 sizet 可执行文件。

3.2.2　工作方式

当前示例模拟了一个函数，该函数将任意数据存储至一个文件或数据库中。另外，该函数接收一个指向数据和数据尺寸的指针。这里的问题是，应该使用什么类型表示数据的大小（size）。如果在 64 位系统中使用 unsigned int，那么就人为地限制了该函数只能处理 4 GB 数据。

为了消除这一限制条件，我们针对 size 采用 size_t 数据类型。

```
void StoreData(const char* buffer, size_t size) {
```

大多数接收索引和尺寸的标准库 API 也会处理 size_t 参数，如 C 函数 memcpy()，该函数将一个数据块从源缓冲区复制到目标缓冲区，其声明如下。

```
void *memset(void *b, int c, size_t len);
```

运行上述代码将生成如图 3.2 所示的输出结果。

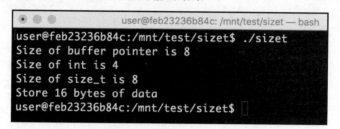

图 3.2

可以看到，目标系统上指针的大小为 64 位，尽管 int 的大小为 32 位。因此，若在程序中使用 size_t，则可使用嵌入式电路板的全部内存。

3.2.3　更多内容

C++标准库定义了一个 std::size_t，除定义于 std 命名空间外，它基本等同于 C 语言中的 size_t。在 C++代码中推荐使用 std::size_t，因为这也是标准库的一部分内容，但 std::size_t 和 size_t 可互换使用。

3.3　检测平台的字节顺序

字节顺序定义了字节（表示较大数字值）在内存中的存储顺序。

相应地，存在两种字节顺序类型。

（1）大端模式：首先存储最高有效字节。表 3.3 显示了一个 32 位值 0x01020304 在地址 ptr 处的存储状态。

表 3.3

内存中的偏移量（字节）	值
ptr	0x01
ptr + 1	0x02
ptr + 2	0x03
ptr + 3	0x04

大端体系结构的示例还包括 AVR32 和 Motorola 68000。

（2）小端模式：首先存储最低有效位。表 3.4 显示了 32 位值 0x01020304 在地址 ptr 处的存储状态。

表 3.4

内存中的偏移量（字节）	值
ptr	0x04
ptr + 1	0x03
ptr + 2	0x02
ptr + 3	0x01

x86 体系结构即采用了小端模式。

当与其他系统交换数据时，字节顺序将变得十分重要。若开发人员发送一个 32 位整数 0x01020304，如果接收者的字节顺序与发送者的字节顺序不匹配，那么该数字可能被读取为 0x04030201，这也是数据的序列化的原因。

在当前示例中，我们将学习如何确定目标系统的字节顺序。

3.3.1　实现方式

这里将创建一个简单的程序检测目标系统的字节顺序。

（1）在工作目录~/test 中，创建一个名为 endianness 的子目录。

（2）使用文本编辑器在 loop 子目录中创建一个名为 loop.cpp 的文件，并将下列代码片段复制到 loop.cpp 文件中。

```cpp
#include <iostream>

int main() {
  union {
    uint32_t i;
    uint8_t c[4];
  } data;
  data.i = 0x01020304;
  if (data.c[0] == 0x01) {
    std::cout << "Big-endian" << std::endl;
  } else {
    std::cout << "Little-endian" << std::endl;
  }
}
```

（3）在 loop 子目录中创建一个名为 CMakeLists.txt 的文件，并添加下列内容。

```
cmake_minimum_required(VERSION 3.5.1)
project(endianness)
add_executable(endianness endianness.cpp)

set(CMAKE_SYSTEM_NAME Linux)
set(CMAKE_SYSTEM_PROCESSOR arm)

SET(CMAKE_CXX_FLAGS "--std=c++11")
set(CMAKE_CXX_COMPILER /usr/bin/arm-linux-gnueabi-g++)
```

（4）构建应用程序并将最终的二进制可执行文件复制到目标系统中。对此，我们可借鉴第 2 章的相关示例。

（5）切换至目标系统的终端，并使用现有的用户证书登录。

（6）运行二进制可执行文件。

3.3.2　工作方式

在当前示例中，我们使用了 C 语言中的 union 功能将不同类型的表达映射至同一内存空间。

其中定义了包含两个字段的 union，即 8 位整数数组和一个 32 位整数。这些数据字段共享相同的内存，因此，在一个字段中所做的更改会自动反映到另一个字段中。

```
union {
  uint32_t i;
  uint8_t c[4];
} data
```

接下来，我们为 32 位整数字段指定一个特别设计的值，其中每个字节都是预先知道的，并且不同于其他任何字节。另外，我们使用值为 1、2、3 和 4 的字节来组成目标值。

当对应值分配给 32 位字段时，它会自动将所有的字段重写至 C 字节数组字段中。现在，我们可以读取数组的第一个元素，并根据所读取的内容推断硬件平台的字节顺序。

如果对应值为 1，意味着第一个字节包含最高有效字节，因而对应的体系结构为大端模式，否则为小端模式。当运行这个二进制文件时，对应结果如图 3.3 所示。

不难发现，程序将当前系统检测为小端模式。该技术可在运行期内检测字节顺序，并相应地调整应用程序的逻辑。

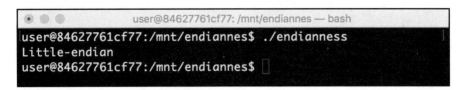

图 3.3

3.3.3　更多内容

当前，大多数广泛使用的平台均采用了小端模式，如 x86 和 ARM。但是，你的代码永远不应该隐式地假定系统的字节顺序。

当需要在运行于同一系统上的应用程序间交换数据时，较为安全的方法是使用目标系统上的字节顺序模式。但是，如果应用程序需要通过网络协议或公共数据存储与其他系统交换数据，可以考虑将二进制数据转换为公共字节顺序。

基于文本的数据格式一般不包含这一类字节顺序问题。例如，可使用 JSON 格式表示独立于平台（platform-independent）且可读（human-readable）的数据。

💡提示：

对于目标嵌入式系统来说，二进制表达间的转换可能会占用较大的开销。

3.4　转换字节顺序

虽然序列化库可在底层处理字节顺序问题，但在某些情况下，开发人员可能需要实现轻量级的通信协议。

尽管 C++标准库并未提供序列化功能，但开发人员可以利用以下事实：在二进制网络协议中，字节顺序已被定义，且通常为大端模式。

对此，标准库提供了一组函数，可用于当前平台（硬件）和大端（网络）字节顺序之间的转换。

（1）uint32_t htonl(uint32_t)：将 uint32_t 从硬件顺序转换为网络顺序。

（2）uint32_t ntohl(uint32_t)：将 uint32_t 从网络顺序转换为硬件顺序。

（3）uint16_t htons(uint16_t)：将 uint16_t 从硬件顺序转换为网络顺序。

（4）uint16_t ntohl(uint16_t)：将 uint16_t 从网络顺序转换为硬件顺序。

据此，开发人员可使用上述函数在运行于不同平台上的应用程序间交换二进制数据。在当前示例中，我们将学习如何编码字符串，以便在两个系统（可能包含相同或不同的字节顺序）间交换字符串。

3.4.1　实现方式

在当前示例中，我们将创建两个应用程序，即发送程序和接收程序。其中，发送程序将向接收程序写入数据，因而以平台无关方式编码数据。

（1）在工作目录~/test 中，创建名为 enconv 的子目录。

（2）使用文本编辑器在 enconv 子文件夹中生成并编辑 sender.cpp 文件，同时包含下列头文件。

```
#include <stdexcept>
#include <arpa/inet.h>
#include <fcntl.h>
#include <stdint.h>
#include <string.h>
#include <unistd.h>
```

（3）定义一个函数，并将数据写入文件描述符中。

```
void WriteData(int fd, const void* ptr, size_t size) {
  size_t offset =0;
  while (size) {
    const char *buffer = (const char*)ptr + offset;
    int written = write(fd, buffer, size);
    if (written < 0) {
    throw std::runtime_error("Can not write to file");
  }
  offset += written;
  size -= written;
}
}
```

（4）定义一个格式化和写入消息的函数，并调用它的 main()函数。

```
void WriteMessage(int fd, const char* str) {
  uint32_t size = strlen(str);
  uint32_t encoded_size = htonl(size);
  WriteData(fd, &encoded_size, sizeof(encoded_size));
  WriteData(fd, str, size);
}

int main(int argc, char** argv) {
```

```
int fd = open("envconv.data",
              O_WRONLY|O_APPEND|O_CREAT, 0666);
for (int i = 1; i < argc; i++) {
  WriteMessage(fd, argv[i]);
}
}
```

（5）类似地，创建一个名为 receiver.cpp 的文件，并包含相同的头文件。

```
#include <stdexcept>
#include <arpa/inet.h>
#include <fcntl.h>
#include <stdint.h>
#include <string.h>
#include <unistd.h>
```

（6）添加下列代码，进而从文件描述符中读取数据。

```
void ReadData(int fd, void* ptr, size_t size) {
  size_t offset =0;
  while (size) {
    char *buffer = (char*)ptr + offset;
    int received = read(fd, buffer, size);
    if (received < 0) {
      throw std::runtime_error("Can not read from file");
    } else if (received == 0) {
      throw std::runtime_error("No more data");
    }
    offset += received;
    size -= received;
  }
}
```

（7）定义读取消息的函数，连同调用该函数的 main()函数。

```
std::string ReadMessage(int fd) {
  uint32_t encoded_size = 0;
  ReadData(fd, &encoded_size, sizeof(encoded_size));
  uint32_t size = ntohl(encoded_size);
  auto data = std::make_unique<char[]>(size);
  ReadData(fd, data.get(), size);
  return std::string(data.get(), size);
}

int main(void) {
```

```
    int fd = open("envconv.data", O_RDONLY, 0666);
    while(true) {
      try {
        auto s = ReadMessage(fd);
        std::cout << "Read: " << s << std::endl;
      } catch(const std::runtime_error& e) {
        std::cout << e.what() << std::endl;
        break;
      }
    }
}
```

（8）在 loop 子目录中创建名为 CMakeLists.txt 的文件，并添加下列内容。

```
cmake_minimum_required(VERSION 3.5.1)
project(conv)
add_executable(sender sender.cpp)
add_executable(receiver receiver.cpp)

set(CMAKE_SYSTEM_NAME Linux)
set(CMAKE_SYSTEM_PROCESSOR arm)

SET(CMAKE_CXX_FLAGS "--std=c++14")
set(CMAKE_CXX_COMPILER /usr/bin/arm-linux-gnueabi-g++)
```

（9）构建应用程序，并将最终的可执行二进制文件 sender 和 receiver 复制到目标系统中。对此，可借助第 2 章的相关示例。

（10）切换至目标系统的终端，并使用用户证书登录。

（11）运行 sender 二进制可执行文件，并传递两个命令行参数 Hello 和 Worlds。但此时不会生成任何输出结果。

（12）运行 receiver 二进制可执行文件。

（13）针对数据交换所用的 sender 和 receiver 检查文件内容。对应内容为二进制格式，因而需要使用 xxd 工具将其转换为十六进制格式，如下所示。

```
$ xxd envconv.data
0000000: 0000 0005 4865 6c6c 6f00 0000 0557 6f72  ....Hello....Wor
0000010: 6c64                                     ld
```

（14）该文件包含两个字符串，即 Hello 和 World，并以其尺寸为前缀。其中，size 字段通常以大端模式字节顺序存储，且与体系结构无关。这使得 sender 和 receiver 可运行于两台不同的机器上且包含不同的字节顺序。

3.4.2　工作方式

在当前示例中，我们创建了两个二进制可执行文件，即 sender 和 receiver，用于模拟两台主机之间的数据交换。关于其字节顺序，我们无法做出任何假设，因而需明确相应的数据交换格式。

sender 和 receiver 交换不同尺寸的数据块。这里，我们将每个数据块编码为一个 4 字节整数，以便定义后续块大小，然后是数据块的内容。

sender 未在屏幕上生成任何输出结果，但会将编码后的数据块保存在一个文件中。当运行 receiver 时，即可读取、解码和显示 sender 所保存的任何信息，如图 3.4 所示。

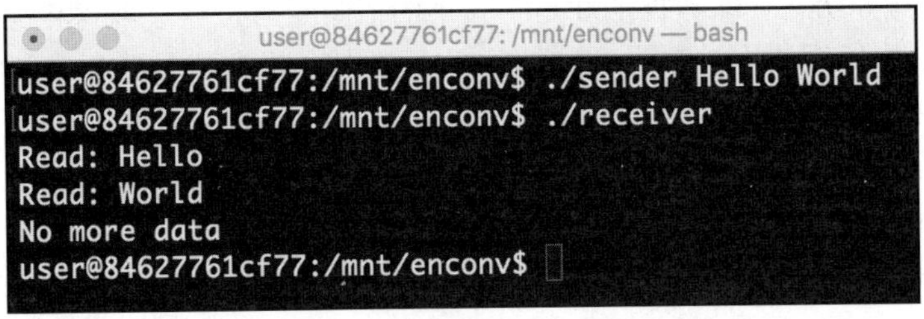

图 3.4

虽然我们在本地保存平台格式的数据块大小，但需要在发送时将其转换为统一的表达结果。对此，可使用 htonl()函数，如下所示。

```
uint32_t encoded_size = htonl(size);
```

此时，可将编码后的尺寸写入输出流。

```
WriteData(fd, &encoded_size, sizeof(encoded_size));
```

数据块的内容如下。

```
WriteData(fd, str, size);
```

相应地，receiver 从输入流中读取尺寸。

```
uint32_t encoded_size = 0;
ReadData(fd, &encoded_size, sizeof(encoded_size));
```

尺寸经编码后无法直接使用，除非 receiver 利用 ntohl()函数将其转换为平台表达方式。

```
uint32_t size = ntohl(encoded_size);
```

只有这样才可知道后续数据块的大小，进而分配和读取数据块。

```
auto data = std::make_unique<char[]>(size);
ReadData(fd, data.get(), size);
```

由于序列化后的 data 尺寸通常以大端模式表示，因而 read()函数无须假设数据写入平台的字节顺序，并可处理来自任何处理器体系结构的数据。

3.5　处理数据对齐问题

处理器不是以字节来读写数据，而是以与数据地址大小相匹配的内存字（word）来读写数据。例如，32 位处理器处理 32 位字，64 位处理器处理 64 位字，等等。

当字处于对齐状态（即数据地址是字大小的倍数）时，读、取操作变得十分高效。例如，对于 32 位体系结构，地址 0x00000004 处于对齐状态，而 0x00000005 则处于非对齐状态。在 x86 平台上，与对齐数据相比，非对齐数据的访问速度将有所减慢。在 ARM 平台上，非对齐数据的访问将生成一个硬件异常，从而导致程序终止。

```
Compilers align data automatically. When it comes to structures, the result
may be surprising for developers who are not aware of alignment.
struct {
    uint8_t c;
    uint32_t i;
} a = {1, 1};

std::cout << sizeof(a) << std::endl;
```

上述代码的输出结果为：sizeof(uint8_t)为 1；sizeof(uint32_t)为 4。开发人员可能认为结构的大小等于各尺寸之和。然而，最终结果取决于目标平台的体系结构。

对于 x86，对应结果为 9。接下来在 i 之前添加一个 uint8_t，如下所示。

```
struct {
    uint8_t c;
    uint8_t cc;
    uint32_t i;
} a = {1, 1};

std::cout << sizeof(a) << std::endl;
```

对应结果仍然为 8。通过添加填充字节，编译器根据对齐规则优化数据字段在结构中的位置。具体规则与体系结构相关，因此，对于其他体系结构来说，对应结果可能会有所不同。所以，如果缺少序列化操作（参见第 8 章），结构将无法在两个不同的系统间直接交换。

在当前示例中，我们将学习如何使用编译器隐式提供的规则对齐数据，从而编写更有效的内存代码。

3.5.1　实现方式

本节将创建一个程序并分配结构数组，进而检查字段的顺序对内存使用所产生的影响。

（1）在工作目录~/test 中，创建一个名为 alignment 的子目录。

（2）使用文本编辑器在 loop 子目录中生成一个名为 alignment.cpp 的文件。添加相应的头文件和两种数据类型，即 Category 和 ObjectMetadata1。

```
#include <iostream>
enum class Category: uint8_t {
  file, directory, socket
};
struct ObjectMetadata1 {
  uint8_t access_flags;
  uint32_t size;
  uint32_t owner_id;
  Category category;
};
```

（3）定义另一种数据类型 ObjectMetadata2 及相关应用代码。

```
struct ObjectMetadata2 {
  uint32_t size;
  uint32_t owner_id;
  uint8_t access_flags;
  Category category;
};

int main() {
  ObjectMetadata1 object_pool1[1000];
  ObjectMetadata2 object_pool2[1000];
  std::cout << "Poorly aligned:" << sizeof(object_pool1) <<
std::endl;
  std::cout << "Well aligned:" << sizeof(object_pool2) <<
std::endl;
  return 0;
}
```

（4）在 loop 子目录中创建名为 CMakeLists.txt 的文件，并添加下列内容。

```
cmake_minimum_required(VERSION 3.5.1)
project(alignment)
add_executable(alignment alignment.cpp)

set(CMAKE_SYSTEM_NAME Linux)
set(CMAKE_SYSTEM_PROCESSOR arm)

SET(CMAKE_CXX_FLAGS "--std=c++11")
set(CMAKE_CXX_COMPILER /usr/bin/arm-linux-gnueabi-g++)
```

（5）构建应用程序并将最终的二进制可执行文件复制到目标系统中。对此，可使用第 2 章的相关示例。

（6）切换至目标系统终端，并使用用户证书登录。

（7）运行二进制可执行文件。

3.5.2　工作方式

示例应用程序定义了两个数据结构，即 ObjectMetadata1 和 ObjectMetadata2，分别保存与文件对象相关的一些元数据。另外，我们还定义了表示一个对象的 4 个字段，如下所示。

（1）Access flags：表示文件访问类型的位组合，如读取、写入、操作。全部位字段均被封装至一个 uint8_t 字段中。

（2）Size：一个 32 位无符号整数表示对象的尺寸，并将所支持的对象尺寸限制至 4 GB。这对于当前目标（展示数据对齐规则的重要性）来说已然足够。

（3）Owner ID：一个 32 位整数，用于识别系统中的用户。

（4）Category：表示对象的分类。这可以是一个文件、目录或 Socket。鉴于仅定义 3 种分类，因而 uint8_t 数据类型对于表达全部内容来说已然足够。这也是利用 enum 类进行声明的原因。

```
enum class Category: uint8_t {
```

ObjectMetadata1 和 ObjectMetadata2 实际上包含了相同的字段，唯一的差别在于二者在结构中的顺序。

接下来声明两个对象池，共计包含 1000 个对象。object_pool1 保存 ObjectMetadata1 结构中的元数据，而 object_pool2 则使用 ObjectMetadata2。此时，应用程序的输出结果如图 3.5 所示。

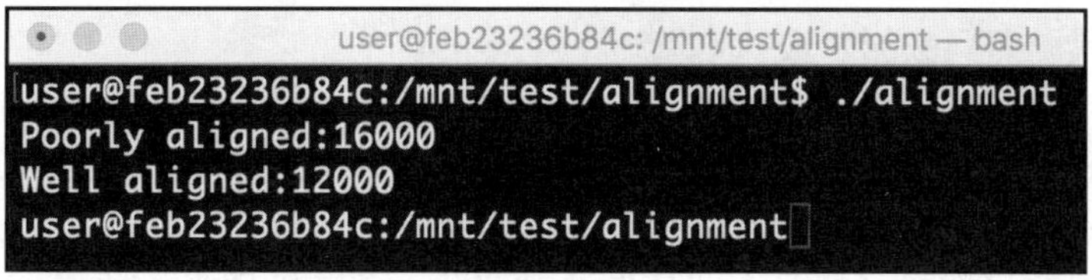

图 3.5

就功能和性能而言，两个对象池彼此等同。然而，如果查看所占用的内存数量，就会发现显著的不同——object_pool1 比 object_pool2 多出 4 KB。如果 object_pool2 的大小为 12 KB，那么，由于未注意到数据对齐问题，将会浪费 33%的内存空间。当处理数据结构时，应关注对齐问题和相应的填充机制，因为不恰当的字段顺序将会导致低效的内存应用，如 object_pool2。通过这些简单的规则组织数据字段，可使其处于相应的对齐状态。

❑　通过尺寸对字段分组。

❑　针对数据类型，从大到小排序分组。

处于对齐状态的数据结构可实现快速、高效的内存操作，且无须添加额外的实现代码。

3.5.3　更多内容

每种硬件平台均包含自身的对齐条件，其中一些需求条件颇具技巧性。对此，读者可能需要参考目标平台编译器的文档和相应的最人限度地利用硬件。关于对齐问题，如果目标平台是 ARM，读者可参考 http://infocenter.arm.com/help/index.jsp?topic=/com.arm.doc.faqs/ka15414.html 以了解更多内容。

虽然结构中数据字段对齐可导致更为紧凑的数据表达，但同时也应顾及性能方面的问题。具体来说，将一起使用的数据保存在同一个内存区域中称为数据局部性，这可以显著提高数据访问性能。与跨越缓存行边界的元素相比，位于同一缓存行的数据元素其读写速度要快得多。在许多情况下，以额外的内存使用为代价获得性能的提高可视为更好的选择方案，稍后将详细讨论这一技术。

3.6　处理打包结构

在当前示例中，我们将定义相关结构，且在其数据成员之间不包含任何填充字节。当与大量的对象协同工作时，这将显著降低应用程序所用的内存空间。

注意，这一过程也需要付出相关代价。非对齐内存访问的速度较慢，因而性能无法达到最优。对于一些体系结构，非对齐访问将被禁止，因而与对齐访问相比，C++编译器将生成更多的代码访问数据字段。

虽然打包结构可能导致高效的内存应用，但除非必要，否则应尽量避免使用这种技术。其间涵盖了太多的隐含限制，进而导致在后续应用程序中产生模糊、难以发现的问题。

针对于此，可将打包结构视为一种传输编码机制，且仅在应用程序之外使用打包结构存储、加载或交换数据。但是，即使在这类情况下，使用适当的数据序列化也是更好的解决方案。

3.6.1　实现方式

本节将定义一个打包结构数组，进而查看对内存占有量所产生的影响。

（1）在工作目录~/test 中，创建 alignment 子目录的副本并将其命名为 packed_alignment。

（2）向每个结构定义中添加__attribute__((packed))，以修改 alignment.cpp 文件。

```
struct ObjectMetadata1 {
  uint8_t access_flags;
  uint32_t size;
  uint32_t owner_id;
  Category category;
} __attribute__((packed));

struct ObjectMetadata2 {
  uint32_t size;
  uint32_t owner_id;
  uint8_t access_flags;
  Category category;
} __attribute__((packed));
```

（3）构建应用程序并将最终的二进制可执行文件复制到目标系统中。对此，我们将使用第 2 章的相关示例。

（4）切换至目标系统的终端，并使用用户证书登录。

（5）运行二进制可执行文件。

3.6.2　工作方式

在当前示例中，通过向每个结构添加 packed 属性，我们将对前述示例代码稍作修改。

```
} __attribute__((packed));
```

packed 属性指示编译器不需要向结构添加填充字节，以符合目标平台的对齐要求。

运行上述代码将生成如图 3.6 所示的输出结果。

图 3.6

如果编译器未添加填充字节，数据字段的顺序将变得无关紧要。假设 ObjectMetadata1 和 ObjectMetadata2 结构体具有完全相同的数据字段，那么它们的打包形式的大小就会完全相同。

3.6.3　更多内容

GNU Compiler Collection（GCC）通过其属性使开发人员可对数据布局拥有更多的控制权。读者可访问 GCC Type Attributes 页面以查看其所支持的全部属性及属性的含义。

其他编译器也提供了类似的功能，但对应的 API 可能会有所不同。例如，Microsoft 编译器定义了 #pragma pack 编译器指令声明打包结构。读者可访问 Pragma Pack Reference 页面以查看详细内容。

3.7　缓存行对齐数据

在当前示例中，我们将学习如何利用缓存行对齐数据结构。数据对齐问题可显著地影响系统的性能，特别是工作于多核系统中的多线程应用程序。

首先，对于那些经常访问的共用数据，如果它们位于相同的缓存行中，则访问速度将会快得多。例如，如果程序先后访问变量 A 和 B，如果这两个变量不在同一缓存行中，那么处理器每次将使其缓存失效，并于随后重新进行加载。

其次，我们并不希望在同一缓存行中保存由不同线程独立使用的数据。如果同一个缓存线被不同的 CPU 内核修改，就会涉及缓存同步问题，进而影响使用共享数据的多线程应用程序的整体性能。在这种情况下，内存访问时间将显著地增加。

3.7.1　实现方式

本节将创建一个应用程序，该程序通过 4 种不同的方法分配 4 个缓冲区，进而学习如何通过静态和动态方式分配内存空间。

（1）在工作目录~/test 中，创建一个名为 cache_align 的子目录。

（2）通过文本编辑器在 cache_align 子目录中创建名为 cache_align.cpp 的文件。随后，将下列代码片段复制到 cache_align.cpp 文件中，进而定义所需的常量和检测对齐问题的函数。

```cpp
#include <stdlib.h>
#include <stdio.h>

constexpr int kAlignSize = 128;
constexpr int kAllocBytes = 128;

constexpr int overlap(void* ptr) {
  size_t addr = (size_t)ptr;
  return addr & (kAlignSize - 1);
}
```

（3）定义多个缓冲区，这些缓冲区采用不同的方式分配。

```cpp
int main() {
  char static_buffer[kAllocBytes];
  char* dynamic_buffer = new char[kAllocBytes];

  alignas(kAlignSize) char aligned_static_buffer[kAllocBytes];
  char* aligned_dynamic_buffer = nullptr;
  if (posix_memalign((void**)&aligned_dynamic_buffer,
      kAlignSize, kAllocBytes)) {
    printf("Failed to allocate aligned memory buffer\n");
  }
```

（4）添加下列应用代码。

```cpp
  printf("Static buffer address: %p (%d)\n", static_buffer,
         overlap(static_buffer));
  printf("Dynamic buffer address: %p (%d)\n", dynamic_buffer,
         overlap(dynamic_buffer));
  printf("Aligned static buffer address: %p (%d)\n",
aligned_static_buffer,
         overlap(aligned_static_buffer));
  printf("Aligned dynamic buffer address: %p (%d)\n",
aligned_dynamic_buffer,
         overlap(aligned_dynamic_buffer));
  delete[] dynamic_buffer;
  free(aligned_dynamic_buffer);
  return 0;
}
```

（5）在 loop 子目录中创建名为 CMakeLists.txt 的文件，并添加下列内容。

```
cmake_minimum_required(VERSION 3.5.1)
project(cache_align)
add_executable(cache_align cache_align.cpp)

set(CMAKE_SYSTEM_NAME Linux)
set(CMAKE_SYSTEM_PROCESSOR arm)

SET(CMAKE_CXX_FLAGS "-std=c++11")
set(CMAKE_CXX_COMPILER /usr/bin/arm-linux-gnueabi-g++)
```

（6）构建应用程序并将最终的二进制可执行文件复制到目标系统中。对此，可使用第 2 章的相关示例。

（7）切换至目标系统的终端，并使用用户证书登录。

（8）运行二进制可执行文件。

3.7.2　工作方式

第一个代码片段生成了两对内存缓冲区，在每一对缓冲区中，第一个缓冲区分配至栈中；第二个缓冲区则分配于堆中。

另外，第一对缓存区利用标准的 C++技术予以创建。栈上的静态内存声明为一个数组。

```
char static_buffer[kAllocBytes];
```

当创建动态缓冲区时，我们使用了 C++中的关键字 new。

```
char* dynamic_buffer = new char[kAllocBytes];
```

在第二对缓冲区中，我们创建了内存对齐的缓冲区。在栈上声明静态缓冲区类似于常规的静态缓冲区。这里则采用了附加属性 alignas，它是 C++ 11 引入的，以一种标准化的、独立于平台的方式来对齐内存中的数据。

```
alignas(kAlignSize) char aligned_static_buffer[kAllocBytes];
```

该属性需要一个对齐的 size 作为参数，并希望数据通过缓存行边界对齐。取决于具体的平台，缓存行大小可能会有所不同。其中，较为常见的尺寸包括 32、64 和 128 字节；而使用 128 字节的缓冲区则可针对任意缓存行，使缓冲区处于对齐状态。

相比之下，动态缓冲区则不存在所谓的标准方式。当在堆上分配内存时，可使用 C 函数 posix_memalign()。该函数仅在可移植操作系统接口（POSIX）系统中可用（基本类似于 UNIX），但并不需要 C++ 11 标准的支持。

```
if (posix_memalign((void**)&aligned_dynamic_buffer,
    kAlignSize, kAllocBytes)) {
```

posix_memalign()函数类似于 malloc()函数,但定义了 3 个参数(而非 1 个)。其中,第 2 个参数为对齐的尺寸且与 align 属性相同。第 3 个参数是需要分配的内存大小。另外,第 1 个参数用于返回一个指向已分配内存的指针。与 malloc()函数不同,posix_memalign()函数有可能失败,如无法分配内存,或者传递给函数的对齐尺寸不是 2 的幂。对此,posix_memalign()函数将返回一个错误码作为其结果值,以帮助开发人员区分不同的错误行为。

相应地,可定义函数 overlap(),通过屏蔽指针中所有对齐的位计算指针中未对齐的部分,如下所示。

```
size_t addr = (size_t)ptr;
return addr & (kAlignSize - 1);
```

运行应用程序即可看出差别所在,如图 3.7 所示。

图 3.7

在第 1 对缓冲区中,两个缓冲区的地址均包含非对齐部分,而第 2 对缓冲区的地址则呈对齐状态——非对齐部分为 0。最终,第 2 对缓冲区中元素的随机访问将更快,因为全部元素均同时位于缓存中。

3.7.3   更多内容

对于基于硬件地址转换机制的内存映射,CPU 数据对齐同样十分重要。现代的操作系统操作 4 KB 的内存块或页将一个进程的虚拟地址空间映射到物理内存。因此,在 4 KB 边界上对齐数据结构可以提高性能。

本章所讨论的技术同样适用于内存页边界的数据对齐。但需要注意的是,posix_memalign()函数可能会需要两倍的内存量,这种内存开销的增长对于较大的对齐块来说可能十分明显。

第 4 章 处 理 中 断

嵌入式应用程序的主要任务之一是与外部硬件设备进行通信。利用输出端口向外围设备发送数据并不困难，但当涉及读取行为时，情况则变得较为复杂。

嵌入式开发人员需要了解数据何时可被读取。由于外围设备位于处理器之外，因而这种情况可能会出现于任意时刻。

本章将学习中断的含义及其处理方式。当采用 8 位微处理器（如 8051）作为目标平台时，我们将学习下列主题。

❑　如何实现基本的中断处理机制。

❑　如何利用时钟中断在微控制器单元（MCU）的输出引脚上生成信号。

❑　使用中断在 MCU 的外部引脚上计数事件。

❑　使用中断在串行通道上通信。

相关示例如下。

❑　实现中断服务程序。

❑　通过 8 位自动重载模式生成一个 5 kHz 的方波信号。

❑　使用 Timer 1 作为事件计数器计数一个 1 Hz 脉冲。

❑　串行接收和传输数据。

理解中断处理的核心概念有助于实现响应式和高效的嵌入式应用程序。

下面首先介绍相关概念的背景知识。

4.1　数　据　轮　询

等待来自外部源数据的第一种方案称作轮询机制。也就是说，应用程序周期性地查询外部设备端口，以检查是否包含新的数据。该方案易于实现，但也包含了较为明显的缺陷。

首先，轮询方案浪费处理器资源。其间，大多数轮询调用将报告数据处于不可用状态，且需要继续等待。由于此类调用并不涉及数据处理，因而会造成计算资源的浪费。而且，轮询间隔应足够短，并迅速响应外部事件。对此，开发人员应在高效的处理器能力应用和反应时间之间寻求一种折中方案。

其次，轮询机制使得程序的逻辑变得复杂。例如，如果程序应该每隔 5 ms 轮询一次事件，那么其子程序所花费的时间不应该超过 5 ms。因此，开发人员需要采取人为方式将代码划分为较小的代码块，并在这些代码块之间组织复杂的切换行为以支持轮询机制。

4.2　中断服务程序

中断可视为轮询机制的替代方案。一旦外部设备包含新的数据，就会触发处理器中的中断事件。顾名思义，这将中断正常的执行指令工作流。随后，处理器将保存其当前状态，并启动源自不同地址处的指令，直至从中断指令中返回，并于随后读取之前保存的状态，以继续执行中断之后的指令流。这个替代的指令序列称作中断服务程序（ISR）。

每个处理器定义了自身的指令集和规则，进而与中断协同工作。然而，当处理中断时，全部处理器都采用了相同的通用方案，如下所示。

- ❑　中断通过数字加以识别且通常始于 0。这些数字被映射至硬件的中断请求线（IRQ），并通过物理方式对应于特定的处理器引脚。
- ❑　当 IRQ 线处于激活状态时，处理器使用相应的数字作为中断向量数组中的偏移量，以定位中断服务程序的地址。相应地，中断向量数组存储于固定地址处的内存中。
- ❑　通过更新中断向量数组中的相关项，开发人员可定义或重新定义 ISR。
- ❑　无论是针对特定的 IRQ 线或全部中断，我们都可通过对处理器编程这一方式启用或禁用中断。当中断被禁用时，处理器将无法调用对应的 ISR，虽然 IRQ 线处于可读状态。
- ❑　取决于物理引脚上的信号，可对 IRQ 线进行编程以触发中断。这可以是信号的低电平、高电平或边缘（从低到高或从高到低的过渡）。

4.3　对 ISR 的一般考虑

由于中断处理机制在硬件级别上执行，因而不会出现轮询机制中浪费处理器资源这一现象，同时还提供了非常短的响应时间。然而，开发人员需要了解其中的细节问题，以避免将来出现较为严重或难以检测的问题。

首先，在同一时间处理多个中断，或者在处理前一个中断时响应当前中断是很难实现的。这就是为什么在执行 ISR 时禁用中断的原因。这可以防止 ISR 被另一个中断所中断，但也意味着挂起中断的响应时间可能更长。更糟糕的是，如果不能迅速重启中断，则可能导致数据或事件丢失。

为了避免此类情形，所有的 ISR 均十分短小，且仅执行少量工作以读取或确认设备中的数据；而复杂的数据分析和处理则是在 ISR 之外进行的。

4.4　8051 微控制器中断

8051 微控制器支持 6 个中断源，即重置、两个硬件中断、两个时钟中断和一个串行通信中断，如表 4.1 所示。

表 4.1

中　断　号	描　　述	偏移量（以字节计算）
	重置	0
0	外部中断 INT0	3
1	时钟 0（TF0）	11
2	外部中断 INT1	19
3	时钟 1（TF1）	27
4	串行	36

中断向量数组位于地址 0 处，除重置中断外，每项大小均为 8 个字节。虽然最小 ISR 可容纳 8 个字节，但通常情况下，每个中断向量包含的代码将把执行过程重定向至某处的实际 ISR。

其中，重置项较为特殊，经重置信号激活后即刻跳至主程序所处的地址。

8051 定义了一个称作中断启用（EA）的特殊寄存器，用于启用/禁用中断，其 8 位的分配方式如表 4.2 所示。

表 4.2

位	名　　称	含　　义
0	EX0	外部中断 0
1	ET0	时钟 0 中断
2	EX1	外部中断 1
3	ET1	时钟 1 中断
4	ES	串口中断
5	-	未使用
6	-	未使用
7	EA	全局中断控制

相应地，将表 4.2 中的位设置为 1 将启用中断，而设置为 0 则禁用中断。另外，EA
位可启用/禁用全部中断。

4.5　实现中断服务程序

在当前示例中，我们将学习如何针对 8051 微控制器定义中断服务程序。

4.5.1　实现方式

实现过程需要执行下列各项步骤。

（1）切换至第 2 章配置的构建系统。

（2）确保安装了 8051 模拟器。

```
# apt install -y mcu8051ide
```

（3）启动 mcu8051ide 并创建名为 Test 的新项目。

（4）创建名为 test.c 的新文件，并将下列代码片段置入其中。这将针对每个时钟中
断增加内部 Counter 计数。

```c
#include<mcs51reg.h>

volatile int Counter = 0;
void timer0_ISR (void) __interrupt(1) /*interrupt no. 1 for Timer0
*/
{

  Counter++;
}

void main(void)
{
  TMOD = 0x03;
  TH0 = 0x0;
  TL0 = 0x0;
  ET0 = 1;
  TR0 = 1;
  EA = 1;
  while (1); /* do nothing */
}
```

（5）选择 Tools | Compile 命令构建代码。随后，消息窗口将显示下列输出结果。

```
Starting compiler ...

cd "/home/dev"
sdcc -mmcs51 --iram-size 128 --xram-size 0 --code-size 4096 --
nooverlay --noinduction --verbose --debug -V --std-sdcc89 --modelsmall
"test.c"
sdcc: Calling preprocessor...
+ /usr/bin/sdcpp -nostdinc -Wall -obj-ext=.rel -D__SDCC_NOOVERLAY -
DSDCC_NOOVERLAY -D__SDCC_MODEL_SMALL -DSDCC_MODEL_SMALL -
D__SDCC_FLOAT_REENT -DSDCC_FLOAT_REENT -D__SDCC=3_4_0 -DSDCC=340 -
D__SDCC_REVISION=8981 -DSDCC_REVISION=8981 -D__SDCC_mcs51 -
DSDCC_mcs51 -D__mcs51 -D__STDC_NO_COMPLEX__ -D__STDC_NO_THREADS__
-D__STDC_NO_ATOMICS__ -D__STDC_NO_VLA__ -isystem
/usr/bin/../share/sdcc/include/mcs51 -isystem
/usr/share/sdcc/include/mcs51 -isystem
/usr/bin/../share/sdcc/include -isystem /usr/share/sdcc/include
test.c
sdcc: Generating code...
sdcc: Calling assembler...
+ /usr/bin/sdas8051 -plosgffwy test.rel test.asm
sdcc: Calling linker...
sdcc: Calling linker...
+ /usr/bin/sdld -nf test.lk

Compilation successful
```

（6）选择菜单项激活模拟器。

（7）选择 Simulator | Animate 命令以 slow 模式运行程序。

（8）切换至 C variables 面板并向下滚动至 Counter variable。

（9）查看一段时间内的递增结果，如图 4.1 所示。

Simulator	C variables	IO Ports	Messages

Global static scalar variables

Value	Data type	Variable name
0	*sbit*	BREG_F4
0	*sbit*	BREG_F5
0	*sbit*	BREG_F6
0	*sbit*	BREG_F7
74	*int*	Counter
	>> *void*	timer0_ISR
	>> *void*	main

图 4.1

可以看到，Counter 变量的 Value 字段当前为 74。

4.5.2　工作方式

示例程序针对 8051 微控制器使用了一个模拟器。虽然大多数微控制器均可用，考虑到在 Ubuntu 存储库中的可用性，此处选用了 MCU8051IDE。

我们可像常规的 Ubuntu 包那样安装 MCU8051IDE，如下所示。

```
# apt install -y mcu8051ide
```

这是一个 GUI IDE 且需要 X Windows 系统方可运行。如果采用 Linux 或 Windows 作为工作环境，则可直接从 https://sourceforge.net/projects/mcu8051ide/files/中执行安装和运行操作。

示例程序定义了一个名为 Counter 的全局变量，如下所示。

```
volatile int Counter = 0;
```

该变量被定义为 volatile，表明可以从外部对其进行修改；此外，编译器不可太过优化代码以消除该变量。

接下来定义一个名为 timer0_ISR()的简单函数。

```
void timer0_ISR (void) __interrupt(1)
```

该函数并不接收任何参数也不返回任何值，其唯一任务是递增 Counter 变量。timer0_ISR()使用一个较为重要的属性进行声明，即__interrupt(1)，以使编译器知道这是一个中断处理程序，并服务于中断号 1。编译器将生成代码，并自动更新中断向量数组的对应项。

定义 ISR 以后，我们将配置时钟的参数，如下所示。

```
TMOD = 0x03;
TH0 = 0x0;
TL0 = 0x0;
```

随后启用时钟 0，如下所示。

```
TR0 = 1;
```

下列命令将启用源自时钟 0 的中断。

```
ET0 = 1;
```

下列代码将启用全部中断。

```
EA = 1;
```

随后，ISR 将周期性地被时钟中断激活。由于所有工作都是在 ISR 中完成的，因此我们运行一个不执行任何操作的无限循环，如下所示。

```
while (1); // do nothing
```

当在模拟器中运行上述代码时，Counter 变量的实际值将随时间发生变化，表明 ISR 被时钟激活。

4.6　通过 8 位自动重载模式生成一个 5 kHz 的方波信号

前述内容讨论了如何创建一个仅执行计数器递增的简单的 ISR 程序。接下来将考查一个中断程序并执行一些有用的操作。在该示例中，我们将学习如何对 8051 微控制器编程，并生成基于给定频率的信号。

8051 微控制器包含两个时钟，即 Timer0 和 Timer1，并通过两个专用功能寄存器进行配置，即时钟模式（TMOD）和时钟控制（TCON）。对于 Timer0，时钟值存储于 TH0 和 TL0 时钟寄存器中；对于 Timer1，时钟值存储于 TH1 和 TL1 时钟寄存器中。

TMOD 和 TCON 位均包含特殊的含义。TMOD 寄存器位的定义如表 4.3 所示。

表 4.3

位	时　钟	名　称	功　能
0	0	M0	时钟模式选择器——低位
1	0	M1	时钟模式选择器——高位
2	0	CT	Counter (1)或 Timer (0)模式
3	0	GATE	仅当 INT0 的外部中断高时启用 Timer1
4	1	M0	时钟模式选择器——低位
5	1	M1	时钟模式选择器——高位
6	1	CT	Counter (1)或 Timer (0)模式
7	1	GATE	仅当 INT1 的外部中断高时启用 Timer1

其中，低 4 位分配给 Timer0，高 4 位分配给 Timer1。

另外，M0 和 M1 位可通过 4 种方式之一配置时钟，如表 4.4 所示。

表 4.4

模　式	M0	M1	描　述
0	0	0	13 位模式。TL0 或 TL1 寄存器包含低 5 位；而 TH0 或 TH1 则包含对应时钟值的高 8 位
1	0	1	16 位模式。TL0 或 TL1 寄存器包含低 8 位；而 TH0 或 TH1 则包含对应时钟值的高 8 位
2	1	0	基于自动重载的 8 位模式。TL0 或 TL1 包含对应的时钟值；而 TH0 或 TL1 则包含重载值
3	1	1	Timer0 的特定的 8 位模式

时钟控制（TCON）记录控制的时钟中断，其位定义如表 4.5 所示。

表 4.5

位	名　称	功　能
0	IT0	外部中断 0 控制位
1	IE0	外部中断 0 边缘标志。当 INT0 接收到由高至低的边缘信号时设置为 1
2	IT1	外部中断 1 控制位
3	IE1	外部中断 1 边缘标志。当 INT1 接收到由高至低的边缘信号时设置为 1
4	TR0	针对 Timer0 运行控制。设置 1 将启动时钟，设置 0 将终止时钟
5	TF0	Timer0 上溢。当时钟达到其最大值时设置为 1
6	TR1	针对 Timer1 运行控制。设置 1 将启动时钟，设置 0 将终止时钟
7	TF1	Timer1 上溢。当时钟达到其最大值时设置为 1

我们将使用 8051 时钟的特定模式，即自动重载。在该模式下，TL0（针对 Timer1 的 TL1）寄存器包含时钟值，而 TH0（针对 Timer1 的 TH1）则包含重载值。一旦 TL0 达到最大值 255，则生成上溢中断，并自动重置为重载值。

4.6.1　实现方式

实现过程包含下列各项步骤。

（1）启动 mce8051ide 并创建一个名为 Test 的新项目。

（2）创建 generator.c 文件并将下列代码添加至其中。这将在 MCU 的 P0_0 引脚上生成 5 kHz 的信号。

```
#include<8051.h>

void timer0_ISR (void) __interrupt(1)
{
  P0_0 = !P0_0;
}

void main(void)
{
  TMOD = 0x02;
  TH0 = 0xa3;
  TL0 = 0x0;
  TR0 = 1;
  EA = 1;
  while (1); // do nothing
}
```

（3）选择 Tools | Compile 命令构建代码。

（4）选择 Simulator | Start/Shutdown 菜单项激活模拟器。

（5）选择 Simulator | Animate 命令以 slow 模式运行程序。

4.6.2 工作方式

下列代码针对 Timer0 定义了 ISR。

```
void timer0_ISR (void) __interrupt(1)
```

在每一个时钟中断上，将翻转 P0 的输入输出寄存器的 0 位，这将有效地在 P0 输出管脚上产生方波信号。

接下来讨论如何对时钟编程，进而生成包含给定频率的中断。当生成 5 kHz 的信号时，需要利用 10 kHz 频率翻转位，因为每个波由一个高相位和一个低相位构成。

8051 MCU 使用外部振荡器作为时钟源。随后，时钟单元将外部频率除以 12。11.0592 MHz 振荡器通常用作 8051 的时间源，时钟每 $1/11059200 \times 12 = 1.085$ ms 被激活一次。

这里所采用的时钟 ISR 应该以 10 kHz 的频率（或每个 100 ms，或者每隔 $100/1.085 = 92$ 个时钟节拍）被激活。

接下来对 Timer0 进行编程并以模式 2 的方式运行，如下所示。

```
TMOD = 0x02;
```

　　在该模式下，我们将时钟的重置值存储在 TH0 寄存器中。ISR 通过时钟上溢被激活，这往往出现于时钟计数器到达最大值之后。模式 2 是一类 8 位模式，即最大值为 255。在每隔 92 个时钟节拍激活 ISR 后，自动重载值应为 255-92 = 163，或者是十六进制表示法的 0xa3。

　　我们将自动重载值连同初始时钟值存储于时钟寄存器中。

```
TH0 = 0xa3;
TL0 = 0x0;
```

　　下列代码将激活 Timer0。

```
TR0 = 1;
```

　　随后启用时钟中断。

```
TR0 = 1;
```

　　最后，全部中断均处于激活状态。

```
EA = 1;
```

　　自此，ISR 每隔 100 μs 被调用一次，如下所示。

```
P0_0 = !P0_0;
```

　　这将翻转 P0 寄存器的 0 位，并在对应的输出引脚上生成 5 kHz 的方波信号。

4.7　使用 Timer 1 作为事件计数器计数一个 1 Hz 脉冲

　　8051 时钟包含双重功能。当被时钟振荡器激活时，8051 的角色为时钟。除此之外，8051 还可通过外部引脚（即 P3.4（Timer0）和 P3.5（Timer1））上的信号脉冲被激活，进而饰演计数器的角色。

　　在当前示例中，我们将学习如何对 Timer1 编程，进而对 8051 处理器的 P3.5 引脚的激活行为计数。

4.7.1　实现方式

　　实现过程包含下列各项步骤。

　　（1）打开 mcu8051ide。

　　（2）创建名为 Counters 的新项目。

（3）创建名为 generator.c 的新文件，并将下列代码片段置于其中。每次触发时钟中断时，将递增计数器变量值。

```
#include<8051.h>

volatile int counter = 0;
void timer1_ISR (void) __interrupt(3)
{
  counter++;
}

void main(void)
{
  TMOD = 0x60;
  TH1 = 254;
  TL1 = 254;
  TR1 = 1;
  ET1 = 1;
  EA = 1;
  while (1); // do nothing
}
```

（4）选择 Tools | Compile 命令构建代码。

（5）打开 Virtual HW 菜单并选择 Simple Key...命令。此时将打开一个新的窗口。

（6）在 Simple Keypad 窗口中，为第一个键分配 PORT 3 和 BIT 5，随后单击 ON 或 OFF 按钮予以激活，如图 4.2 所示。

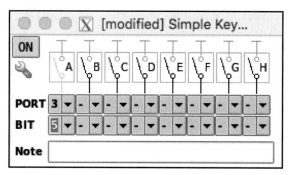

图 4.2

（7）选择 Simulator | Start/Shutdown 菜单项并激活模拟器。

（8）选择 Simulator | Animate 命令并以动画模式运行程序，进而在调试器窗口中显

示特定寄存器的全部变化内容。

（9）切换至 Simple Keypad 窗口并单击第一个键。

4.7.2　工作方式

在当前示例中，我们采用了 8051 时钟作为计数器，并像普通时钟那样定义了中断服务程序。由于我们使用 Timer1 作为计数器，因而将使用中断线 3，如下所示。

```
void timer1_ISR (void) __interrupt(3)
```

相应地，中断程序体则较为简单——仅递增 Counter 变量。

随后确保 ISR 被外部源（而非时钟振荡器）激活。对此，通过将特定功能寄存器的 C/T 位设置为 1 配置 Timer1，如下所示。

```
TMOD = 0x60;
```

相同内容还可配置 Timer1 并运行于模式 2 下，即基于自动重载的 8 位模式。由于当前目标是在每个外部引脚激活时调用中断程序的，因而可将自动重载和初始值设置为最大值 254。

```
TH1 = 254;
TL1 = 254;
```

随后启用 Timer1，如下所示。

```
TR1 = 1;
```

接下来激活源自 Timer1 的全部中断，如下所示。

```
ET1 = 1;
EA = 1;
```

随后进入无限循环语句，该语句不执行任何操作——全部工作在中断服务程序中完成。

```
while (1); // do nothing
```

此时，可在模拟器中运行代码，但需要配置外部事件源。对此，可使用 MCU8051IDE 所支持的虚拟外部硬件组件之一，即虚拟按键。

相应地，可配置某个按键以激活 8051 的引脚 P3.5，该引脚在计数模式下用作 Timer1 的源。

运行代码并按下虚拟键激活计数器。当时钟值上溢时，ISR 将被触发，从而递增 Counter 变量。

4.7.3 更多内容

当前示例将 Timer1 用作计数器。相同内容同样适用于 Counter0。在这种情况下，引脚 P3.4 用作外部源。

4.8 串行接收和传输数据

8051 微控制器内置了一个通用异步接收收发器（UART）端口，用于串行数据交换。串口由一个称为串行控制（SCON）的特殊功能寄存器（SFR）控制，其中的各个位定义如表 4.6 所示。

表 4.6

位	名 称	功 能
0	RI（receive interrupt）	当一个字节完全接收后由 UART 设置
1	TI（transmit interrupt）	当一个字节完全发送后由 UART 设置
2	RB8（receive bit 8）	在 9 位模式下存储接收数据的第 9 位
3	TB8（transmit bit 8）	在 9 位模式下存储发送数据的第 9 位
4	REN（receiver enabled）	启用（1）或禁用（0）接收操作
5	SM2（启用多核处理器）	针对 9 位模式，启用（1）或禁用（0）多核处理器通信
6	SM1（串行模式，高位）	定义串行通信模式
7	SM0（串行模式，低位）	定义串行通信模式

8051 UART 支持 4 种串行通信模式，且由 SM1 和 SM0 位定义，如表 4.7 所示。

表 4.7

模 式	SM0	SM1	描 述
0	0	0	移位寄存器，固定波特率
1	0	1	8 位 UART，Timer1 设置波特率
2	1	0	9 位 UART，固定波特率
3	1	1	9 位 UART，Timer1 设置波特率

在当前示例中，我们将学习如何通过可编程的波特率（模式 1）、8 位 UART 模式和串行端口，并使用中断实现简单的数据交换。

4.8.1 实现方式

实现过程包含下列各项步骤。

（1）打开 mcu8051ide 并创建新项目。

（2）创建名为 serial.c 的新文件，并将下列代码复制到其中。对应代码将串行链接所接收的数据复制到 P0 输出寄存器中，并与 MCU 上的通用输入/输出引脚关联。

```c
#include<8051.h>

void serial_isr() __interrupt(4) {
    if(RI == 1) {
        P0 = SBUF;
        RI = 0;
    }
}

void main() {
    SCON = 0x50;
    TMOD = 0x20;
    TH1 = 0xFD;
    TR1 = 1;
    ES = 1;
    EA = 1;

    while(1);
}
```

（3）选择 Tools | Compile 命令构建代码。

（4）选择 Simulator | Start/Shutdown 菜单项激活模拟器。

4.8.2 工作方式

我们定义了中断线 4 的 ISR，并被串口事件触发。

```c
void serial_isr() __interrupt(4)
```

当完整字节被接收并存储至串行缓冲寄存器（SBUF）时，中断程序即被触发。当前 ISR 实现仅将所接收的字节复制到输入/输出端口 P0 中。

```c
P0 = SBUF;
```

随后重置 RI 标志以针对后续输入字节启用中断。

为了使中断按照期望方式工作，可配置串口和时钟。首先，可按照下列方式配置串口。

```
SCON = 0x50;
```

根据表 4.6，这意味着串行控制寄存器（SCON）的 SM1 和 REN 位设置为 1，因而选择了通信模式 1。这是一个通过 Timer1 定义波特率的 8 位 UARS。随后可启用接收器。

鉴于波特率由 Timer1 定义，接下来可配置该时钟，如下所示。

```
TMOD = 0x20;
```

上述代码配置了 Timer1 并采用了模式 2，即 8 位自动重载模式。

相应地，将 0xFD 载入 TH1 寄存器将把波特率设置为 9600 bps。接下来，我们启用了 Timer1、串行中断和全部中断。

4.8.3　更多内容

数据传输也可采用类似方式加以实现。在将数据写入 SBUF 特定寄存器时，8051 UART 将启用传输功能。待操作结束后，串行中断将被调用，且 TI 标志将设置为 1。

第5章　调试、日志和分析

对于任何应用程序，调试和分析均是开发工作流中的重要部分。在嵌入式开发环境中，这些任务需要引起开发人员的足够重视。嵌入式应用程序所运行的系统可能与开发人员的工作站截然不同，通常包含有限的资源和用户接口功能。

开发人员应事先规划开发阶段应用程序的调试方式，以及如何确定生产环境下问题的根源及其修复方法。

通常，解决方案是针对目标设备，连同嵌入式系统供应商提供的交互式调试器，使用相应的模拟器。对于更加复杂的系统，完全且准确的模拟行为往往难以实现，因此远程调试不失为一种解决方案。

许多时候，使用交互式调试器并不可行。在程序于断点停止后，硬件状态将在几毫秒内发生变化，因此，开发人员缺少足够的时间对此进行分析。此时，开发人员需要针对根源问题分析使用日志机制。

本章将重点讨论基于 SoC（片上系统）的复杂系统的调试方案，且主要涉及以下主题。

❑　在 GDB 中（GNU 项目调试器）运行应用程序。
❑　处理断点。
❑　处理核心转储。
❑　使用 gdbserver 进行调试。
❑　添加调试日志机制。
❑　处理调试和发布版本。

上述各项基本技术对于本书中的案例和嵌入式应用程序的开发十分有用。

5.1　技 术 需 求

本章将学习如何在 ARM（acorn RISC machines）平台模拟器中调试嵌入式应用程序。当前，读者应在虚拟 Linux 环境中持有两个配置完毕的系统。

（1）Docker 容器中的 Ubuntu Linux 作为构建系统。

（2）QEUM（quick EMUlato）ARM 模拟器中的 Debian Linux 作为目标系统。

关于交叉编译和开发环境的设置，读者可参考第 2 章。

5.2　在 GDB 中运行源程序

在当前案例中，我们将学习如何在目标系统的调试器中运行示例程序，同时尝试一些基本的调试技术。

GDB 是一个开源且广泛使用的交互式调试器。与 IDE 中配置的大多数调试器不同，GDB 是一个独立运行的命令行调试器。这意味着，GDB 不依赖任何特定的 IDE。读者将在示例中看到，可使用纯文本编辑器处理应用程序代码，同时实现交互式调试、断点应用、变量内容查看和栈跟踪等。

GDB 的用户界面十分简单，其运行方式与 Linux 控制台基本相同，即输入命令并分析相应的输出结果，因而十分适用于嵌入式项目。另外，GDB 还可运行于不包含图形子系统的系统上。如果目标系统仅可在串行连接或 ssh Shell 上被访问，那么 GDB 使用起来将十分方便。鉴于 GDB 不包含复杂的用户界面，因而可工作于包含有限资源的系统上。

在当前示例中，我们将讨论一个人为打造的应用程序，该程序在出现异常时崩溃，且并未记录任何有用的信息；同时，异常消息过于简单因而无法确定问题的根源。对此，我们将使用 GDB 确定其根本原因。

5.2.1　实现方式

本节将编写一个应用程序，该程序将在特定的条件下崩溃。

（1）在工作目录~/test 中创建一个名为 loop 的子目录。

（2）通过文本编辑器在 loop 子目录中创建一个 loop.cpp 文件。

（3）在 loop.cpp 文件中添加包含语句。

```
#include <iostream>
#include <chrono>
#include <thread>
#include <functional>
```

（4）定义程序中的 3 个函数。其中，第一个函数 runner()如下所示。

```
void runner(std::chrono::milliseconds limit,
            std::function<void(int)> fn,
            int value) {
  auto start = std::chrono::system_clock::now();
  fn(value);
  auto end = std::chrono::system_clock::now();
  std::chrono::milliseconds delta =
```

```
    std::chrono::duration_cast<std::chrono::milliseconds>(end -
start);
  if (delta > limit) {
    throw std::runtime_error("Time limit exceeded");
  }
  }
```

（5）第 2 个函数 delay_ms()如下所示。

```
void delay_ms(int count) {
  for (int i = 0; i < count; i++) {
    std::this_thread::sleep_for(std::chrono::microseconds(1050));
  }
  }
```

（6）最后添加入口点函数 main()，如下所示。

```
int main() {
  int max_delay = 10;
  for (int i = 0; i < max_delay; i++) {
    runner(std::chrono::milliseconds(max_delay), delay_ms, i);
  }
  return 0;
  }
```

（7）在 loop 子目录中创建名为 CMakeLists.txt 的文件，并添加下列内容。

```
cmake_minimum_required(VERSION 3.5.1)
project(loop)
add_executable(loop loop.cpp)

set(CMAKE_SYSTEM_NAME Linux)
set(CMAKE_SYSTEM_PROCESSOR arm)

SET(CMAKE_CXX_FLAGS "-g --std=c++11")

set(CMAKE_C_COMPILER /usr/bin/arm-linux-gnueabi-gcc)
set(CMAKE_CXX_COMPILER /usr/bin/arm-linux-gnueabi-g++)

set(CMAKE_FIND_ROOT_PATH_MODE_PROGRAM NEVER)
set(CMAKE_FIND_ROOT_PATH_MODE_LIBRARY ONLY)
set(CMAKE_FIND_ROOT_PATH_MODE_INCLUDE ONLY)
set(CMAKE_FIND_ROOT_PATH_MODE_PACKAGE ONLY)
```

（8）切换至构建系统终端，并通过下列命令将当前目录转至/mnt/loop。

```
$ cd /mnt/loop
```

（9）构建应用程序。

```
$ cmake . && make
```

（10）切换回本地环境，在 loop 子目录中查找 loop 输出文件，并通过 ssh 将该文件复制到目标系统。切换回目标系统终端，并使用用户证书登录。接下来通过 gdb 运行 loop 二进制可执行文件。

```
$ gdb ./loop
```

（11）启用调试器并显示命令行提示符（gdb）。当运行应用程序时，可输入 run 命令。

```
(gdb) run
```

（12）由于运行期异常，程序非正常终止。异常消息 Time limit exceeded 给出了一些线索，但未明确指出特定的条件。对此，首先检查崩溃的应用程序的栈跟踪。

```
(gdb) bt
```

（13）这显示了从顶层函数 main() 到库函数 __GI_abort() 的 7 个堆栈帧，后者实际上终止了应用程序。可以看到，仅帧 7 和帧 6 属于当前应用程序，因而二者定义于 loop.cpp 文件中。由于帧 6 是抛出异常的函数，因而需要对其进行深入考查。

```
(gdb) frame 6
```

（14）运行 list 命令并查看附近的代码。

```
(gdb) list
```

（15）如果变量 delta 值超出了变量 limit 值，则会抛出异常。这些值是变量 delta 和 limit 运行 info locals 命令后的值。

```
(gdb) info locals
```

（16）此处无法看到 limit 变量值。对此，可采用 info args 命令进行查看。

```
(gdb) info args
```

（17）可以看到，当前 limit 为 0，delta 为 11。当调用函数时，若 fn 参数设置为 delay_ms() 函数，value 参数的值设置为 7，即会发生崩溃。

5.2.2　工作方式

当前应用程序在特定条件下崩溃，且未提供足够的信息分析这些条件。当前应用程序包含两个主要的函数，即 runner() 和 delay_ms()。

　　其中，runner()函数接收 3 个参数，即时间限定、单参数函数和函数参数值。runner()
函数执行作为参数提供的函数并将值传递于其中，同时计算运行时间。如果时间超过了
时间限制，就会抛出异常。

　　delay_ms()函数则执行一项延迟操作。但是，该函数实现是错误的，并认为 1 ms 由
1100 μs 组成，而不是 1000 ms。

　　main()函数在 loop 目录中运行 runner()函数，并提供固定值 10 ms 作为时间限制，以
及 delay_ms()作为要运行的函数，但同时增加了 value 参数值。在某一时刻，delay_ms()
函数超过了时间限制，此时应用程序崩溃。

　　首先，我们针对 ARM 平台构建应用程序，并将其传输至模拟器运行，如图 5.1 所示。

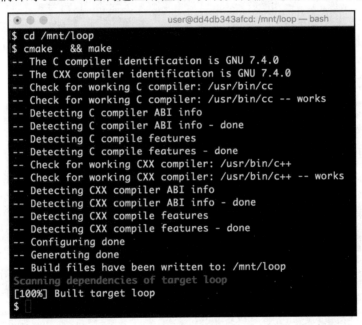

图 5.1

　　注意，此处需要向编译器传递-g 参数，该参数指示编译器向最终的二进制文件添加
调试符号。相应地，我们将其添加至 CMakeLists.txt 文件的 CMAKE_CXX_FLAGS 中，
如下所示。

```
SET(CMAKE_CXX_FLAGS "-g --std=c++11")
```

　　运行调试器，并作为参数传递应用程序名称，如图 5.2 所示。

　　此时，应用程序并不会即刻运行。对此，可通过 run GDB 命令启动程序。稍后，该
程序将处于崩溃状态，如图 5.3 所示。

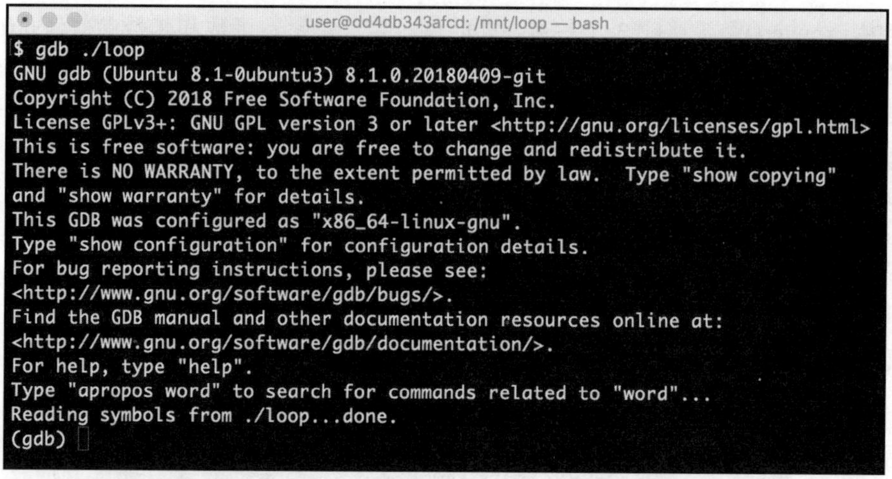

图 5.2

图 5.3

随后利用 backtrace 命令查看栈跟踪，如图 5.4 所示。

对栈跟踪的分析表明，frame 6 展示了更为丰富的信息。通过后续步骤，我们切换至 frame 6 并检查相关的代码片段，如图 5.5 所示。

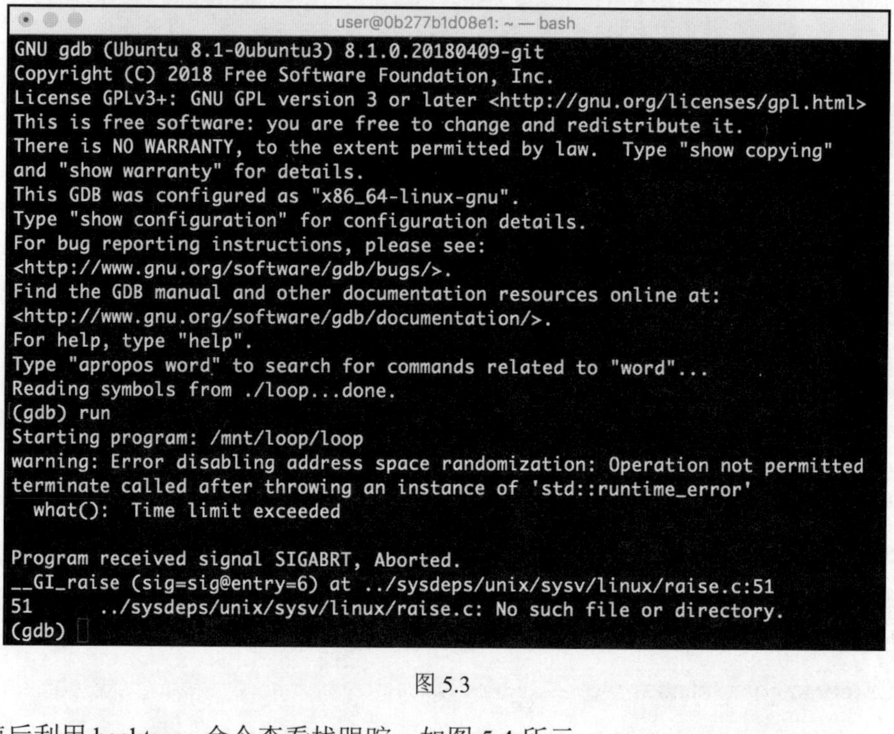

```
● ● ●                    user@0b277b1d08e1: ~ — bash
Type "apropos word" to search for commands related to "word"...
Reading symbols from ./loop...done.
(gdb) run
Starting program: /mnt/loop/loop
warning: Error disabling address space randomization: Operation not permitted
terminate called after throwing an instance of 'std::runtime_error'
  what():  Time limit exceeded

Program received signal SIGABRT, Aborted.
__GI_raise (sig=sig@entry=6) at ../sysdeps/unix/sysv/linux/raise.c:51
51      ../sysdeps/unix/sysv/linux/raise.c: No such file or directory.
(gdb) bt
#0  __GI_raise (sig=sig@entry=6) at ../sysdeps/unix/sysv/linux/raise.c:51
#1  0x00007f0fd868f801 in __GI_abort () at abort.c:79
#2  0x00007f0fd8ce4957 in ?? () from /usr/lib/x86_64-linux-gnu/libstdc++.so.6
#3  0x00007f0fd8ceaab6 in ?? () from /usr/lib/x86_64-linux-gnu/libstdc++.so.6
#4  0x00007f0fd8ceaaf1 in std::terminate() ()
   from /usr/lib/x86_64-linux-gnu/libstdc++.so.6
#5  0x00007f0fd8cead24 in __cxa_throw ()
   from /usr/lib/x86_64-linux-gnu/libstdc++.so.6
#6  0x0000555a2939fe05 in runner(std::chrono::duration<long, std::ratio<1l, 1000
l> >, std::function<void (int)>, int) (limit=..., fn=..., value=7)
   at /mnt/loop/loop.cpp:15
#7  0x0000555a2939ff0f in main () at /mnt/loop/loop.cpp:29
(gdb)
```

图 5.4

```
● ● ●                    user@0b277b1d08e1: ~ — bash
   from /usr/lib/x86_64-linux-gnu/libstdc++.so.6
#5  0x00007f0fd8cead24 in __cxa_throw ()
   from /usr/lib/x86_64-linux-gnu/libstdc++.so.6
#6  0x0000555a2939fe05 in runner(std::chrono::duration<long, std::ratio<1l, 1000
l> >, std::function<void (int)>, int) (limit=..., fn=..., value=7)
   at /mnt/loop/loop.cpp:15
#7  0x0000555a2939ff0f in main () at /mnt/loop/loop.cpp:29
(gdb) frame 6
#6  0x0000555a2939fe05 in runner(std::chrono::duration<long, std::ratio<1l, 1000
l> >, std::function<void (int)>, int) (limit=..., fn=..., value=7)
   at /mnt/loop/loop.cpp:15
15          throw std::runtime_error("Time limit exceeded");
(gdb) list
10       fn(value);
11       auto end = std::chrono::system_clock::now();
12       std::chrono::milliseconds delta =
13          std::chrono::duration_cast<std::chrono::milliseconds>(end - start)
;
14       if (delta > limit) {
15         throw std::runtime_error("Time limit exceeded");
16       }
17     }
18
19     void delay_ms(int count) {
(gdb)
```

图 5.5

接下来，我们将分析局部变量和函数参数值，进而确定它们与时间限制之间的关联方式，如图 5.6 所示。

```
user@0b277b1d08e1: ~ — bash
16          }
17      }
18
19      void delay_ms(int count) {
(gdb) info locals
start = {__d = {__r = 1568864598722426800}}
end = {__d = {__r = 1568864598733470400}}
delta = {__r = 11}
(gdb) info args
limit = {__r = 10}
fn = {<std::_Maybe_unary_or_binary_function<void, int>> = {<std::unary_function<
int, void>> = {<No data fields>}, <No data fields>}, <std::_Function_base> = {
    static _M_max_size = 16, static _M_max_align = 8, _M_functor = {
      _M_unused = {_M_object = 0x555a2939fe39 <delay_ms(int)>,
        _M_const_object = 0x555a2939fe39 <delay_ms(int)>,
        _M_function_pointer = 0x555a2939fe39 <delay_ms(int)>,
        _M_member_pointer = &virtual table offset 93845727084088, this adjustmen
t 93845727087629}, _M_pod_data = "9\376\071)ZU\000\000\r\f:)ZU\000"},
    _M_manager = 0x555a293a0995 <std::_Function_base::_Base_manager<void (*)(int
)>::_M_manager(std::_Any_data&, std::_Any_data const&, std::_Manager_operation)>
},
  _M_invoker = 0x555a293a095b <std::_Function_handler<void (int), void (*)(int)>
::_M_invoke(std::_Any_data const&, int&&)>}
value = 7
(gdb)
```

图 5.6

可以确定，当传递给 delay_ms()的值达到 7（而非 11）时，就会发生崩溃，这也是正确实现延迟的情况下所期望的结果。

5.2.3　更多内容

GDB 命令通常接收多个参数以调试其行为。读者可通过 help GDB 命令查看更多的命令。例如，图 5.7 显示了 help bt 命令的输出结果。

```
(gdb) help bt
Print backtrace of all stack frames, or innermost COUNT frames.
With a negative argument, print outermost -COUNT frames.
Use of the 'full' qualifier also prints the values of the local variables.
Use of the 'no-filters' qualifier prohibits frame filters from executing
on this backtrace.

(gdb)
```

图 5.7

其中显示了与 bt 命令相关的信息，该命令用于查看和分析栈跟踪。类似地，我们还可获得 GDB 所支持的其他命令方面的信息。

5.3 处 理 断 点

在当前案例中，我们将在处理 GDB 时学习更加高级的技术，同时借助相同的示例程序并使用断点查找 delay_ms()参数值上的实际延迟依赖关系。

GDB 中断点的处理方式类似于 IDE 中调试器的断点操作，唯一的差别在于，开发人员需要显式地使用行号、文件名或函数名，而非内建编辑器访问代码。

与"单击-运行"方式的调试器相比，其方便性有所下降，但却向开发人员提供了一定的灵活性，从而可构建强大的调试场景。在当前示例中，我们将学习如何在 GDB 中使用断点。

5.3.1 实现方式

在当前示例中，我们将使用相同的环境和测试应用程序。对此，可参考 5.2.1 节中的步骤（1）～步骤（9）构建应用程序，并将其复制到目标系统中。

（1）调试 runner()函数并查看相关内容。在 gdb Shell 中，可通过下列方式运行该程序。

```
(gdb) list runner,delay_ms
```

（2）查看 delta 在每次迭代过程中的变化方式。下列代码用于设置断点。

```
14 if (delta > limit) {
```

（3）使用 break 14 命令在 14 行上设置断点。

```
(gdb) break 14
```

（4）运行程序。

```
(gdb) run
```

（5）检查 delta 值。

```
(gdb) print delta
$1 = {__r = 0}
```

（6）输入 continue 或 c 继续执行读取程序。

```
(gdb) c
```

（7）再次检查 delta 值。

```
(gdb) print delta
```

（8）正如期望的那样，delta 值在每次迭代过程中增加，因为 delay_ms()将占用越来越多的时间。

（9）每次运行 print delta 并不方便。对此，可通过 command 命令实现自动化操作。

```
(gdb) command
```

（10）再次运行 c，每次停止后将显示 delta 值。

```
(gdb) c
```

（11）此处输出结果过于冗长。对此，可再次输入 command 并编写下列指令关闭 GDB 输出。随后，可多次运行 c 或 continue 命令查看其中的区别。

```
(gdb) command
Type commands for breakpoint(s) 1, one per line.
End with a line saying just "end".
>silent
>print delta
>end
(gdb) c
```

（12）通过 printf 语句，输出结果可以变得更加简洁。如下所示。

```
(gdb) command
Type commands for breakpoint(s) 1, one per line.
End with a line saying just "end".
>silent
>printf "delta=%d, expected=%d\n", delta.__r, value
>end
(gdb) c
```

当前，我们可以看到两个值，即计算后的延迟和期望的延迟，以及二者随时间的分化方式。

5.3.2　工作方式

在当前示例中，我们打算设置一个断点并调试 runner()函数。由于 GDB 并不包含内建的编辑器，因而需要知道行号以设置断点。虽然可以从文本编辑器中直接获取行号，但另一种方法是查看 GDB 中的代码。对此，可使用包含两个参数（即函数名称）的 gdb 命令列表，进而显示函数 runner()第 1 行和函数 delay_ms()第 1 行之间的代码。图 5.8 显示了 runner()函数的内容。

在步骤（4）中，我们利用 break 14 命令在 14 行设置断点。随后，执行过程在断点处停止，如图 5.9 所示。

```
user@0b277b1d08e1: ~ — bash
and "show warranty" for details.
This GDB was configured as "x86_64-linux-gnu".
Type "show configuration" for configuration details.
For bug reporting instructions, please see:
<http://www.gnu.org/software/gdb/bugs/>.
Find the GDB manual and other documentation resources online at:
<http://www.gnu.org/software/gdb/documentation/>.
For help, type "help".
Type "apropos word" to search for commands related to "word"...
Reading symbols from ./loop...done.
(gdb) list runner,delay_ms
8                   int value) {
9         auto start = std::chrono::system_clock::now();
10        fn(value);
11        auto end = std::chrono::system_clock::now();
12        std::chrono::milliseconds delta =
13            std::chrono::duration_cast<std::chrono::milliseconds>(end - start)
;
14        if (delta > limit) {
15          throw std::runtime_error("Time limit exceeded");
16        }
17      }
18
19      void delay_ms(int count) {
(gdb)
```

图 5.8

```
user@0b277b1d08e1: ~ — bash
Reading symbols from ./loop...done.
(gdb) list runner,delay_ms
8                   int value) {
9         auto start = std::chrono::system_clock::now();
10        fn(value);
11        auto end = std::chrono::system_clock::now();
12        std::chrono::milliseconds delta =
13            std::chrono::duration_cast<std::chrono::milliseconds>(end - start)
;
14        if (delta > limit) {
15          throw std::runtime_error("Time limit exceeded");
16        }
17      }
18
19      void delay_ms(int count) {
(gdb) break 14
Breakpoint 1 at 0xdb9: file /mnt/loop/loop.cpp, line 14.
(gdb) run
Starting program: /mnt/loop/loop
warning: Error disabling address space randomization: Operation not permitted

Breakpoint 1, runner(std::chrono::duration<long, std::ratio<1l, 1000l> >, std::f
unction<void (int)>, int) (limit=..., fn=..., value=0) at /mnt/loop/loop.cpp:14
14        if (delta > limit) {
(gdb)
```

图 5.9

我们利用 print 命令查看 delta 值，并通过 continue 命令继续执行程序。由于 runner() 函数在当前循环中被调用，因而将在同一断点处再次停止，如图 5.10 所示。

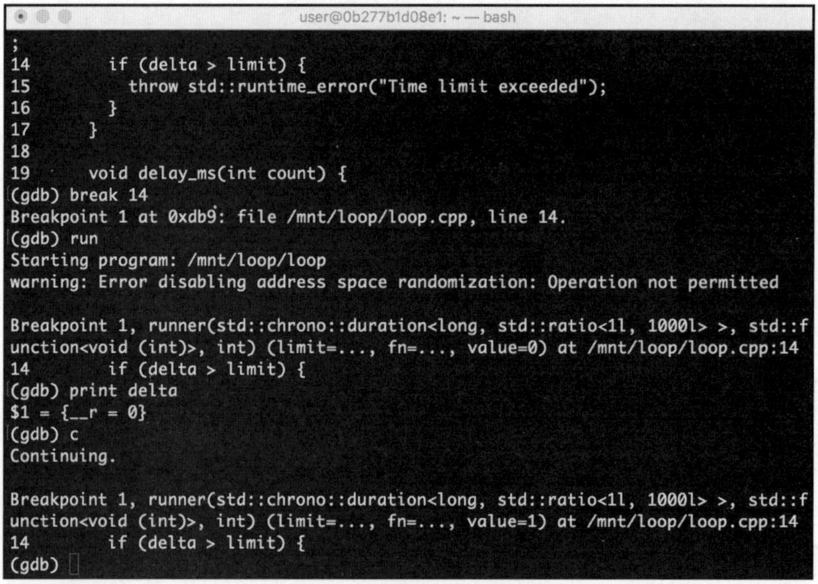

图 5.10

接下来，我们将尝试使用更加高级的技术。我们定义了一组 GDB 命令，并在触发断点时执行。随后执行 print 命令。当前，每次继续执行时，即可看到 delta 变量值，如图 5.11 所示。

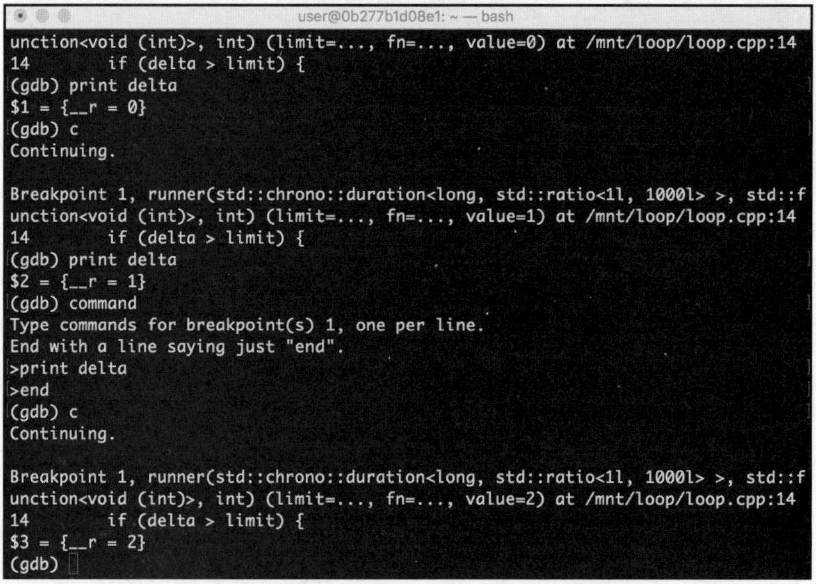

图 5.11

接下来，可使用 silent 命令禁用 GDB 辅助输出，以使输出结果更加简洁，如图 5.12 所示。

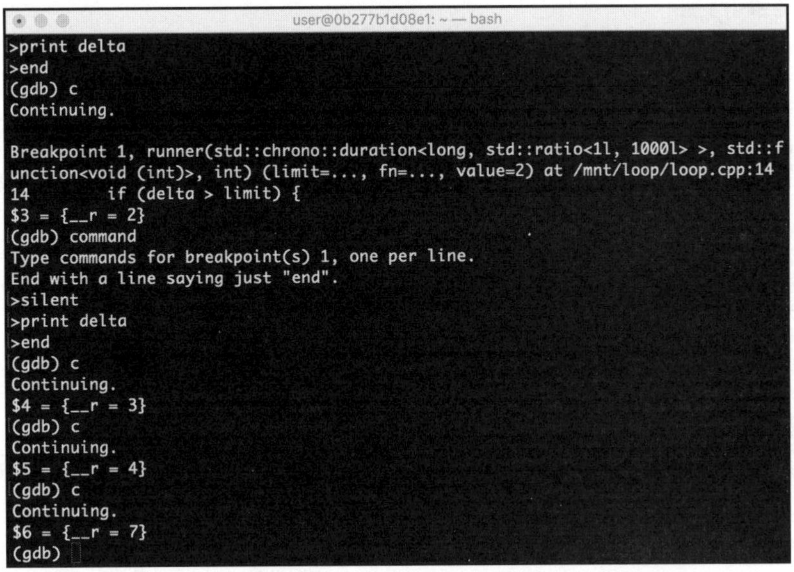

图 5.12

最后，使用 printf 命令格式化消息，以使其包含两个较为重要的变量，如图 5.13 所示。

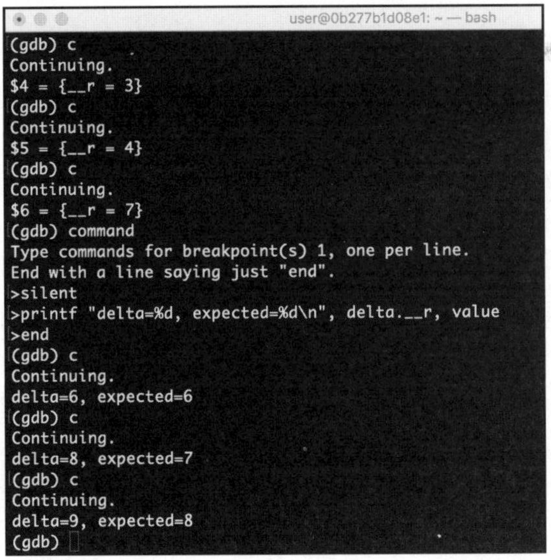

图 5.13

不难发现，GDB 对开发人员提供了较大的灵活性，即使缺少相应的图形化界面。

5.3.3　更多内容

需要注意的是，优化选项-O2 和-O3 可导致某些代码行被编译器完全消除。如果将断点设置在这些行上，那么断点将永远不会被触发。为了避免这种情况，可在调试过程中关闭编译器优化行为。

5.4　处理核心转储

在第 1 个示例中，我们将通过交互式命令行调试器学习如何挖掘崩溃程序的问题根源。然而，在生产环境下，应用程序崩溃涉及多种因素。在测试系统的 GDB 中运行应用程序时，重现相同的问题往往是不切实际的。

Linux 提供了一种机制，即使未在 GDB 中直接运行程序，也可帮助我们对崩溃程序进行分析。当应用程序非正常终止时，操作系统将把内存镜像保存至名为 core 的文件中。在当前示例中，我们将学习如何配置 Linux，以对崩溃程序生成核心转储；此外还将学习如何针对分析结果使用 GDB。

5.4.1　实现方式

对于没有在 GDB 中运行的应用程序，本节将查找其崩溃的根本原因。

（1）在当前示例中，我们将采用与第 1 个实例相同的环境和测试程序。读者可参考第 1 个示例中的步骤（1）～步骤（7）构建应用程序，并将其复制到目标系统中。

（2）针对崩溃应用程序启用核心转储的生成功能。默认状态下，该特性在大多数版本中处于关闭状态。对此，可运行 ulimit -c 命令查看其当前状态。

```
$ ulimit -c
```

（3）上述命令的报告值表示为生成的最大核心转储大小。其中，0 表示不存在核心转储。当增加这一限定值时，首先需要获取超级用户权限。对此，可运行 su -命令。当提示密码时，可输入 root，如下所示。

```
$ su -
Password:
```

（4）运行 ulimit -c unlimited 命令以支持任意大小的核心转储。

```
# ulimit -c unlimited
```

（5）按 Ctrl+D 组合键或运行 logout 命令退出根 shell。

（6）上述命令仅针对超级用户修改核心转储限定值。为了将此应用于当前用户，可在用户 shell 中再次运行相同的命令。

```
$ ulimit -c unlimited
```

（7）确保限定值已被修改。

```
$ ulimit -c
unlimited
```

（8）运行应用程序。

```
$ ./loop
```

（9）此时程序将崩溃并抛出一个异常。运行 ls 命令以查看核心文件是否已在当前目录中创建。

```
$ ls -l core
-rw------- 1 dev dev 536576 May 31 00:54 core
```

（10）运行 gdb，并作为参数传递可执行文件和 core 文件。

```
gdb ./loop core
```

（11）在 GDB shell 中，运行 bt 命令查看栈跟踪。

```
(gdb) bt
```

（12）此时可以看到与运行于 gdb 中的应用程序相同的栈跟踪。然而，在当前示例中，我们看到的是核心转储的栈跟踪。

（13）采用与第 1 个实例相同的调试技术细化程序崩溃的原因。

5.4.2　工作方式

核心转储功能是 Linux 和其他类 Linux 操作系统的标准特性。然而，在各种情况下创建核心文件并不实际。因为核心文件是内存的快照，因而可在文件系统上占用 MB 或 GB 级的字节。在许多情况下，这是难以接受的。

开发人员需要显式地指定操作系统运行生成的最大尺寸的核心文件，这一限定条件可通过 ulimit 命令设置。

这里，我们可运行两次 ulimit 命令：首先针对超级用户移除限定条件；随后针对普通用户/开发人员移除限定条件。由于普通用户的限定条件不能超出超级用户，所以需要执行两阶段处理。

在移除了与核心文件大小相关的限定条件后，即可在缺少 GDB 的情况下测试应用程序。正如期望的那样，程序崩溃。在程序崩溃后，可以看到在当前目录中生成了一个名为 core 的新文件。

当程序崩溃时，正常情况下我们无法跟踪问题的根源。然而，由于启用了核心转储，操作系统将自动生成一个名为 core 的文件，如图 5.14 所示。

```
● ● ●                    user@3324138cc2c7: /mnt/loop — bash
user@3324138cc2c7:/mnt/loop$ ./loop
terminate called after throwing an instance of 'std::runtime_error'
  what():  Time limit exceeded
Aborted (core dumped)
user@3324138cc2c7:/mnt/loop$ ls -l core
-rw------- 1 user user 466944 Sep 20 21:34 core
user@3324138cc2c7:/mnt/loop$
```

图 5.14

核心文件是全部进程内存的二进制转储，但需要借助其他工具对此进行分析。GDB 对此提供了相应的支持。

在运行 GDB 时传递了两个参数，即可执行文件的路径和核心文件的路径。在该模式下，无须在 GDB 内部运行应用程序，其状态已在程序崩溃时"冻结"至核心转储中。GDB 使用可执行文件将 core 文件中的寻址内存绑定至函数和变量名中，如图 5.15 所示。

```
● ● ●                    user@3324138cc2c7: /mnt/loop — bash
Aborted (core dumped)
user@3324138cc2c7:/mnt/loop$ ls -l core
-rw------- 1 user user 466944 Sep 20 21:34 core
user@3324138cc2c7:/mnt/loop$ gdb ./loop core
GNU gdb (Ubuntu 8.1-0ubuntu3) 8.1.0.20180409-git
Copyright (C) 2018 Free Software Foundation, Inc.
License GPLv3+: GNU GPL version 3 or later <http://gnu.org/licenses/gpl.html>
This is free software: you are free to change and redistribute it.
There is NO WARRANTY, to the extent permitted by law.  Type "show copying"
and "show warranty" for details.
This GDB was configured as "x86_64-linux-gnu".
Type "show configuration" for configuration details.
For bug reporting instructions, please see:
<http://www.gnu.org/software/gdb/bugs/>.
Find the GDB manual and other documentation resources online at:
<http://www.gnu.org/software/gdb/documentation/>.
For help, type "help".
Type "apropos word" to search for commands related to "word"...
Reading symbols from ./loop...done.
[New LWP 39]
Core was generated by `./loop'.
Program terminated with signal SIGABRT, Aborted.
#0  __GI_raise (sig=sig@entry=6) at ../sysdeps/unix/sysv/linux/raise.c:51
51      ../sysdeps/unix/sysv/linux/raise.c: No such file or directory.
(gdb)
```

图 5.15

最终，我们可以在交互式调试器中分析崩溃后的应用程序，即使应用程序并未运行于调试器中。当调用 bt 命令时，GDB 在程序崩溃时显示栈跟踪信息，如图 5.16 所示。

```
                    user@3324138cc2c7: /mnt/loop — bash
<http://www.gnu.org/software/gdb/bugs/>.
Find the GDB manual and other documentation resources online at:
<http://www.gnu.org/software/gdb/documentation/>.
For help, type "help".
Type "apropos word" to search for commands related to "word"...
Reading symbols from ./loop...done.
[New LWP 39]
Core was generated by `./loop'.
Program terminated with signal SIGABRT, Aborted.
#0  __GI_raise (sig=sig@entry=6) at ../sysdeps/unix/sysv/linux/raise.c:51
51      ../sysdeps/unix/sysv/linux/raise.c: No such file or directory.
(gdb) bt
#0  __GI_raise (sig=sig@entry=6) at ../sysdeps/unix/sysv/linux/raise.c:51
#1  0x00007f59cf213801 in __GI_abort () at abort.c:79
#2  0x00007f59cf868957 in ?? () from /usr/lib/x86_64-linux-gnu/libstdc++.so.6
#3  0x00007f59cf86eab6 in ?? () from /usr/lib/x86_64-linux-gnu/libstdc++.so.6
#4  0x00007f59cf86eaf1 in std::terminate() ()
    from /usr/lib/x86_64-linux-gnu/libstdc++.so.6
#5  0x00007f59cf86ed24 in __cxa_throw ()
    from /usr/lib/x86_64-linux-gnu/libstdc++.so.6
#6  0x00005609a5d92e05 in runner(std::chrono::duration<long, std::ratio<1l, 1000
l> >, std::function<void (int)>, int) (limit=..., fn=..., value=8)
    at /mnt/loop/loop.cpp:15
#7  0x00005609a5d92f0f in main () at /mnt/loop/loop.cpp:29
(gdb)
```

图 5.16

通过这种方式，我们可以深度挖掘应用程序崩溃的根源，即使在初始状态下应用程序并未运行于调试器中。

5.4.3 更多内容

对于嵌入式应用程序来说，利用 GDB 分析核心转储是一种应用广泛且有效的实践方案。但是，如果打算发挥 GDB 的全部功能，应用程序应使用调试符号加以构建。

在大多数时候，嵌入式应用程序可以在缺少调试符号的情况下部署和运行，进而减少二进制文件尺寸。此时，核心转储分析将变得更加困难，因而需要了解特定体系结构的汇编语言，以及数据结构内部实现方面的知识。

5.5 使用 gdbserver 进行调试

嵌入式开发环境一般涉及两个系统，即构建系统和目标系统（或模拟器）。虽然 GDB

命令行界面对于嵌入式系统来说是一种较好的选择，但在大多数时候，由于远程通信所导致的高延迟问题，目标系统上的交互式调试机制并不实用。

在这种情况下，开发人员可使用 GDB 提供的远程调试机制。在这种配置下，嵌入式应用程序通过 gdbserver 在目标系统上启动。开发人员在构建系统上运行 GDB，并通过网络连接至 gdbserver。

在当前示例中，我们将学习如何利用 GDB 和 gdbserver 调试应用程序。

5.5.1　准备工作

读者可参考第 2 章并在目标系统上安装 hello 应用程序。

5.5.2　实现方式

在前述示例的基础上，我们将在不同的环境下运行 GDB 和应用程序。

（1）切换至目标系统窗口，并按 Ctrl+D 组合键退出现有的用户会话。

（2）以 user 身份登录，对应密码为 user。

（3）在 gdbserver 下运行 hello 应用程序。

```
$ gdbserver 0.0.0.0:9090 ./hello
```

（4）切换至构建系统终端，并将目录调整为/mnt。

```
# cd /mnt
```

（5）运行 gdb，并作为参数传递二进制应用程序。

```
# gdb -q hello
```

（6）在 GDB 命令行中输入下列命令配置远程连接。

```
target remote X.X.X.X:9090
```

（7）输入 continue 命令。

```
continue
```

当前，应用程序处于运行状态，可查看其输出结果并对其进行调试。此时，程序仿佛运行于本地系统中。

5.5.3　工作方式

首先作为根用户登录目标系统并安装 gdbserver（如果未安装）。待 gdbserver 安装完毕后，再次利用用户证书登录并运行 gdbserver，传递所调试的应用程序名称、IP 地址，以及输入连接的监听端口。

随后，切换至构建系统并运行 GDB。此处通过提供的 IP 地址和端口指示 GDB 初始化远程主机的连接，而非直接在 GDB 中运行应用程序。接下来，在 GDB 提示符处输入的全部命令将传送至 gdbserver 并于此处运行。

5.6　添加调试日志机制

日志和诊断是嵌入式项目中的重要内容。在许多场合下，使用交互式调试器并不实用。应用程序在断点停止后，硬件状态将在数毫秒内发生变化，开发人员往往缺乏足够的时间对此进行分析。针对高性能、多线程和时间敏感的嵌入式系统，一种较好的做法是使用分析和可视化工具收集详细的记录信息。

日志机制自身也引入了一定的延迟。首先，该机制需要占用些许时间格式化日志消息，并将其置入日志流中。其次，日志流将存储于持久化系统中，如闪存、磁盘，或者发送至远程系统中。

在当前示例中，我们将使用日志机制（而非交互式调试机制）查找崩溃问题的根源，并通过不同的日志级别最小化日志机制所导致的延迟问题。

5.6.1　实现方式

本节将对应用程序进行适当的调整，进而输出有用的信息以供根源问题分析使用。

（1）访问工作目录~/test，并复制项目的 loop 目录。随后，将该副本命名为 loop2，并将目录调整为 loop2。

（2）使用文本编辑器打开 loop.cpp 文件。

（3）添加 include 语句。

```
#include <iostream>
#include <chrono>
#include <thread>
#include <functional>

#include <syslog.h>
```

（4）添加 syslog()函数调用以修改 runner()函数，如下所示。

```
void runner(std::chrono::milliseconds limit,
            std::function<void(int)> fn,
            int value) {
  auto start = std::chrono::system_clock::now();
  fn(value);
  auto end = std::chrono::system_clock::now();
  std::chrono::milliseconds delta =
      std::chrono::duration_cast<std::chrono::milliseconds>(end -
start);
  syslog(LOG_DEBUG, "Delta is %ld",
         static_cast<long int>(delta.count()));
  if (delta > limit) {
syslog(LOG_ERR,
"Execution time %ld ms exceeded %ld ms limit",
static_cast<long int>(delta.count()),
static_cast<long int>(limit.count()));
    throw std::runtime_error("Time limit exceeded");
  }
}
```

（5）类似地，更新 main()函数，并初始化和完成 syslog()函数。

```
int main() {
  openlog("loop3", LOG_PERROR, LOG_USER);
  int max_delay = 10;
  for (int i = 0; i < max_delay; i++) {
    runner(std::chrono::milliseconds(max_delay), delay_ms, i);
  }
  closelog();
  return 0;
}
```

（6）切换至构建系统终端。访问/mnt/loop2 目录并运行程序。

```
# cmake && make
```

（7）将最终的二进制文件 loop 复制到目标系统并运行该文件。

```
$ ./loop
```

调试后的输出结果较为冗长，并通过更加丰富的上下文以查找问题的根源所在。

5.6.2   工作方式

当前示例通过标准日志工具 syslog 添加了日志机制。首先，我们通过 openlog()调用初始化日志机制。

```
openlog("loop3", LOG_PERROR, LOG_USER);
```

接下来向 runner()函数添加日志机制。相应地，存在不同的日志级别（从高到低）可方便地过滤日志消息。这里，我们使用 LOG_DEBUG 级别记录 delta 值，表明 runner 程序调用的函数实际运行了多长时间。

```
syslog(LOG_DEBUG, "Delta is %d", delta);
```

该级别用于记录详细的信息，这对于应用程序调试十分有用。但在生产阶段运行应用程序时，相关信息可能过于冗长。

如果 delta 超出了限定值，我们将通过 LOG_ERR 级别记录这一情况并视为一个错误。

```
syslog(LOG_ERR,
        "Execution time %ld ms exceeded %ld ms limit",
        static_cast<long int>(delta.count()),
        static_cast<long int>(limit.count()));
```

在从应用程序中返回之前，需要关闭日志并确保全部日志消息均已被保存。

```
closelog();
```

当在目标系统上运行应用程序时，图 5.17 显示了相应的日志消息。

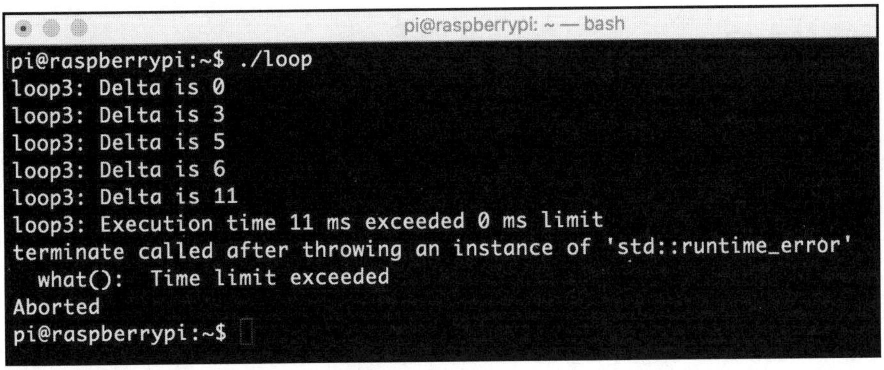

图 5.17

由于我们使用了标准的 Linux 日志机制，因而可在系统日志中查看消息内容，如图 5.18 所示。

可以看到，日志实现并不复杂，且在调试和正常操作过程中有助于查找各种问题的根源。

```
pi@raspberrypi: ~ — bash

pi@raspberrypi:~$ tail -n 20 /var/log/syslog
Sep 20 23:38:47 raspberrypi systemd[1]: Starting OpenBSD Secure Shell server...
Sep 20 23:38:48 raspberrypi systemd[1]: Started OpenBSD Secure Shell server.
Sep 20 23:39:08 raspberrypi systemd[1]: Started Session c2 of user pi.
Sep 20 23:39:09 raspberrypi systemd[1]: session-c2.scope: Succeeded.
Sep 20 23:39:14 raspberrypi loop3: Delta is 0
Sep 20 23:39:14 raspberrypi loop3: Delta is 3
Sep 20 23:39:14 raspberrypi loop3: Delta is 6
Sep 20 23:39:14 raspberrypi loop3: Delta is 6
Sep 20 23:39:14 raspberrypi loop3: Delta is 9
Sep 20 23:39:14 raspberrypi loop3: Delta is 13
Sep 20 23:39:14 raspberrypi loop3: Execution time 13 ms exceeded 0 ms limit
Sep 20 23:39:27 raspberrypi loop3: Delta is 0
Sep 20 23:39:27 raspberrypi loop3: Delta is 3
Sep 20 23:39:28 raspberrypi loop3: Delta is 5
Sep 20 23:39:28 raspberrypi loop3: Delta is 6
Sep 20 23:39:28 raspberrypi loop3: Delta is 11
Sep 20 23:39:28 raspberrypi loop3: Execution time 11 ms exceeded 0 ms limit
Sep 20 23:49:53 raspberrypi systemd[1]: Starting Cleanup of Temporary Directorie
s...
Sep 20 23:49:53 raspberrypi systemd[1]: systemd-tmpfiles-clean.service: Succeede
d.
Sep 20 23:49:53 raspberrypi systemd[1]: Started Cleanup of Temporary Directories
.
pi@raspberrypi:~$
```

图 5.18

5.6.3　更多内容

许多日志库和框架可能比标准日志程序更适合特定的任务，如 Boost.Log（https://theboostcpplibraries.com/boost.log）和 spdlog（https://github.com/gabime/spdlog）。与 syslog 的通用 C 接口相比，它们提供了更为方便的 C++接口。但开始处理项目时，可检查已有的日志库并选择适合需求的最佳方案。

5.7　与调试和发布版本协同工作

如前所述，日志机制包含与其自身关联的开销，包括与日志消息格式化、持久化存储或远程系统写入过程相关的延迟问题。

使用日志级别有助于减少此类开销，即省略消息与日志文件之间的写入操作。然而，消息在传入 log()函数之前通常已被格式化。例如，当系统出现错误时，开发人员需要将系统报告的错误代码添加到日志消息中。虽然字符串格式的开销一般小于数据与文件间的写入操作，但对于高负载系统或资源有限的系统，仍会产生一些问题。

尽管编译器添加的调试符号并未提升运行期开销，但却增加了最终二进制文件的尺寸。而且，编译器生成的性能优化使交互式调试变得更加困难。

在当前示例中，我们将学习如何通过分离调试和发布构建，以及使用 C 预处理宏来避免运行时的开销。

5.7.1　实现方式

此处将调整前述示例中应用程序的构建规则，包含两个构建系统——调试系统和发布系统。

（1）访问工作目录~/test，生成 loop2 项目的副本并将其命名为 loop3。随后将目录修改为 loop3。

（2）使用文本编辑器打开 CMakeLists.txt 文件，并替换下列代码行。

```
SET(CMAKE_CXX_FLAGS "-g --std=c++11")
```

（3）将上述代码行替换为以下内容。

```
SET(CMAKE_CXX_FLAGS_RELEASE "--std=c++11")
SET(CMAKE_CXX_FLAGS_DEBUG "${CMAKE_CXX_FLAGS_RELEASE} -g -DDEBUG")
```

（4）通过文本编辑器打开 loop.cpp 文件，并添加高亮显示的代码行。

```cpp
#include <iostream>
#include <chrono>
#include <thread>
#include <functional>

#include <cstdarg>

#ifdef DEBUG
#define LOG_DEBUG(fmt, args...) fprintf(stderr, fmt, args)
#else
#define LOG_DEBUG(fmt, args...)
#endif

void runner(std::chrono::milliseconds limit,
            std::function<void(int)> fn,
            int value) {
  auto start = std::chrono::system_clock::now();
  fn(value);
```

```
  auto end = std::chrono::system_clock::now();
  std::chrono::milliseconds delta =
    std::chrono::duration_cast<std::chrono::milliseconds>(end -
start);
    LOG_DEBUG("Delay: %ld ms, max: %ld ms\n",
         static_cast<long int>(delta.count()),
         static_cast<long int>(limit.count()));
  if (delta > limit) {
    throw std::runtime_error("Time limit exceeded");
  }
}
```

（5）切换至构建系统终端。访问/mnt/loop3 目录并运行下列代码。

```
# cmake -DCMAKE_BUILD_TYPE=Release . && make
```

（6）将最终的二进制文件 loop 复制到目标系统，并运行该文件。

```
$ ./loop
```

（7）可以看到，应用程序并未生成和调试输出结果。下面通过 ls -l 命令查看其尺寸。

```
$ ls -l loop
-rwxr-xr-x 1 dev dev 24880 Jun 1 00:50 loop
```

（8）最终，二进制文件的大小为 24 KB。下面构建 Debug 版本，并进行下列比较。

```
$ cmake -DCMAKE_BUILD_TYPE=Debug && make clean && make
```

（9）查看可执行文件的大小。

```
$ ls -l ./loop
-rwxr-xr-x 1 dev dev 80008 Jun 1 00:51 ./loop
```

（10）当前，可执行文件的大小为 80 KB，与发布版本相比其尺寸提升了 3 倍。按照之前的相同方式运行该文件。

```
$ ./loop
```

可以看到，输出结果也发生了变化。

5.7.2　工作方式

在前述示例的基础上，我们生成了两种不同的构建配置。
（1）调试版本：包含交互式调试机制和调试日志机制。
（2）发布版本：高度优化的配置方案，并在编译期禁用全部调试功能。

对此，可使用 CMake 提供的相关功能。CMake 支持不同的构建类型。相应地，我们仅需要分别对发布和调试版本定义相应的选项。

我们针对发布版本定义的唯一构建标志是所使用的 C++标准，且明确要求代码符合 C++ 11 标准。

```
SET(CMAKE_CXX_FLAGS_RELEASE "--std=c++11")
```

对于调试版本，可复用与发布版本相同的标志，并将其引用为${CMAKE_CXX_FLAGS_RELEASE}，同时添加另外两个选项。其中，-g 指示编译器向目标二进制可执行文件添加调试符；-DDEBUG 则定义了一个预处理宏 DEBUG。

我们将在 loop.cpp 文件中使用 DEBUG 宏，进而在两个不同的 LOG_DEBUG 宏实现之间进行选择。

如果定义了 DEBUG，LOG_DEBUG 将扩展为 fprintf()函数调用，并在标准错误通道中执行实际的日志记录。如果未定义 DEBUG，LOG_DEBUG 将扩展为空字符串。这意味着在当前示例中，LOG_DEBUG 不产生任何代码，因此不增加任何运行期开销。

另外，我们在 runner()函数体内使用 LOG_DEBUG，并记录实际的延迟值和限定值。注意，LOG_DEBUG 周围并不存在 if 语句——数据的格式化和记录，或者不执行任何操作，这一决定并不是程序运行时做出的，而是由构建应用程序的代码预处理程序制定的。

当选择构建类型时，可调用 cmake 并作为命令行参数传递构建类型。

```
cmake -DCMAKE_BUILD_TYPE=Debug
```

CMake 仅生成一个 Make 文件，并真正构建所需的应用程序以调用 make。我们可在单一命令行中组合这两个命令。

```
cmake -DCMAKE_BUILD_TYPE=Release && make
```

当首次构建并运行应用程序时，可选择发布版本。相应地，我们不会看到任何调试输出结果，如图 5.19 所示。

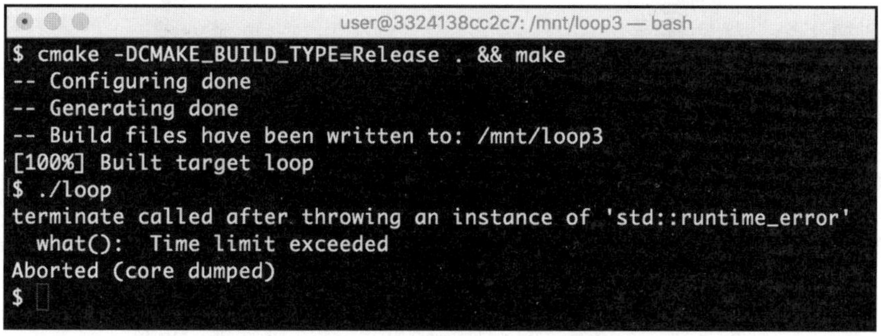

图 5.19

随后，可通过调试构建类型重新构建应用程序，并在程序运行时看到不同的结果，如图 5.20 所示。

```
user@3324138cc2c7: /mnt/loop3 — bash
$ cmake -DCMAKE_BUILD_TYPE=Debug . && make
-- Configuring done
-- Generating done
-- Build files have been written to: /mnt/loop3
[100%] Built target loop
$ ./loop
Delay: 0 ms, max: 10 ms
Delay: 1 ms, max: 10 ms
Delay: 2 ms, max: 10 ms
Delay: 3 ms, max: 10 ms
Delay: 5 ms, max: 10 ms
Delay: 7 ms, max: 10 ms
Delay: 9 ms, max: 10 ms
Delay: 10 ms, max: 10 ms
Delay: 11 ms, max: 10 ms
terminate called after throwing an instance of 'std::runtime_error'
  what():  Time limit exceeded
Aborted (core dumped)
$
```

图 5.20

通过调试和发布版本，我们可获得足够的信息进行调试，但应确保生产构建不应包含任何不必要的开销。

5.7.3　更多内容

对于复杂的项目，当在发布和调试版本间进行切换时，应确保全部文件均已重新构建。对此，较为简单的方法是移除之前所有的构建文件。当使用 make 时，可通过调用 make clean 命令实现这一操作。

make clean 命令可作为命令行的一部分内容连同 cmake 和 make 被添加，如下所示。

```
cmake -DCMAKE_BUILD_TYPE=Debug && make clean && make
```

对于开发人员来说，将 3 条命令整合为一条命令为编写代码提供了一定的方便。

第6章 内存管理

内存效率是嵌入式应用程序的主要需求之一。考虑到目标嵌入式平台通常仅包含有限的性能和内存功能，因而开发人员需要了解如何以高效的方式使用内存。

最有效的方法并不意味着使用最少的内存。考虑到嵌入式系统的专用性，开发人员一般会提前知道在系统上执行哪些应用程序或组件。在某个应用程序中节省内存并不会带来任何收益，除非在同一个系统中运行的另一个应用程序可以使用额外的内存。因此，确定性和可预见性是嵌入式系统中内存管理的最重要特征。了解应用程序在任何负载之下均可使用 2 MB 内存，比起在大多数情况下可以使用 1 MB 内存（偶尔可能需要使用 3 MB 内存）要重要得多。类似地，预见性同样适用于内存分配和释放过程。在许多场合下，嵌入式应用程序更倾向于花费更多的内存空间以实现确定的计时机制。

本章将讨论多种内存管理技术，这些技术广泛地应用于嵌入式应用程序中，具体内容包括以下几种。

- ❑ 使用动态内存分配。
- ❑ 对象池。
- ❑ 环状缓冲区。
- ❑ 使用共享内存。
- ❑ 使用专用内存。

上述示例有助于理解内存管理的最佳实践方案，并在与应用程序内存分配协同工作时用作构造块。

6.1 使用动态内存分配

动态内存分配是一种常见的实践方案，并且广泛地用于 C++标准库中。然而，在嵌入式系统环境下，动态内存分配往往会成为问题的根源。

时间问题需要引起我们足够的重视。在最坏的情况下，内存分配的时间机制是不受任何限制的。但是，嵌入式系统，特别是那些控制实际处理过程或设备的嵌入式系统，通常需要在特定的时间内做出响应。

碎片化则是另一个问题。当不同大小的内存块被分配和释放后，从技术角度上讲，对应的内存区域处于空闲状态，但却无法再次进行分配，因为这些内存区域过小以致于无法满足应用程序的请求。随着时间的变化，内存碎片不断增长，并导致内存分配请求失败，尽管空闲内存总量足够。

　　针对这一类问题，一种简单有效的方法是在编译期或启动时事先分配应用程序所需的全部内存。随后，应用程序按需使用内存。这种一次性分配的内存直到应用程序结束时才得以释放。

　　该方案的缺点是，应用程序分配的内存多于实际所用的内存，且其他应用程序无法使用多余的内存空间。对于嵌入式应用程序，在实际操作过程中这并不会带来任何问题。因为这些程序均在可控的环境下运行。其中，全部应用程序及其内存需求事先均为已知。

6.1.1　实现方式

　　在当前示例中，我们将学习如何预先分配内存，并于随后在应用程序中对其加以使用。

　　（1）在工作目录~/test 中，创建名为 prealloc 的子目录。

　　（2）使用文本编辑器在 prealloc 子目录中创建名为 prealloc.cpp 的文件。随后将下列代码片段复制到 prealloc.cpp 文件中，以定义 SerialDevice 类。

```cpp
#include <cstdint>
#include <string.h>

constexpr size_t kMaxFileNameSize = 256;
constexpr size_t kBufferSize = 4096;
constexpr size_t kMaxDevices = 16;

class SerialDevice {
    char device_file_name[256];
    uint8_t input_buffer[kBufferSize];
    uint8_t output_buffer[kBufferSize];
    int file_descriptor;
    size_t input_length;
    size_t output_length;

  public:
    SerialDevice():
      file_descriptor(-1), input_length(0), output_length(0) {}

    bool Init(const char* name) {
      strncpy(device_file_name, name, sizeof(device_file_name));
    }
```

```
  bool Write(const uint8_t* data, size_t size) {
    if (size > sizeof(output_buffer)) {
      throw "Data size exceeds the limit";
    }
    memcpy(output_buffer, data, size);
  }

  size_t Read(uint8_t* data, size_t size) {
    if (size < input_length) {
      throw "Read buffer is too small";
    }
    memcpy(data, input_buffer, input_length);
    return input_length;
  }
};
```

（3）添加使用 SerialDevice 类的 main()函数。

```
int main() {
  SerialDevice devices[kMaxDevices];
  size_t number_of_devices = 0;

  uint8_t data[] = "Hello";
  devices[0].Init("test");
  devices[0].Write(data, sizeof(data));
  number_of_devices = 1;

  return 0;
}
```

（4）在 loop 子目录中创建名为 CMakeLists.txt 的文件，并添加下列内容。

```
cmake_minimum_required(VERSION 3.5.1)
project(prealloc)
add_executable(prealloc prealloc.cpp)

set(CMAKE_SYSTEM_NAME Linux)
set(CMAKE_SYSTEM_PROCESSOR arm)

SET(CMAKE_CXX_FLAGS "--std=c++17")
set(CMAKE_CXX_COMPILER /usr/bin/arm-linux-gnueabi-g++)
```

当前，可构建和运行应用程序，该程序并不输出任何数据，其目的主要是展示在不知道设备数量和消息（与设备进行交换）尺寸的情况下预先分配内存。

6.1.2　工作方式

当前示例定义了相关对象，用于封装与串行设备交换的数据。这里，设备通过变长的设备文件名称字符串标识，并针对设备发送和接收变长消息。

鉴于仅可在运行时获取连接至系统的设备数量，将在发现设备时创建一个设备对象。类似地，由于事先并不知道发送和接收的消息的大小，因而为消息动态分配内存是一件很自然的事情。

相反，可预先分配未初始化的设备对象数组。

```
SerialDevice devices[kMaxDevices];
```

相反，可预先分配未初始化的设备对象数组。

```
char device_file_name[kMaxFileNameSize];
uint8_t input_buffer[kBufferSize];
uint8_t output_buffer[kBufferSize];
```

我们使用局部变量跟踪输入和输出缓冲区中数据的实际大小。另外，没有必要跟踪文件名的大小，因为文件名是以 0 结束的字符串。

```
size_t input_length;
size_t output_length;
```

类似地，还可跟踪所发现的实际设备数量。

```
size_t number_of_devices = 0;
```

通过这种方式，我们避免了动态内存分配。实际上，这种方式也包含自身的代价。这里，我们人为地限制了最大设备数量和所支持的最大消息数量。其次，大量已分配的内存可能从未被使用。例如，如果最多支持 16 个设备，但仅一个设备出现于系统中，实际上我们仅使用了所分配内存空间的 1/16。如前所述，对于嵌入式系统，这并不是问题，因为全部应用程序及其需求已被预先定义。但是，其他应用程序则无法使用这些额外分配的内存空间。

6.2　对　象　池

如前所述，应用程序的内存预分配方案是一种有效的策略，可帮助嵌入式应用程序避免与内存管理和分配时间相关的各种缺陷。

但是，临时内存预分配的一个缺点是，应用程序当前负责跟踪预分配的对象使用情况。

对象池的目的是通过提供一个通用的、方便的接口来隐藏对象跟踪的负担，类似于动态内存分配，但使用预先分配的数组中的对象。

6.2.1 实现方式

在当前示例中，我们将创建一个简单的对象池应用程序，并学习其使用方式。

（1）在工作目录~/test 中，创建一个名为 objpool 的子目录。

（2）使用编辑器在 objpool 子目录中创建 objpool.cpp 文件。下面定义一个 ObjectPool 模板类，首先是私有数据和构造函数，如下所示。

```cpp
#include <iostream>

template<class T, size_t N>
class ObjectPool {
  private:
    T objects[N];
    size_t available[N];
    size_t top = 0;
  public:
    ObjectPool(): top(0) {
      for (size_t i = 0; i < N; i++) {
        available[i] = i;
      }
    }
```

（3）添加一个方法并从池中获取元素。

```cpp
T& get() {
  if (top < N) {
    size_t idx = available[top++];
    return objects[idx];
  } else {
    throw std::runtime_error("All objects are in use");
  }
}
```

（4）添加方法并向对象池中返回一个元素。

```cpp
void free(const T& obj) {
  const T* ptr = &obj;
```

```
  size_t idx = (ptr - objects) / sizeof(T);
  if (idx < N) {
    if (top) {
      top--;
      available[top] = idx;
    } else {
      throw std::runtime_error("Some object was freed more than once");
    }
  } else {
    throw std::runtime_error("Freeing object that does not belong to
  the pool");
  }
}
```

（5）通过一个小型函数封装类定义，该函数返回从池中请求的元素数量。

```
size_t requested() const { return top; }
};
```

（6）定义存储于对象池中的数据类型。

```
struct Point {
  int x, y;
};
```

（7）添加代码并与对象池协同工作。

```
int main() {
  ObjectPool<Point, 10> points;

  Point& a = points.get();
  a.x = 10; a.y=20;
  std::cout << "Point a (" << a.x << ", " << a.y << ") initialized,
requested " <<
    points.requested() << std::endl;

  Point& b = points.get();
  std::cout << "Point b (" << b.x << ", " << b.y << ") not
initialized, requested " <<
    points.requested() << std::endl;

  points.free(a);
  std::cout << "Point a(" << a.x << ", " << a.y << ") returned,
requested " <<
    points.requested() << std::endl;
```

```
  Point& c = points.get();
  std::cout << "Point c(" << c.x << ", " << c.y << ") not
intialized, requested " <<
    points.requested() << std::endl;

  Point local;
  try {
    points.free(local);
  } catch (std::runtime_error e) {
    std::cout << "Exception caught: " << e.what() << std::endl;
  }
  }
```

（8）在 loop 子目录中创建名为 CMakeLists.txt 的文件，并添加下列内容。

```
cmake_minimum_required(VERSION 3.5.1)
project(objpool)
add_executable(objpool objpool.cpp)

set(CMAKE_SYSTEM_NAME Linux)
set(CMAKE_SYSTEM_PROCESSOR arm)

SET(CMAKE_CXX_FLAGS "--std=c++11")
set(CMAKE_CXX_COMPILER /usr/bin/arm-linux-gnueabi-g++)
```

（9）构建应用程序，并将最终的二进制可执行文件复制到目标系统。对此，可借助第 2 章的相关示例。

（10）切换至目标系统终端，并使用用户证书登录。

（11）运行二进制文件。

6.2.2　工作方式

在当前示例中，我们采用了与第 1 个实例相同的理念（预分配对象的静态数组），但将其封装至 ObjectPool 模板类中，进而针对不同类型的对象处理提供了通用接口。

对应模板包含两个参数——ObjectPool 类实例中存储的对象的类或数据类型，以及池的大小。这些参数用于定义类的两个私有数据字段，即一个对象数组和一个自由索引数组。

```
T objects[N];
size_t available[N];
```

由于模板参数在编译期解析，因而这些数组采用静态方式分配。此外，对应类包含一个名为 top 的私有数据成员，充当 available 数组中的索引，并指向下一个可用对象。

available 包含 objects 数组中当前可用的所有对象的索引。在开始阶段，available 数组填充了 objects 数组中所有元素的索引。

```
for (size_t i = 0; i < N; i++) {
  available[i] = i;
}
```

当应用程序需要从池中获取一个元素时，将调用 get()方法。该方法使用 top 变量获取池中下一个可用元素的索引。

```
size_t idx = available[top++];
return objects[idx];
```

当 top 索引到达数组尺寸时，意味着不再分配更多的元素，因而方法抛出一个异常，并以此表示对应的错误条件。

```
throw std::runtime_error("All objects are in use");
```

对象可通过 free()方法返回到池中。首先，该方法删除基于对应地址的元素的索引，该索引计算为对象地址与池起始位置之差。由于池对象采用连续方式存储于内存中，因而可方便地过滤掉相同类型的对象，但不包括来自池中的对象。

```
const T* ptr = &obj;
size_t idx = (ptr - objects) / sizeof(T);
```

注意，由于 size_t 为无符号整数，因而无须检查最终的索引是否小于 0——这种情况根本不会出现。如果试图向池返回一个不属于该池且地址小于池起始地址的对象，那么对应的索引均会被视为正索引。

如果返回的对象属于该池，则更新 top 计数器，并将最终索引置于 available 数组中以供后续使用。

```
top--;
available[top] = idx;
```

否则将抛出一个异常，表明我们试图返回一个不是从这个池中获取的对象。

```
throw std::runtime_error("Freeing object that does not belong to
the pool");
```

该方法用于跟踪池对象的使用状况，并返回 top 变量，进而有效地跟踪已声明但尚未返回到池的对象的数量。

```
size_t requested() const { return top; }
```

　　下面定义一个数据类型并尝试处理池中的对象。对此，可声明一个名为 Point 的结构，该结构保存两个 int 字段，如下所示。

```
struct Point {
 int x, y;
};
```

接下来创建一个大小为 10 的 Point 对象池。

```
ObjectPool<Point, 10> points;
```

我们可从池中获得一个对象，并填充其数据字段。

```
Point& a = points.get();
a.x = 10; a.y=20;
```

程序的输出结果如图 6.1 所示。

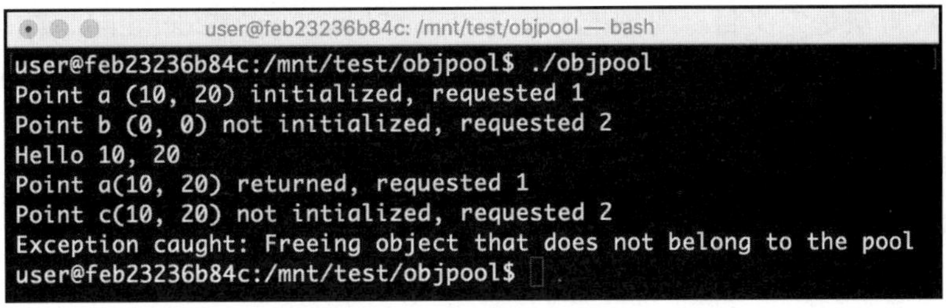

图 6.1

　　输出结果的第 1 行显示了所请求的一个对象。

　　随后，我们可再请求一个对象，并按照原样输出其数据字段且不需要任何初始化操作。从对象池报告中可以看到，我们按照预期方式请求了两个对象。

　　接下来，我们让第 1 个对象返回池中，同时确保请求对象的数量递减。此外还应注意的是，对象返回池中后，仍可从中读取数据。

　　接下来，我们从池中再获取一个对象。相应地，请求计数递增，但所请求的对象将与上一步返回的对象相同。

　　可以看到，Point c 从池中取出后未经初始化，但其字段包含与 Point a 相同的值。实际上，当前 a 和 c 引用了池中的同一个对象，因而修改变量 a 将会影响变量 c。这也被视为对象池实现的限制之一。

　　最后，创建一个局部 Point 对象，并尝试将其返回池中。

```
Point local;
try {
```

```
  points.free(local);
} catch (std::runtime_error e) {
  std::cout << "Exception caught: " << e.what() << std::endl;
}
```

正如期望的那样，程序失败并抛出异常。在程序的输出结果中，可以看到 Exception caught: Freeing object that does not belong to the pool 这一消息。

6.2.3　更多内容

虽然对象池简化了预分配对象的处理过程，但该方案仍包含一些限制。

首先，全部对象均在开始阶段创建。相应地，调用对象池的 get()方法并不会触发对象的构造方法；而调用对象池的 free()方法也不会调用析构方法。开发人员需要使用各种变通方法来初始化/取消初始化对象。

一种替代方法是定义目标对象的专用方法，如 initialize()和 deinitialize()方法，这些方法分别由 ObjectPool 类的 get()和 free()方法调用。然而，该方案将类实现耦合至 ObjectPool 实现中。稍后将考查一种更加高级的方法以消除这一限制。

这里所采用的对象池实现并不会检查是否针对某个对象多次调用 free()方法，这可视为一种错误，且往往会导致出现难以调试的问题。虽然在技术上是可行的，但也增加了不必要的复杂性。

6.3　环状缓冲区

环状缓冲区是嵌入式开发中广泛使用的一种数据结构，其工作原理是置于固定大小的内存数组之上的队列。该缓冲区可包含固定数量的元素，生成这些元素的函数将它们依次放入缓冲区中。当到达缓冲区的末尾时，切换至缓冲区的开始处，就好像第 1 个元素位于最后一个元素之后。

当组织数据生产者和消费者（二者间彼此无关且不会相互等待）之间的数据交换行为时，这种设计理念被证明十分有效，这在嵌入式开发中也是一种十分常见的场景。例如，当中断被禁用时，中断服务程序应快速实现源自设备的数据队列化，以供后续处理使用，且无法等待滞后处理数据的函数。同时，处理函数无须完全与中断服务程序（ISR）同步，该函数可一次性处理多个元素，并于随后再赶上 ISR。

这一点（连同可以静态地预分配环状缓冲区）使环状缓冲区在许多情况下都是最佳选择方案。

6.3.1 实现方式

在当前示例中，我们将学习如何在 C++数字之上创建和使用环状缓冲区。

（1）在工作目录~/test 中创建一个名为 ringbuf 的子目录。

（2）使用文本编辑器在 ringbuf 子目录中创建一个 ringbuf.cpp 文件。

（3）定义 RingBuffer 类。

```cpp
#include <iostream>
template<class T, size_t N>
class RingBuffer {
  private:
    T objects[N];
    size_t read;
    size_t write;
    size_t queued;
  public:
    RingBuffer(): read(0), write(0), queued(0) {}
```

（4）添加一个方法并将数据推送至缓冲区。

```cpp
T& push() {
  T& current = objects[write];
  write = (write + 1) % N;
  queued++;
  if (queued > N) {
    queued = N;
    read = write;
  }
  return current;
}
```

（5）添加一个方法并从缓冲区中获取数据。

```cpp
const T& pull() {
  if (!queued) {
    throw std::runtime_error("No data in the ring buffer");
  }
  T& current = objects[read];
  read = (read + 1) % N;
  queued--;
  return current;
}
```

（6）添加一个方法检查缓冲区是否包含数据，并封装类定义。

```
bool has_data() {
  return queued != 0;
}
};
```

（7）RingBuffer 定义完毕后，添加使用 RingBuffer 的代码。首先定义使用的数据类型。

```
struct Frame {
  uint32_t index;
  uint8_t data[1024];
};
```

（8）添加 main()函数，定义 RingBuffer 实例以及与空缓冲区协同工作的代码。

```
int main() {
  RingBuffer<Frame, 10> frames;

  std::cout << "Frames " << (frames.has_data() ? "" : "do not ")
    << "contain data" << std::endl;
  try {
    const Frame& frame = frames.pull();
  } catch (std::runtime_error e) {
    std::cout << "Exception caught: " << e.what() << std::endl;
  }
```

（9）添加代码并与缓冲区中的 5 个元素协同工作。

```
for (size_t i = 0; i < 5; i++) {
Frame& out = frames.push();
out.index = i;
out.data[0] = 'a' + i;
out.data[1] = '\0';
  }
std::cout << "Frames " << (frames.has_data() ? "" : "do not ")
<< "contain data" << std::endl;
while (frames.has_data()) {
const Frame& in = frames.pull();
    std::cout << "Frame " << in.index << ": " << in.data <<
std::endl;
  }
```

（10）添加类似的代码处理较大数量的元素。

```
for (size_t i = 0; i < 26; i++) {
Frame& out = frames.push();
out.index = i;
out.data[0] = 'a' + i;
out.data[1] = '\0';
}
std::cout << "Frames " << (frames.has_data() ? "" : "do not ")
  << "contain data" << std::endl;
while (frames.has_data()) {
const Frame& in = frames.pull();
std::cout << "Frame " << in.index << ": " << in.data << std::endl;
}
}
```

（11）在 loop 子目录中创建名为 CMakeLists.txt 的文件，并添加下列内容。

```
cmake_minimum_required(VERSION 3.5.1)
project(ringbuf)
add_executable(ringbuf ringbuf.cpp)

set(CMAKE_SYSTEM_NAME Linux)
set(CMAKE_SYSTEM_PROCESSOR arm)

SET(CMAKE_CXX_FLAGS "--std=c++11")
set(CMAKE_CXX_COMPILER /usr/bin/arm-linux-gnueabi-g++)
```

（12）构建应用程序，并将最终的二进制可执行文件复制到目标系统。对此，可参考第 2 章的相关示例。

（13）切换至目标系统终端，并使用用户证书登录。

（14）运行二进制可执行文件。

6.3.2 工作方式

当前，我们实现了环状缓冲区并作为 C++模板类，其中包含了 3 个私有数据字段。

（1）objects：类型为 T 的 N 个元素的静态数组。

（2）read：读取元素时的索引。

（3）write：写入元素时的索引。

RingBuffer 类公开了 3 个公共方法。

（1）push()：将数据写入缓冲区。

（2）pull()：从缓冲区读取数据。

（3）has_data()：检查缓冲区是否包含数据。

下面逐一查看这些方法的工作方式。

push()方法用于将数据存储于缓冲区中。与动态队列或动态栈的 push()方法（该方法作为参数接收一个值并存储）不同，当前 push()方法实现并未接收参数。由于全部元素均在运行期内预分配，因而该方法将返回一个指向缓冲区中更新值的引用。

push()方法实现较为直观，其通过 write 索引获取一个指向对应元素的指针，随后递增 write 索引和存储于缓冲区中的元素数量。这里应注意，当索引到达尺寸的限制条件后，除法余数运算符是如何将 write 索引定位于数组的开始位置处的。

```
T& current = objects[write];
write = (write + 1) % N;
queued++;
```

当超出 objects 数组容量并继续尝试推送更多元素时，情况又当如何？这取决于存储在缓冲区中的数据的性质。在当前实现中，假设接收方对近期数据较为关注，且能够容忍中间数据的丢失（如果无法追赶上发送方）。如果接收方过慢，且发送方在接收方读取数据之前运行多少回合并不重要，那么所有超出 N 步的数据都将被覆盖。因此，一旦存储数据的数量超过 N，则推进 read 和 write 索引，以使二者间的间隔正好为 N 步。

```
if (queued > N) {
 queued = N;
 read = write;
}
```

pull()方法供那些从缓冲区中读取数据的函数使用。与 push()方法类似，该方法并不接收任何参数，并返回一个指向缓冲区元素的引用。与 push()方法不同的是，pull()方法返回一个常量引用，以表明不应修改缓冲区中的数据。

```
const T& pull() {
```

最后，pull()方法检查缓冲区是否还存在数据。若否，则抛出一个异常。

```
if (!queued) {
 throw std::runtime_error("No data in the ring buffer");
}
```

pull()方法通过 read 索引获取一个指向元素的引用，随后采用与 push()方法相同的除余运算符（基于 write 索引）递增 read 索引。

```
read = (read + 1) % N;
queued--;
```

has_data()方法实现则较为简单。若对象的计数器为 0，该方法返回 false，否则返回 true。

```
bool has_data() {
return queued != 0;
}
```

接下来声明一个简单的数据结构 Frame，用以模拟设备生成的数据，其中包含了一个帧索引和一个数据缓冲区。

```
uint32_t index;
uint8_t data[1024];
};
```

我们定义了一个容量为 10 个 frame 类型元素的环状缓冲区。

```
RingBuffer<Frame, 10> frames;
```

图 6.2 显示了该程序的输出结果。

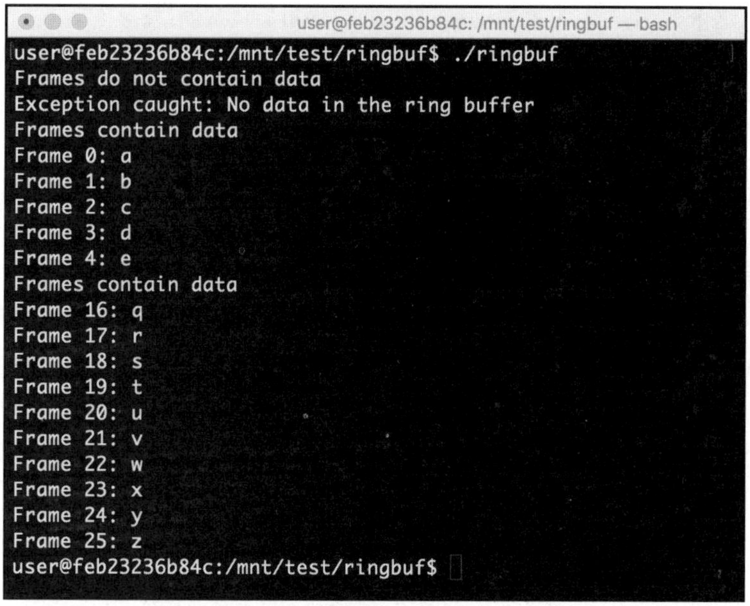

图 6.2

首先，我们尝试从空缓冲区中读取数据，对应结果与期望的一样——程序将抛出一个异常。

随后向缓冲区写入 5 个元素，并使用拉丁字母字符作为数据有效负载。

```
for (size_t i = 0; i < 5; i++) {
  Frame& out = frames.push();
  out.index = i;
  out.data[0] = 'a' + i;
  out.data[1] = '\0';
}
```

这里应注意我们是如何获取一个指向元素的引用的，并于随后对其进行更新，而不是将 frame 的本地副本推送至环状缓冲区，接下来读取缓冲区中的全部数据，并在屏幕上对其进行输出。

```
while (frames.has_data()) {
  const Frame& in = frames.pull();
  std::cout << "Frame " << in.index << ": " << in.data << std::endl;
}
```

程序的输出结果表明，当前可成功地读取全部 5 个元素。现在我们尝试将所有 26 个拉丁字母写入这个数组，其数量远远超过数组的容量。

```
for (size_t i = 0; i < 26; i++) {
  Frame& out = frames.push();
  out.index = i;
  out.data[0] = 'a' + i;
  out.data[1] = '\0';
}
```

然后以同样的方法读取数据（参考之前读取 5 个元素）。虽然读取操作成功，但仅接收了所写入的最后 10 个元素，至此，所有其他帧均丢失并被覆盖。这对于当前示例应用程序并不重要，但对于其他应用程序来说，该结果可能无法接受。对此，较好的方法是确保接收方比发送方更频繁地被激活。某些时候，如果缓冲区中不存在可用的数据，接收器将被激活，但这是一个可以接受的代价，以避免数据丢失。

6.4　使用共享内存

在支持 MMU（内存管理单元的简称）的硬件上运行的现代操作系统中，每个应用程序作为一个进程运行，其内存与其他应用程序处于隔离状态。

这种隔离机制的好处是可靠性。一个应用程序不能意外地破坏另一个应用程序的内存空间。类似地，如果应用程序意外地损坏了自己的内存并崩溃，操作系统可以关闭该应用程序，而不会影响系统中的其他应用程序。对此，可将嵌入式系统的功能解耦为几个独立的应用程序，这些应用程序通过定义良好的 API 相互通信，这大大降低了实现的复杂性，从而提高了稳定性。

然而，隔离机制是有代价的。由于每个进程都包含自己独立的地址空间，两个应用程序之间的数据交换意味着数据复制、上下文切换和操作系统内核同步机制的使用，此类行为均会产生一定的开销。

共享内存是许多操作系统提供的一种机制，用于将某些内存区域声明为共享的。这样，应用程序可以在不复制的情况下交换数据。这对于大型数据对象（如视频帧或音频样本）的交换尤其重要。

6.4.1　实现方式

在当前示例中，我们将针对两个或多个应用程序间的数据交换学习如何使用 Linux 的共享内存机制。

（1）在工作目录~/test 中，创建一个名为 shmem 的子目录。

（2）使用文本编辑器在 shmem 子目录中创建一个 shmem.cpp 文件。随后定义 SharedMem，其中包含一些常用的头文件和常量。

```
#include <algorithm>
#include <iostream>
#include <chrono>
#include <thread>

#include <sys/mman.h>
#include <fcntl.h>
#include <unistd.h>

const char* kSharedMemPath = "/sample_point";
const size_t kPayloadSize = 16;

using namespace std::literals;

template<class T>
class SharedMem {
  int fd;
  T* ptr;
  const char* name;

  public:
```

（3）定义执行相关工作的构造方法。

```
SharedMem(const char* name, bool owner=false) {
fd = shm_open(name, O_RDWR | O_CREAT, 0600);
if (fd == -1) {
throw std::runtime_error("Failed to open a shared memory region");
}
if (ftruncate(fd, sizeof(T)) < 0) {
close(fd);
throw std::runtime_error("Failed to set size of a shared memory
region");
};
ptr = (T*)mmap(nullptr, sizeof(T), PROT_READ | PROT_WRITE,
MAP_SHARED, fd, 0);
if (!ptr) {
close(fd);
    throw std::runtime_error("Failed to mmap a shared memory region");
}
    this->name = owner ? name : nullptr;
    std::cout << "Opened shared mem instance " << name <<
std::endl;
}
```

（4）添加析构方法定义。

```
~SharedMem() {
  munmap(ptr, sizeof(T));
  close(fd);
  if (name) {
    std::cout << "Remove shared mem instance " << name << std::endl;
    shm_unlink(name);
  }
  }
```

（5）完善类定义，并添加一个 get()方法，该方法返回一个指向共享对象的引用。

```
T& get() const {
  return *ptr;
}
};
```

（6）SharedMem 类可与不同的数据类型协同工作。下面声明一个所使用的自定义数据结构。

```
struct Payload {
```

```
  uint32_t index;
  uint8_t raw[kPayloadSize];
};
```

（7）添加相关代码，将输入写入共享内存。

```
void producer() {
  SharedMem<Payload> writer(kSharedMemPath);
  Payload& pw = writer.get();
  for (int i = 0; i < 5; i++) {
    pw.index = i;
    std::fill_n(pw.raw, sizeof(pw.raw) - 1, 'a' + i);
    pw.raw[sizeof(pw.raw) - 1] = '\0';
    std::this_thread::sleep_for(150ms);
  }
}
```

（8）从共享内存中读取数据。

```
void consumer() {
  SharedMem<Payload> point_reader(kSharedMemPath, true);
  Payload& pr = point_reader.get();
  for (int i = 0; i < 10; i++) {
    std::cout << "Read data frame " << pr.index << ": " << pr.raw
<< std::endl;
    std::this_thread::sleep_for(100ms);
  }
}
```

（9）添加 main()函数。

```
int main() {

  if (fork()) {
    consumer();
  } else {
    producer();
  }
}
```

（10）在 loop 子目录中创建名为 CMakeLists.txt 的文件，并添加下列内容。

```
cmake_minimum_required(VERSION 3.5.1)
project(shmem)
add_executable(shmem shmem.cpp)
target_link_libraries(shmem rt)
```

```
set(CMAKE_SYSTEM_NAME Linux)
set(CMAKE_SYSTEM_PROCESSOR arm)

SET(CMAKE_CXX_FLAGS "--std=c++14")
set(CMAKE_CXX_COMPILER /usr/bin/arm-linux-gnueabi-g++)
```

（11）构建应用程序并将最终的二进制可执行文件复制到目标系统中。此处使用了第 2 章的相关示例。

（12）切换至目标系统终端，并使用用户证书登录。

（13）运行二进制可执行文件。

6.4.2　工作方式

在当前示例中，我们使用了 POSIX（可移植操作系统接口的简称）API 与共享内存协同工作。这是一个灵活、细粒度的 C 语言 API，其中包含许多可以调优或配置的参数。当前目标是通过实现方便、类型安全的 C++封装器隐藏底层 API 的复杂性。对此，我们将采用 RAII（资源获取即初始化的简称）确保所有已分配的资源都被正确释放，同时应用程序中不存在内存或文件描述符方面的泄漏问题。

其间，我们定义了 SharedMem 模板类。模板参数定义了存储于共享内存实例中的数据类型。通过这种方式，可使 SharedMem 类型实例处于安全状态。此处并未在应用程序代码中使用 void 指针和类型转换，C++编译器将自动执行此类操作。

```
template<class T>
class SharedMem {
```

全部共享内存应用程序和初始化过程在 SharedMem 构造方法中完成，该方法包含两个参数。

（1）共享内存对象名。

（2）持有者标志。

POSIX 定义了一个 shm_open API，其中，共享内存对象通过名称（类似于文件名）予以识别。据此，使用相同名称的两个独立的进程可使用相同的各项内存对象。针对各项对象的生命周期，当 shm_unlink()函数针对同一对象名调用时，共享对象将被销毁。如果该对象被多个进程使用、调用，那么调用 shm_open()的第 1 个进程将创建该对象，而其他进程将复用同一对象。

但是，哪一个线程负责执行删除任务？这也是持有者标志（ownership）的用武之地。

当该标志设置为 true 时，表明 SharedMem 实例负责共享对象的清除任务。

随后，构造方法依次调用 3 个 POSIX API 函数。首先通过 shm_open()创建一个共享对象，虽然该函数作为参数接收访问标志和文件权限，但我们总是使用读-写访问模式，对当前用户进行读写访问。

```
fd = shm_open(name, O_RDWR | O_CREAT, 0600);
```

接下来，利用 ftruncate()函数调用定义共享区域的大小。对此，可使用模板数据类型的尺寸。

```
if (ftruncate(fd, sizeof(T)) < 0) {
```

最后，利用 mmap()函数将共享区域映射至进程内存地址空间。该函数将返回一个指向用于引用数据实例的指针。

```
ptr = (T*)mmap(nullptr, sizeof(T), PROT_READ | PROT_WRITE,
MAP_SHARED, fd, 0);
```

作为私有成员，该对象针对共享内存保存了文件描述符，以及指向内存区域的指针。当该对象被销毁时，析构方法负责释放内存空间。如果设置了持有者标志，还将保留对应的对象名以便移除。

```
int fd;
T* ptr;
const char* name;
```

SharedMem()析构方法从地址空间中解除共享内存对象的映射。

```
munmap(ptr, sizeof(T));
```

如果对象是持有者，则可通过 shm_unlink()函数调用删除该对象。注意，我们不再需要持有者标志，因为该名称设置为 nullptr，除非对象是持有者。

```
if (name) {
  std::cout << "Remove shared mem instance " << name << std::endl;
  shm_unlink(name);
}
```

当访问共享数据时，相关类提供了一个简单的 get()方法，该方法返回一个指向存储于共享内存中的对象的引用。

```
T& get() const {
    return *ptr;
}
```

接下来生成两个独立的进程，二者将使用之前创建的共享内存 API。此处使用 POSIX fork()函数生成一个子进程。该子进程表示为数据生产者，而父进程则表示为数据消费者。

```
if (fork()) {
  consumer();
} else {
  producer();
}
```

此处定义了一个 Payload 数据类型，以供生产者和消费者数据交换使用。

```
struct Payload {
uint32_t index;
uint8_t raw[kPayloadSize];
};
```

数据生产者生成了一个 SharedMem 实例，如下所示。

```
SharedMem<Payload> writer(kSharedMemPath);
```

每隔 150 ms，SharedMem 实例使用 get()方法接收到的引用更新一次共享对象，且每次递增 Payload 的 index 字段，并通过匹配 index 的拉丁字母填充数据。

消费者则利用与生产者相同的名称生成一个 SharedMem 实例，但会声明为对象的持有者，这意味着将负责其删除操作。

```
SharedMem<Payload> point_reader(kSharedMemPath, true);
```

运行应用程序，对应的输出结果如图 6.3 所示。

```
user@feb23236b84c: /mnt/test/shmem — bash
user@feb23236b84c:/mnt/test/shmem$ ./shmem
Opened shared mem instance /sample_point
Read data frame 0:
Opened shared mem instance /sample_point
Read data frame 0: aaaaaaaaaaaaaaaa
Read data frame 1: bbbbbbbbbbbbbbbb
Read data frame 2: cccccccccccccccc
Read data frame 2: cccccccccccccccc
Read data frame 3: dddddddddddddddd
Read data frame 4: eeeeeeeeeeeeeeee
Read data frame 4: eeeeeeeeeeeeeeee
Read data frame 4: eeeeeeeeeeeeeeee
Read data frame 4: eeeeeeeeeeeeeeee
Remove shared mem instance /sample_point
user@feb23236b84c:/mnt/test/shmem$
```

图 6.3

每隔 100 ms，应用程序将从共享对象中读取数据，并将其输出至屏幕。在消费者的输出结果中，可以看到所接收的生产者写入数据。由于消费者和生产者周期时长并不匹配，因而有时可以看到相同的数据被读取两次。

在当前示例中，我们有意省略了生产者和消费者的同步机制。鉴于二者作为独立的项目运行，所以无法保证生产者在消费者试图读取数据时已经更新了数据。下面是我们在结果输出中看到的内容：

```
Opened shared mem instance /sample_point
Read data frame 0:
Opened shared mem instance /sample_point
```

可以看到，消费者打开共享内存对象，并在生产者打开同一对象之前读取了某些数据。

同样，当消费者试图读取数据字段时，也不能保证数据字段完全由生产者更新。第 7 章将对这一问题进行深入研究。

6.4.3　更多内容

对于进程间的通信，当与环状缓冲区结合使用时，共享内存是一种快速、有效的机制。通过在共享内存中放置一个循环缓冲区，开发人员允许独立的数据生产者和数据消费者异步交换数据，并且以最小的开销实现同步机制。

6.5　使用专用内存

嵌入式系统通常通过特定的内存地址范围提供了外围设备的访问功能。当程序访问这一区域中的某一地址时，并不会在内存中读取或写入某个值。相反，数据将被发送至设备中，或从映射到这个地址的设备中读取。

该技术一般称作 MMIO（内存映射输入/输出）。在当前示例中，我们将学习如何在用户空间 Linux 应用程序中使用 MMIO 访问 Raspberry Pi 的外围设备。

6.5.1　实现方式

Raspberry Pi 配备了多个外围设备并可通过 MMIO 访问。当展示 MMIO 的工作方式时，应用程序将访问系统时钟。

（1）在工作目录~/test 中创建名为 timer 的子目录。

（2）使用文本编辑器在 timer 子目录中创建名为 timer.cpp 的文件。

（3）将头文件、常量和类型声明置入 timer.cpp 文件中。

```cpp
#include <iostream>
#include <chrono>
#include <system_error>
#include <thread>

#include <fcntl.h>
#include <sys/mman.h>


constexpr uint32_t kTimerBase = 0x3F003000;

struct SystemTimer {
  uint32_t CS;
  uint32_t counter_lo;
  uint32_t counter_hi;
};
```

（4）添加 main()函数，其中包含了程序的全部逻辑。

```cpp
int main() {

  int memfd = open("/dev/mem", O_RDWR | O_SYNC);
  if (memfd < 0) {
  throw std::system_error(errno, std::generic_category(),
  "Failed to open /dev/mem. Make sure you run as root.");
  }

  SystemTimer *timer = (SystemTimer*)mmap(NULL, sizeof(SystemTimer),
  PROT_READ|PROT_WRITE, MAP_SHARED,
  memfd, kTimerBase);
  if (timer == MAP_FAILED) {
  throw std::system_error(errno, std::generic_category(),
  "Memory mapping failed");
  }
  uint64_t prev = 0;
  for (int i = 0; i < 10; i++) {
   uint64_t time = ((uint64_t)timer->counter_hi << 32) +
timer->counter_lo;
   std::cout << "System timer: " << time;
   if (i > 0) {
   std::cout << ", diff " << time - prev;
```

```
  }
  prev = time;
  std::cout << std::endl;
  std::this_thread::sleep_for(std::chrono::milliseconds(10));
  }
  return 0;
}
```

（5）在 timer 子目录中创建名为 CMakeLists.txt 的文件，并添加下列内容。

```
cmake_minimum_required(VERSION 3.5.1)
project(timer)
add_executable(timer timer.cpp)

set(CMAKE_SYSTEM_NAME Linux)
set(CMAKE_SYSTEM_PROCESSOR arm)

SET(CMAKE_CXX_FLAGS "--std=c++11")

set(CMAKE_CXX_COMPILER /usr/bin/arm-linux-gnueabi-g++)
```

（6）构建并运行应用程序。

ℹ️ 注意：

在实际的 Raspberry Pi 3 设备上，不应在 root 下运行应用程序。

6.5.2 工作方式

系统时钟是一种外围设备，并通过 MMIO 接口连接至处理器。这意味着，它包含特定的物理地址范围，每个地址都具备特定的格式和用途。

当前应用程序与表示为 32 位值的两个时钟计数器协同工作，经整合后形成一个 64 位的只读计数器，并在系统运行时始终处于递增状态。

对于 Raspberry Pi 3，系统时钟分配的物理内存地址范围的偏移为 0x3F003000（不同的 Raspberry Pi 硬件版本，其偏移可能有所不同），此处将其定义为一个常量。

```
constexpr uint32_t kTimerBase = 0x3F003000;
```

当访问该区域内的独立字段时，我们可定义一个 SystemTimer 结构，如下所示。

```
struct SystemTimer {
  uint32_t CS;
  uint32_t counter_lo;
```

```
    uint32_t counter_hi;
};
```

当前，我们需要获取一个指向时钟地址范围的指针，并将其转换为一个指向
SystemTimer 的指针。通过这种方式，可通过读取 SystemTimer 数据字段访问计数器的
地址。

对此，需要知道物理地址空间中的偏移量，但 Linux 应用程序工作于虚拟地址空间
内容，因而需要通过一种方式将物理地址映射至虚拟地址。

Linux 通过特定的/proc/mem 文件可访问物理内存地址。由于该文件包含了全部物理
内存快照，因而仅可通过 root 进行访问。

我们可像打开常规文件那样，通过 open()函数打开/proc/mem 文件。

```
int memfd = open("/dev/mem", O_RDWR | O_SYNC);
```

文件打开并知晓其描述符后，可将其映射至虚拟地址空间中。这里，无须映射全部
物理内存，只需处理与时钟相关的区域即可。因此，可作为偏移量参数传递系统时钟范
围，并作为尺寸参数传递 SystemTimer 结构的大小。

```
SystemTimer *timer = (SystemTimer*)mmap(NULL, sizeof(SystemTimer),
PROT_READ|PROT_WRITE, MAP_SHARED, memfd, kTimerBase);
```

接下来可访问时钟字段。我们在循环中读取时钟计数器，并显示当前值及其与前一
个值之差。当以 root 运行应用程序时，输出结果如图 6.4 所示。

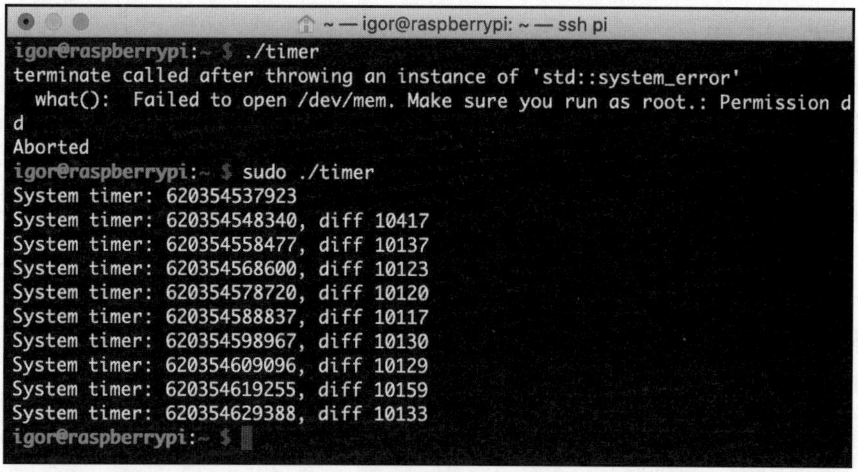

图 6.4

可以看到，内存地址的读取行为将返回递增值，差值约为 10000 且相当稳定。由于

在计数器读取循环中添加了 10 ms 的延迟，因此可推断内存地址与时钟相关联，而不是常规内存，并且时钟计数器的粒度为 1 ms。

6.5.3　更多内容

Raspberry Pi 包含多个外围设备并可通过 MMIO 进行访问。关于其地址的详细访问信息以及 *BCM2835 ARM Peripherals manual* 中的访问语义，读者可访问 https://www.raspberrypi.org/documentation/hardware/raspberrypi/bcm2835/BCM2835-ARM-Peripherals.pdf 以了解更多内容。

对于同步访问的多个设备，当与其内存协同工作时应格外小心。当内存通过多个处理器或同一处理器的多核进行访问时，可能需要使用内存屏障等高级同步技术来避免同步问题，第 7 章将对此加以讨论。当采用直接内存访问（DMA）或 MMIO 时，情况将变得更加复杂。由于 CPU 可能不知道内存被外部硬件改变，其缓存可能处于不同步状态，进而导致数据一致性问题。

第 7 章　多线程和同步机制

嵌入式平台跨越了计算能力的广阔领域。例如，一些微控制器仅包含几 KB 的内存，强大的芯片系统（SoC）可包含 GB 级别的内存，而多核 CPU 则能够同时运行多个应用程序。

嵌入式开发人员可以使用更多的计算资源，并可在此基础上构建更加复杂的应用程序，因而多线程变得非常重要。对此，开发人员需要了解应用程序的并行方式，进而高效地使用 CPU 内核。本章将学习如何以高效和安全的方式充分发挥 CPU 内核的功效。

本章主要涉及下列主题。
- ❑　C++语言中的线程支持。
- ❑　数据同步机制。
- ❑　使用条件变量。
- ❑　使用原子变量。
- ❑　使用 C++内存模型。
- ❑　无锁同步机制。
- ❑　在共享内存中使用原子变量。
- ❑　异步函数和特征。

在构建高效的多线程和多处理同步代码时，读者可参考上述示例。

7.1　C++语言中的线程支持

在 C++ 11 之前，线程完全超出了 C++语言的范围。针对于此，开发人员可以使用特定于平台的库，如 pthreads 或 Win32 应用程序编程接口（API）。

由于每种库均包含自身的行为，因此不同平台间的应用程序移植过程需要花费大量的精力（包括开发和测试过程）。

作为 C++标准中的一部分内容，C++11 引入了线程这一概念，并定义了一组类在其标准库中创建多线程应用程序。

本章将学习如何使用 C++语言在单一应用程序中生成多个并发线程。

7.1.1　实现方式

在当前示例中，我们将学习如何创建两个以并发方式运行的工作线程。

（1）在工作目录~/test 中，创建一个名为 threads 的子目录。

（2）使用文本编辑器在 threads 子目录中创建一个 threads.cpp 文件。随后将下列代码复制到 threads.cpp 文件中。

```cpp
#include <chrono>
#include <iostream>
#include <thread>

void worker(int index) {
  for (int i = 0; i < 10; i++) {
    std::cout << "Worker " << index << " begins" << std::endl;
    std::this_thread::sleep_for(std::chrono::milliseconds(50));
    std::cout << "Worker " << index << " ends" << std::endl;
    std::this_thread::sleep_for(std::chrono::milliseconds(1));
  }
}

int main() {
  std::thread worker1(worker, 1);
  std::thread worker2(worker, 2);
  worker1.join();
  worker2.join();
  std::cout << "Done" << std::endl;
}
```

（3）在 loop 子目录中创建名为 CMakeLists.txt 的文件，并添加下列内容。

```cmake
cmake_minimum_required(VERSION 3.5.1)
project(threads)
add_executable(threads threads.cpp)

set(CMAKE_SYSTEM_NAME Linux)
set(CMAKE_SYSTEM_PROCESSOR arm)

SET(CMAKE_CXX_FLAGS "--std=c++11")
target_link_libraries(threads pthread)

set(CMAKE_CXX_COMPILER /usr/bin/arm-linux-gnueabi-g++)
```

随后，可构建并运行应用程序。

7.1.2　工作方式

在当前应用程序中，我们定义了一个名为 worker 的函数。为了保持代码简单，该函数并未执行太多有用的操作，仅输出 10 次 Worker X 的开始和结束，且每条消息间隔 50 ms。

在 main()函数中，我们创建了两个工作线程 worker1 和 worker2。

```
std::thread worker1(worker, 1);
std::thread worker2(worker, 2);
```

随后，我们向线程的构造方法传递了两个参数。

（1）在线程中运行的函数。

（2）函数的参数。由于我们传递了之前定义的 worker()函数作为线程函数，因此对应参数应与其类型匹配，此处为 int。

通过这种方式，我们定义了两个执行相同任务的工作线程，但二者包含不同的索引，即 1 和 2。

线程在创建后即开始运行，无须调用其他方法启动这些线程。随后，线程以并发方式执行，程序的输出结果如图 7.1 所示。

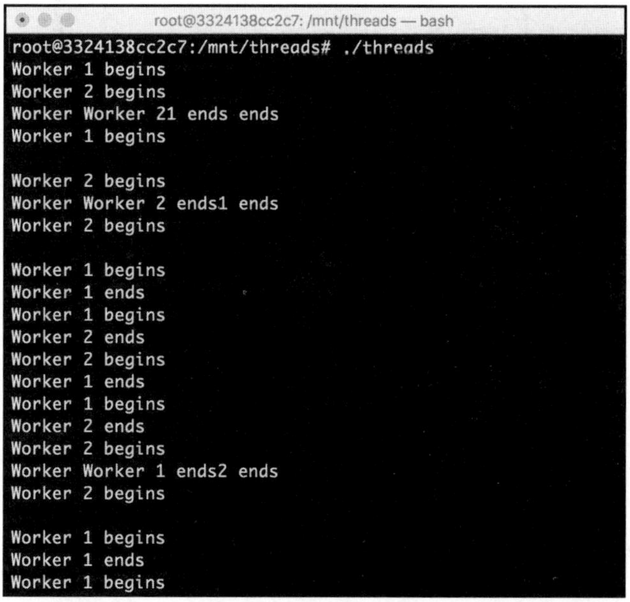

图 7.1

工作线程的输出结果呈混合状态（有时甚至会出现乱码），如 Worker Worker 1 ends2 ends，其原因在于，输出至终端的结果也以并发方式工作。

由于工作线程以独立方式运行，那么主线程与随后创建的工作线程无关。然而，如果主线程运行至 main()函数的结尾，那么程序将终止。为了避免这种情况，需要针对每个工作线程添加 join()方法调用。该方法将处于阻塞状态，直至线程结束。这样，即可在两个工作线程结束其任务后退出主程序。

7.2 数据同步机制

数据同步机制是处理多线程应用程序的重要内容。不同的线程通常需要访问同一个变量或内存区域。两个或多个独立的线程同时访问同一个内存可能会导致数据冲突。另外，变量被另一个线程更新时对其进行读取也是十分危险的，因为读取时变量只能被部分更新。

为了避免这一类问题，并发线程可使用并发原语（API），以使共享内存的访问过程具有确定性和预测性。

在 C++11 标准之前，C++语言并未提供同步原语方面的支持。从 C++11 开始，C++标准库加入了大量的同步原语并作为标准中的一部分内容。

在当前示例中，我们将学习如何利用互斥体和锁实现变量的同步访问。

7.2.1 实现方式

在当前示例中，我们将学习如何以并发方式运行两个工作线程，该过程可能会导致输出结果乱码。在此基础上，我们将通过互斥体和锁调整代码并添加同步机制。

（1）在~/test 目录中，创建一个名为 mutex 的子目录。

（2）使用文本编辑器在 mutex 子目录中生成一个 mutex.cpp 文件，并将下列代码片段复制至 mutex.cpp 文件中。

```cpp
#include <chrono>
#include <iostream>
#include <mutex>
#include <thread>

std::mutex m;
```

```cpp
void worker(int index) {
  for (int i = 0; i < 10; i++) {
    {
      std::lock_guard<std::mutex> g(m);
      std::cout << "Worker " << index << " begins" << std::endl;
      std::this_thread::sleep_for(std::chrono::milliseconds(50));
      std::cout << "Worker " << index << " ends" << std::endl;
    }
    std::this_thread::sleep_for(std::chrono::milliseconds(1));
  }
}

int main() {
  std::thread worker1(worker, 1);
  std::thread worker2(worker, 2);
  worker1.join();
  worker2.join();
  std::cout << "Done" << std::endl;
}
```

（3）在 loop 子目录中创建名为 CMakeLists.txt 的文件，并添加下列内容。

```cmake
cmake_minimum_required(VERSION 3.5.1)
project(mutex)
add_executable(mutex mutex.cpp)

set(CMAKE_SYSTEM_NAME Linux)
set(CMAKE_SYSTEM_PROCESSOR arm)

SET(CMAKE_CXX_FLAGS "--std=c++11")
target_link_libraries(mutex pthread)

set(CMAKE_CXX_COMPILER /usr/bin/arm-linux-gnueabi-g++)
```

随后，可构建并运行应用程序。

7.2.2　工作方式

在应用程序构建完毕并处于运行状态后，可以看到其输出结果与线程应用程序类似，但也存在一定的差异，如图 7.2 所示。

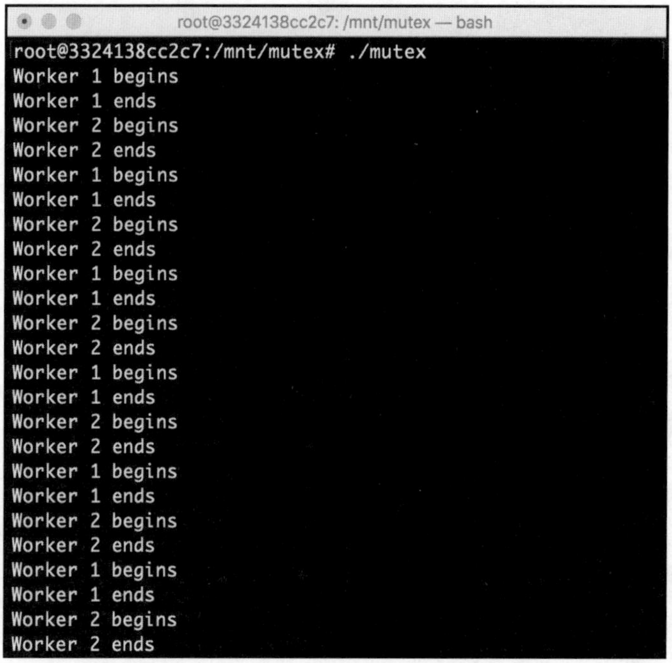

图 7.2

首先，输出结果不包含乱码；其次，我们可以看到清晰的输出顺序——线程不存在中断现象，每个线程在开始后均可以正常结束。差别在于源代码中粗体显示部分。这里，我们创建了一个全局 mutex m，如下所示。

```
std::mutex m;
```

随后，使用 lock_guard 保护代码中较为重要的部分。这一部分内容始于 Worker X begins 输出代码行，并结束于 Worker X ends 输出代码行。

lock_guard 是互斥体之上的一个封装器，并在定义上锁对象时采用 RAII（资源获取即初始化的简称）技术自动对对应的互斥体上锁；到达作用域后则在析构方法中对其进行解锁。因此，此处添加了一个额外的花括号以定义这一较为重要的内容。

```
{
  std::lock_guard<std::mutex> g(m);
  std::cout << "Worker " << index << " begins" << std::endl;
  std::this_thread::sleep_for(std::chrono::milliseconds(50));
  std::cout << "Worker " << index << " ends" << std::endl;
}
```

　　虽然可以显式地对互斥体上锁、解锁，即调用 lock() 和 unlock() 方法，但并不推荐这一做法。忘记解锁已经上锁的互斥体将导致多线程同步问题，这种问题往往难以检测和调试。RAII 方案能够自动解锁互斥体，以使代码更加安全，且易于阅读和理解。

7.2.3　更多内容

　　线程同步的完美实现需要顾及大量的细节问题并进行全盘考虑。多线程应用程序中的一类常见问题是死锁。此时，两个处于阻塞状态的协程彼此等待，最终导致两个协程处于无限死锁状态。

　　如果同步过程需要两个或多个互斥体，就会出现死锁现象。C++17 引入了 std::scoped_lock（https://en.cppreference.com/w/cpp/thread/scoped_lock），这是一个针对多个互斥体的 RAII 封装器，有助于避免死锁问题。

7.3　使用条件变量

　　前述内容介绍了两个或多个线程对同一变量的同步访问。线程访问变量的特定顺序并不重要，我们只是阻止了对变量的同步读、写操作。

　　一个线程等待另一个线程开始处理数据是一种较为常见的场景。在这种情况下，当数据可用时，第一个线程应该通知第二个线程。从 C++ 11 标准开始，可以使用 C++支持的条件变量来实现。

　　在当前示例中，我们将学习使用条件变量并在数据可用时激活某个独立线程中的数据处理行为。

7.3.1　实现方式

　　此处将创建一个与之前示例类似的包含两个工作线程的应用程序。

　　（1）在 ~/test 工作目录中，创建一个名为 condvar 的子目录。

　　（2）使用文本编辑器在 condvar 子目录中生成一个 condv.cpp 文件。

　　（3）在 condvar.cpp 文件中设置头文件并定义全局变量。

```
#include <condition_variable>
#include <iostream>
#include <mutex>
```

```
#include <thread>
#include <vector>

std::mutex m;
std::condition_variable cv;
std::vector<int> result;
int next = 0;
```

（4）在定义了全局变量后，即可添加 worker()函数。

```
void worker(int index) {
  for (int i = 0; i < 10; i++) {
    std::unique_lock<std::mutex> l(m);
    cv.wait(l, [=]{return next == index; });
    std::cout << "worker " << index << "\n";
    result.push_back(index);
    next = next + 1;
    if (next > 2) { next = 1; };
    cv.notify_all();
  }
}
```

（5）定义入口点 main()函数。

```
int main() {
  std::thread worker1(worker, 1);
  std::thread worker2(worker, 2);
  {
    std::lock_guard<std::mutex> l(m);
    next = 1;
  }
  std::cout << "Start\n";
  cv.notify_all();
  worker1.join();
  worker2.join();
  for (int e : result) {
    std::cout << e << ' ';
  }
  std::cout << std::endl;
}
```

（6）在 loop 子目录中创建名为 CMakeLists.txt 的文件，并添加下列内容。

```
cmake_minimum_required(VERSION 3.5.1)
cmake_minimum_required(VERSION 3.5.1)
project(condvar)
add_executable(condvar condvar.cpp)

set(CMAKE_SYSTEM_NAME Linux)
set(CMAKE_SYSTEM_PROCESSOR arm)

SET(CMAKE_CXX_FLAGS "--std=c++11")
target_link_libraries(condvar pthread)

set(CMAKE_CXX_COMPILER /usr/bin/arm-linux-gnueabi-g++)
```

接下来可构建并运行应用程序。

7.3.2　工作方式

类似地，我们创建两个工作线程 worker1 和 worjer2，并使用相同的 worker()函数线程以及不同的 index 参数。

除了向控制台输出消息，工作线程还将更新全局向量结果。每个工作线程仅仅将其索引添加至 result 变量，如下所示。

```
std::vector<int> result;
```

这里，我们需要每个工作线程依次将其索引添加到 result 中，即 worker1、worker2，然后再次为 worker1，以此类推。对此，同步机制不可或缺。然而，基于互斥体的简单的同步机制仍然不够。这仅可确保两个并发线程不会同时访问代码的同一临界区，但却无法保证相关顺序。一种可能的情况是，worker1 将在 worker2 锁定互斥区之前再次锁定该互斥区。

为了解决顺序问题，可定义一个 cv 条件变量和一个 next 整数变量名。

```
std::condition_variable cv;
int next = 0;
```

next 变量包含一个工作线程索引，该索引初始化为 0 并在 main()函数中设置为特定的工作线程索引。由于该变量可被多个线程访问，因此需要实现锁保护。

```
{
  std::lock_guard<std::mutex> l(m);
```

```
    next = 1;
}
```

虽然工作线程在创建后即开始执行，但二者在条件变量下处于阻塞和等待状态，直至 next 变量值与其索引匹配。相应地，等待过程需要使用到条件变量 std::unique_lock。对此，我们在调用 wait() 方法前即创建了该变量。

```
std::unique_lock<std::mutex> l(m);
cv.wait(l, [=]{return next == index; });
```

虽然条件变量 cv 在 main() 函数中设置为 1，但实际情况仍有所欠缺。我们需要显式地通知在条件变量上等待的线程。对此，可使用 notify_all() 方法。

```
cv.notify_all();
```

这将唤醒所有处于等待状态的线程，这些线程再次将其索引与 next 进行比较。相应地，匹配的线程将被解锁，而其他线程则继续处于睡眠状态。

处于活动状态下的线程将消息写入控制台，并更新 result 变量。随后更新 next 变量并选择下一个处于活动状态的线程。相应地，可递增索引直至到达最大值，并于随后将其设置为 1。

```
next = next + 1;
if (next > 2) { next = 1; };
```

类似于 main() 函数中的代码，在 next 线程的索引确定后，需要调用 notify_all() 并唤醒全部线程，进而确定接下来的工作线程。

```
cv.notify_all();
```

当工作线程处于工作状态时，main() 函数将等待其任务结束。

```
worker1.join();
worker2.join();
```

当全部工作线程结束后，将输出 result 变量值。

```
for (int e : result) {
  std::cout << e << ' ';
}
```

在程序构建和运行完毕后，对应的输出结果如图 7.3 所示。

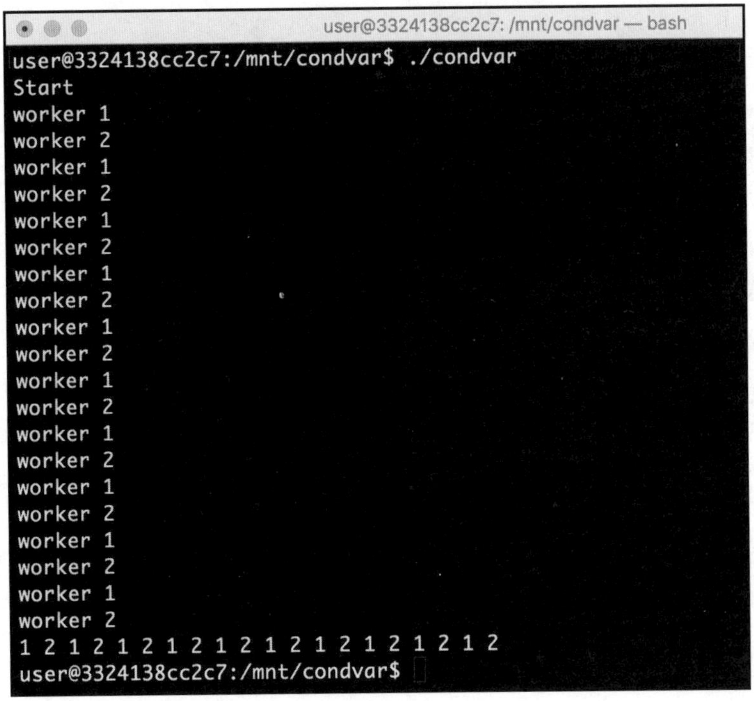

图 7.3

可以看到，全部线程均以期望的顺序被激活。

7.3.3　更多内容

当前示例仅使用了条件变量对象提供的少量方法。除简单的 wait()函数外，还存在可等待特定时间，或直至到达某个特定时间点的函数。对此，读者可访问 https://en.cppreference.com/w/cpp/thread/condition_variable 以了解更多内容。

7.4　使用原子变量

原子变量的命名方式源自它们无法被部分读取或写入。比较下列 Point 和 int 数据类型。

```
struct Point {
  int x, y;
};
```

```
Point p{0, 0};
int b = 0;

p = {10, 10};
b = 10;
```

在上述示例中，修改变量 p 等同于执行下列两项赋值操作。

```
p.x = 10;
p.y = 10;
```

这意味着，读取变量 p 的任何并发线程可部分获取修改后的数据，如 x=10，y=0，这将导致错误的计算结果，且难以检测和复制。这也是需要同步访问此类数据类型的原因。

这里的问题是，变量 b 情况又当如何？是否也可部分地被修改？答案是肯定的，当然这取决于具体的平台。然而，C++提供了一组数据类型和模板，以确保针对某个变量一次性、整体并以原子方式进行修改。

在当前示例中，我们将学习如何针对多线程同步机制使用原子变量。由于原子变量无法进行部分修改，因此无须使用互斥体或其他代价高昂的同步原语。

7.4.1　实现方式

本节将编写一个应用程序，并生成两个工作线程，随后以并发方式更新数据数组。此处将使用原子变量确保并发更新处于安全状态，而非之前介绍的互斥体。

（1）在工作目录~/test 中创建名为 atomic 的子目录。

（2）使用文本编辑器在 atomic 子目录中创建 atomic.cpp 文件。

（3）在 atomic.cpp 文件中设置头文件并定义全局变量。

```
#include <atomic>
#include <chrono>
#include <iostream>
#include <thread>
#include <vector>

std::atomic<size_t> shared_index{0};
std::vector<int> data;
```

（4）在定义了全局变量后，即可添加 worker()函数。除 index 外，该函数还包含一个额外的 timeout 参数。

```
void worker(int index, int timeout) {
  while(true) {
```

```
    size_t worker_index = shared_index.fetch_add(1);
    if (worker_index >= data.size()) {
        break;
    }
    std::cout << "Worker " << index << " handles "
              << worker_index << std::endl;
    data[worker_index] = data[worker_index] * 2;
std::this_thread::sleep_for(std::chrono::milliseconds(timeout));
    }
    }
```

（5）定义入口点 main()函数。

```
int main() {
  for (int i = 0; i < 10; i++) {
    data.emplace_back(i);
  }
  std::thread worker1(worker, 1, 50);
  std::thread worker2(worker, 2, 20);
  worker1.join();
  worker2.join();
  std::cout << "Result: ";
  for (auto& v : data) {
    std::cout << v << ' ';
  }
  std::cout << std::endl;
}
```

（6）在 loop 子目录中创建 CMakeLists.txt 文件，并添加下列内容。

```
cmake_minimum_required(VERSION 3.5.1)
project(atomic)
add_executable(atomic atomic.cpp)

set(CMAKE_SYSTEM_NAME Linux)
set(CMAKE_SYSTEM_PROCESSOR arm)

SET(CMAKE_CXX_FLAGS "--std=c++11")
target_link_libraries(atomic pthread)

set(CMAKE_CXX_COMPILER /usr/bin/arm-linux-gnueabi-g++)
```

随后，可构建并运行应用程序。

7.4.2　工作方式

我们创建了一个应用程序，并通过多线程更新所有的数组元素。对于代价高昂的更新操作，当前方案在多核平台上可带来性能方面的提升。

这里，难点在于多个工作线程间的任务共享，因为每个线程可能需要不同的时间量处理数据元素。

这里使用了 shared_index 原子变量存储下一个元素（尚未被任何工作线程声明）的索引。该变量连同所处理的数组一同声明为全局变量。

```
std::atomic<size_t> shared_index{0};
std::vector<int> data;
```

另外，worker()函数也有所不同。首先，该函数包含一个额外的参数 timeout，用于模拟处理每个元素时所需的时间差。

其次，工作线程在一个循环中运行，直至 shared_index 变量到达最大值，而不再采用固定的循环次数。这表明，全部元素均已被处理，随后工作线程即可结束。

在每次循环过程中，工作线程读取 shared_index 值。如果仍存在需要处理的元素，该线程将把 shared_index 变量值存储到局部变量 worker_index 中，同时递增 shared_index 变量。

虽然可采用与常规变量相同的方式使用原子变量，即首先获取当前值，并于随后递增变量，但这将会导致竞争条件。此时，两个工作线程几乎同时读取变量。在当前情况下，二者获取相同值，然后开始处理相同的元素且相互干扰。这就是为什么我们使用一个特殊的方法 fetch_add()，该方法使变量递增，并作为一个单独的、不可中断的操作返回变量递增之前的值。

```
size_t worker_index = shared_index.fetch_add(1);
```

如果变量 worker_index 到达数组的尺寸，意味着全部元素均已被处理，且工作线程结束。

```
if (worker_index >= data.size()) {
    break;
}
```

如果 worker_index 变量有效，工作线程可以通过该索引更新数组元素值。在当前示例中，我们将数组元素乘以 2，如下所示。

```
data[worker_index] = data[worker_index] * 2;
```

当模拟代价高昂的数据操作时，我们可使用自定义延迟。其中，延迟时间由参数
timeout 确定。

```
std::this_thread::sleep_for(std::chrono::milliseconds(timeout));
```

在 main()函数中，我们将要处理的元素添加到数据向量中，并通过一个循环填充 0～
9 的数字向量。

```
for (int i = 0; i < 10; i++) {
    data.emplace_back(i);
}
```

在初始数据集准备完毕后，我们创建了两个工作线程，并提供了 index 和 timeout 参
数。其中，工作线程不同的 timeout 用于模拟不同的性能。

```
std::thread worker1(worker, 1, 50);
std::thread worker2(worker, 2, 20);
```

随后等待两个工作线程完成其任务，并将结果输出到控制台。当构建并运行程序时，
对应的输出结果如图 7.4 所示。

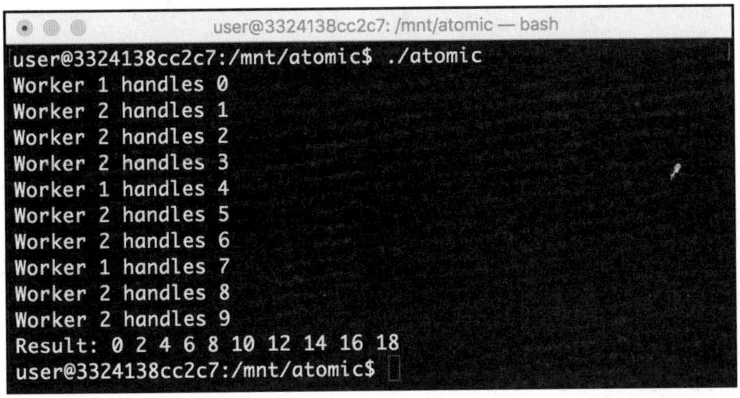

图 7.4

可以看到，与 Worker 1 相比，Worker 2 处理了更多的元素——其 timeout 为 20 ms，
而 Worker 1 的 timeout 为 50 ms。此外，所有的元素都按照预期进行了处理，且不存在遗
漏和重复现象。

7.4.3　更多内容

通过当前示例，我们学习了如何处理整型原子变量。虽然整型原子变量类型较为常

用，但 C++也允许定义其他类型的原子变量，包括非整型，进而实现简单的复制、复制构造和复制赋值操作。

除了示例中使用的 fetch_add()方法外，原子变量还包含其他类似的方法以辅助开发人员在单一操作中查询值并修改变量。根据这些方法，可有效地避免竞争条件和基于互斥体的代价高昂的同步操作。

在 C++20 中，原子变量可接收 wait()、notify_all()和 notify_one()方法（类似条件变量中的方法）。通过使用更高效和轻量级的原子变量，这些方法可实现之前所需的条件变量的逻辑内容。

关于原子变量，读者可访问 https://en.cppreference.com/w/cpp/atomic/atomic 以了解更多内容。

7.5　使用 C++内存模型

自 C++11 开始，C++语言定义了一个 API 和针对线程与同步的原语作为该语言的一部分内容。在包含多个处理器内核的系统中，内存同步较为复杂，因为现代处理器可通过重新排列指令顺序优化代码的执行过程。即使采用原子变量，有时也无法保证数据以期望的顺序被调整或访问，因为这一顺序可被编译器修改。

为了避免歧义，C++11 引入了内存模型，并对内存区域并发访问的行为加以定义。作为内存模型的一部分内容，C++定义了 std::memory_order 枚举，并向编译器提供了与预期访问模型相关的提示信息，这有助于编译器在不干扰预期代码行为的前提下优化代码。

在当前示例中，我们将学习如何使用最为简单的 std::memory_order 枚举形式实现共享计数器变量。

7.5.1　实现方式

当前示例将实现一个包含共享计数器的应用程序，该计数器通过两个并发工作线程递增。

（1）在~/test 工作目录中，创建一个名为 memorder 的子目录。

（2）使用文本编辑器在 atomic 子目录中创建一个 memorder.cpp 文件。

（3）在 memorder.cpp 文件中添加所需的头文件，并定义全局变量。

```
#include <atomic>
#include <chrono>
```

```
#include <iostream>
#include <thread>
#include <vector>

std::atomic<bool> running{true};
std::atomic<int> counter{0};
```

（4）在全局变量定义完毕后，我们将添加一个 worker()函数。该函数仅递增一个计数器，并于随后在一定的时间间隔内处于睡眠状态。

```
void worker() {
 while(running) {
 counter.fetch_add(1, std::memory_order_relaxed);
 }
 }
```

（5）定义 main()函数。

```
int main() {
  std::thread worker1(worker);
  std::thread worker2(worker);
  std::this_thread::sleep_for(std::chrono::seconds(1));
  running = false;
  worker1.join();
  worker2.join();
  std::cout << "Counter: " << counter << std::endl;
}
```

（6）在 loop 子目录中创建一个名为 CMakeLists.txt 的文件，并添加下列内容。

```
cmake_minimum_required(VERSION 3.5.1)
project(memorder)
add_executable(memorder memorder.cpp)

set(CMAKE_SYSTEM_NAME Linux)
set(CMAKE_SYSTEM_PROCESSOR arm)

SET(CMAKE_CXX_FLAGS "--std=c++11")
target_link_libraries(memorder pthread)

set(CMAKE_CXX_COMPILER /usr/bin/arm-linux-gnueabi-g++)
```

随后，可构建并运行应用程序。

7.5.2　工作方式

在当前示例中，我们将创建两个工作线程（递增一个共享计数器），并在特定的时间段中运行。

首先，我们定义了两个全局原子变量，即 running 和 counter。

```
std::atomic<bool> running{true};
std::atomic<int> counter{0};
```

这里，变量 running 是一个二进制标志。当该变量设置为 true 时，工作线程应处于持续运行状态。若该变量修改为 false，那么工作线程应处于结束状态。

变量 counter 定义为共享计数器，工作线程将以并发方式递增该计数器。对此，我们采用 fetch_add()方法并以原子方式递增某个变量。在当前示例中，我们向该方法传递了一个额外的参数 std::memory_order_relaxed。

```
counter.fetch_add(1, std::memory_order_relaxed);
```

该参数表示为提示信息。虽然原子性和修改内容的一致性十分重要，并且应对计数器的实现提供保障，但并发内存访问的顺序并不重要。相应地，std::memory_order_relaxed 针对原子变量定义了此类内存访问，将其传递至 fetch_add()则允许我们针对特定的目标平台进行调优，从而避免不必要的同步延迟。

main()函数定义了两个工作线程。

```
std::thread worker1(worker);
std::thread worker2(worker);
```

随后，主线程暂停 1 s。在暂停之后，主线程将把 running 变量值设置为 false，表示该工作线程应终止。

```
running = false;
```

在工作线程结束后，计数器的输出值如图 7.5 所示。

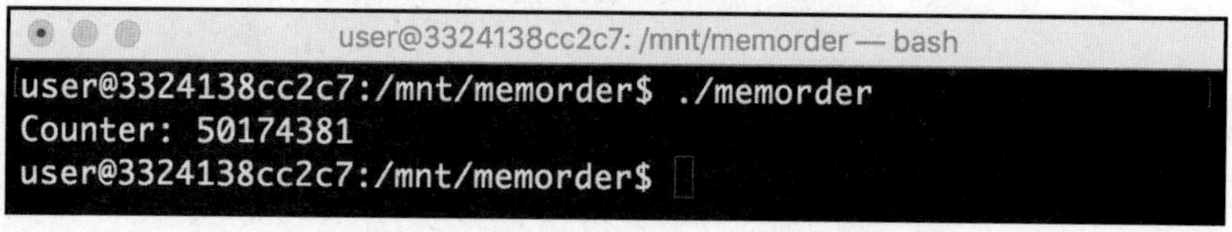

图 7.5

最终的计数器值由传递至 worker()函数中的 timeout 间隔确定。另外，调整 fetch_add()

方法中的内存顺序类型并不会导致结果值发生明显的变化。但是，对于使用原子变量的高并发应用程序，这将会提升性能，因为编译器将重新排序并发线程中的操作，且不会破坏应用程序的逻辑内容。此类优化措施与开发人员的意图紧密相关，如果缺少开发人员的提示，则无法自动进行推断。

7.5.3　更多内容

C++内存模型和内存顺序类型是一个十分复杂的话题，且需要深入理解现代 CPU 内存访问和代码优化方式。对此，读者可参考 https://en.cppreference.com/w/cpp/language/memory_model 以了解更多内容，进而掌握多线程应用程序的高级优化技术。

7.6　无锁同步机制

前述内容讨论了共享数据多线程同步访问机制，其间使用了互斥体和锁。如果多个线程尝试运行锁保护的代码临界区，那么一次仅一个线程可执行此项任务。其他线程则需要等待，直至当前线程离开临界区。

在某些时候，可在不使用互斥体和显式锁的情况下同步共享数据的访问行为。其思想是使用数据的本地副本进行修改，然后在单个、不可中断和不可分割的操作中更新共享副本。

这种同步类型取决于硬件。目标处理器应该提供某种形式的比较和交换（CAS）指令。这将检查内存中的值是否匹配给定值，且仅在匹配时利用给定值进行替换。由于这是一条单处理器指令，因此无法被上下文切换中断，并以此成为复杂原子操作的基本构建块。

在当前示例中，我们将学习如何检查原子变量的实现方式（无锁、互斥体或其他锁操作等）。此外，在 C++11 原子比较-交换函数族示例（https://en.cppreference.com/w/cpp/atomic/atomic_compare_exchange）的基础上，我们还将针对自定义栈实现一个无锁推送操作。

7.6.1　实现方式

此处将实现一个简单的 Stack 类，其中定义了构造函数和一个名为 Push() 的方法。

（1）在工作目录~/test 中创建一个名为 lockfree 的子目录。

（2）使用文本编辑器在 lockfree 子目录中创建一个 lockfree.cpp 文件。

（3）在 lockfree.cpp 文件中置入所需的头文件，并定义一个 Node 辅助数据类型。

```
#include <atomic>
#include <iostream>

struct Node {
  int data;
  Node* next;
};
```

（4）定义一个简单的 Stack 类，其间将使用 Node 数据类型组织数据存储。

```
class Stack {
  std::atomic<Node*> head;

  public:
    Stack() {
    std::cout << "Stack is " <<
    (head.is_lock_free() ? "" : "not ")
    << "lock-free" << std::endl;
    }

  void Push(int data) {
    Node* new_node = new Node{data, nullptr};
    new_node->next = head.load();
    while(!std::atomic_compare_exchange_weak(
            &head,
            &new_node->next,
            new_node));
  }
};
```

（5）定义一个简单的 main()函数，并于其中创建一个 Stack 接口，同时将一个元素推送至其中。

```
int main() {
  Stack s;
  s.Push(1);
}
```

（6）在 loop 子目录中创建一个名为 CMakeLists.txt 的文件，并添加下列内容。

```
cmake_minimum_required(VERSION 3.5.1)
project(lockfree)
```

```
add_executable(lockfree lockfree.cpp)

set(CMAKE_SYSTEM_NAME Linux)
set(CMAKE_SYSTEM_PROCESSOR arm)

SET(CMAKE_CXX_FLAGS "--std=c++11")
target_link_libraries(lockfree pthread)

set(CMAKE_CXX_COMPILER /usr/bin/arm-linux-gnueabi-g++)
```

随后，可构建并运行应用程序。

7.6.2　工作方式

前述内容创建了一个简单的应用程序，并实现了一个简单的整数栈。随后将栈元素存储于动态内存中。对于每个元素，应能够确定其后的对应元素。

针对于此，我们定义了一个 Node 辅助结构，其中包含两个数据字段。data 字段存储实际的元素值；而 next 字段则定义为一个指向栈中下一个元素的指针。

```
int data;
Node* next;
```

接下来定义了一个 Stack 类。通常情况下，栈包含两种操作。

（1）Push()方法：该方法将元素置于栈顶。

（2）Pull()方法：该方法从栈顶取出一个元素。

当跟踪栈顶状态时，可定义一个 top 变量存储指向 Node 对象的指针。

```
std::atomic<Node*> head;
```

此外还需要定义一个简单的构造方法，以初始化 top 变量值并检查是否处于无锁状态。在 C++语言中，可通过原子一致性、可用性和分区容错（CAP）操作，或使用常规互斥体实现原子变量，具体取决于目标 CPU。

```
(head.is_lock_free() ? "" : "not ")
```

当前应用程序仅实现了 Push()方法，并以此展示无锁方式的实现方式。

Push()方法接收一个值并置于栈顶，对此，可创建一个新的 Node 对象实例。

```
Node* new_node = new Node{data, nullptr};
```

鉴于将元素置于栈顶，因而指向新创建的实例的指针应赋予 top 变量中，top 变量的旧值则应赋予 Node 对象的 next 指针中。

然而，直接执行上述操作并不是线程安全的。两个或多个线程可同步修改 top 变量，从而导致数据损坏。对此，需要执行某种类型的数据同步操作，包括使用锁或互斥体；当然，也可通过无锁方式加以实现。

因此，初始时仅更新 next 指针。由于新的 Node 对象尚不是栈中的部分内容，我们可以在不同步的情况下进行操作，因为其他线程无法访问该对象。

```
new_node->next = head.load();
```

当前，我们需要将其作为新的栈 top 变量予以添加。对此，可在 std::atomic_compare_exchange_weak()函数中通过一个循环执行这项操作。

```
while(!std::atomic_compare_exchange_weak(
        &head,
        &new_node->next,
        new_node));
```

该函数将 top 变量值与存储于新元素的 next 指针中的值进行比较。如果匹配，则利用指向新节点的指针替换 top 变量值并返回 true。否则，可将 top 变量值写入新元素的 next 指针并返回 false。由于我们更新了 next 指针以匹配下一个步骤中的 top 变量，所以只有在调用 std::atomic_compare_exchange_weak()函数之前且另一个线程修改了它，才会发生这种情况。最终，函数将返回 true，表明 top 通过指向当前元素的指针被更新。

main()函数创建了一个栈实例，并将一个元素置于其中。在输出结果中可以看到底层实现是否是无锁的，如图 7.6 所示。

图 7.6

在当前示例中，具体实现过程是无锁的。

7.6.3　更多内容

无锁同步是一个较为复杂的话题，其数据结构和算法的开发需要付出较大的精力。即使简单的 Push 逻辑实现其过程也较为复杂；另外，代码的分析和调试往往会涉及大量的工作，且易于产生难以察觉的问题。

虽然无锁算法实现可改进应用程序的性能，但依然建议使用无锁数据结构的现有库

（之一），而不是编写自己的库。例如，Boost.Lockfree 提供了一组无锁数据类型可供使用。

7.7　在共享内存中使用原子变量

针对多线程应用程序中的两个或多个线程的同步机制，前述内容讨论了如何使用原子变量。然而，原子变量还可用于同步以独立线程运行的独立应用程序。

此外，我们还学习了如何针对两个应用程序间的数据交换使用共享内存。这里，我们可以整合共享内存和原子变量这两种技术，以实现两个独立应用程序的数据交换和同步问题。

7.7.1　实现方式

在当前示例中，我们将修改第 5 章的应用程序，并通过共享内存区域交换两个处理器间的数据。

（1）在~/test 工作目录中，创建名为 shmatomic 的子目录。

（2）使用文本编辑器在 shmatomic 子目录中创建 shmatomic.cpp 文件。

（3）复用 shmem 应用程序中的共享内存数据结构，并将常用的头文件和常量置于shmatomic.cpp 文件中。

```cpp
#include <atomic>
#include <iostream>
#include <chrono>
#include <thread>

#include <sys/mman.h>
#include <fcntl.h>
#include <unistd.h>

const char* kSharedMemPath = "/sample_point";
```

（4）定义 SharedMem 模板类。

```cpp
template<class T>
class SharedMem {
  int fd;
  T* ptr;
  const char* name;
```

```
public:
```

（5）当前类定义了一个构造方法、一个析构方法和一个 getter 方法。其中，构造方法的具体内容如下。

```cpp
SharedMem(const char* name, bool owner=false) {
  fd = shm_open(name, O_RDWR | O_CREAT, 0600);
  if (fd == -1) {
    throw std::runtime_error("Failed to open a shared
    memory region");
  }
  if (ftruncate(fd, sizeof(T)) < 0) {
    close(fd);
    throw std::runtime_error("Failed to set size of a shared
    memory region");
  };
  ptr = (T*)mmap(nullptr, sizeof(T), PROT_READ | PROT_WRITE,
  MAP_SHARED, fd, 0);
  if (!ptr) {
    close(fd);
    throw std::runtime_error("Failed to mmap a shared memory
    region");
  }
  this->name = owner ? name : nullptr;
}
```

（6）析构方法和 getter 方法如下。

```cpp
~SharedMem() {
munmap(ptr, sizeof(T));
close(fd);
if (name) {
std::cout << "Remove shared mem instance " << name << std::endl;
shm_unlink(name);
}
}

T& get() const {
return *ptr;
}
};
```

（7）定义数据交换和同步所用的数据类型。

```
struct Payload {
std::atomic_bool data_ready;
std::atomic_bool data_processed;
int index;
};
```

（8）定义生成数据的函数。

```
void producer() {
  SharedMem<Payload> writer(kSharedMemPath);
  Payload& pw = writer.get();
if (!pw.data_ready.is_lock_free()) {
throw std::runtime_error("Flag is not lock-free");
  }
for (int i = 0; i < 10; i++) {
pw.data_processed.store(false);
pw.index = i;
    pw.data_ready.store(true);
while(!pw.data_processed.load());
}
}
```

（9）定义使用数据的函数。

```
void consumer() {
SharedMem<Payload> point_reader(kSharedMemPath, true);
Payload& pr = point_reader.get();
if (!pr.data_ready.is_lock_free()) {
throw std::runtime_error("Flag is not lock-free");
}
for (int i = 0; i < 10; i++) {
 while(!pr.data_ready.load());
    pr.data_ready.store(false);
std::cout << "Processing data chunk " << pr.index << std::endl;
    pr.data_processed.store(true);
}
}
```

（10）定义 main()函数。

```
int main() {

if (fork()) {
    consumer();
} else {
```

```
    producer();
  }
}
```

（11）在 loop 子目录中创建一个名为 CMakeLists.txt 的文件，并添加下列内容。

```
cmake_minimum_required(VERSION 3.5.1)
project(shmatomic)
add_executable(shmatomic shmatomic.cpp)

set(CMAKE_SYSTEM_NAME Linux)
set(CMAKE_SYSTEM_PROCESSOR arm)

SET(CMAKE_CXX_FLAGS "--std=c++11")
target_link_libraries(shmatomic pthread rt)

set(CMAKE_CXX_COMPILER /usr/bin/arm-linux-gnueabi-g++)
```

最后，构建并运行应用程序。

7.7.2　工作方式

在当前应用程序中，我们复用了第 6 章的 SharedMem 模板类。该类用于将特定类型的元素存储于共享内存区域中。下面快速回顾一下共享内存的工作方式。

SharedMem 类是可移植操作系统接口（POSIX）共享内存之上的一个封装器，定义了 3 个私有数据字段以存储与系统相关的处理程序和指针，同时公开了由两个函数构成的公共接口。

（1）构造函数，该函数接收共享区域名称和持有者标志。

（2）get()方法，该方法返回一个指向存储于共享内存中的对象的引用。

除此之外，SharedMem 类还定义了一个析构函数，并执行关闭共享对象时所需的全部操作。因此，SharedMem 类用于基于 C++ RAII 习语的安全资源管理。

SharedMem 类是一个模板类，并通过存储于共享内存中的数据类型予以参数化。对此，我们定义了一个名为 Payload 的结构，如下所示。

```
struct Payload {
  std::atomic_bool data_ready;
  std::atomic_bool data_processed;
  int index;
};
```

可以看到，该结构包含了一个 index 整型变量，并用于数据交换字段，以及两个原子布尔标志 data_ready 和 data_processed，用于数据同步操作。

另外，我们还定义了两个函数，即 producer()和 consumer()函数，分别工作于独立的进程中，并通过共享内存区域实现彼此的数据交换。

其中，producer()函数负责生成数据块。首先，该函数创建一个 SharedMem 类实例，并通过 Payload 数据类型参数化；此外，该函数还将共享内存区域的路径传递到 SharedMem 构造函数中。

```
SharedMem<Payload> writer(kSharedMemPath);
```

创建共享内存实例后，即可获取存储于其中的负载数据的引用，并检查定义于 Payload 数据类型中的原子标志是否是无锁的。

```
if (!pw.data_ready.is_lock_free()) {
    throw std::runtime_error("Flag is not lock-free");
}
```

producer()函数在一次循环中生成 10 个数据块。随后，数据块的索引被置入负载的 index 字段中。

```
pw.index = i;
```

然而，除了将数据置入共享内存外，还需要同步该数据的访问操作，此时可使用原子标志。

在每次循环过程中，在更新 index 字段之前，需要重置 data_processed 标志。在 index 更新完毕后，则需要设置 data_ready 标志，该标志可视为一个面向使用者的指示器，表明新的数据块已处于就绪状态。随后是一段等待过程，直至数据被使用者处理完毕。这一循环过程持续进行，直至 data_processed 标志变为 true，接下来则进入下一次循环。

```
pw.data_ready.store(true);
while(!pw.data_processed.load());
```

consumer()函数也将以类似的方式工作。由于该函数工作于独立的线程中，因此将使用相同的路径创建一个 SharedMem 类实例，进而打开相同的共享内存区域。除此之外，我们还将 consumer()函数设置为共享内存实例的拥有者，这意味着，该函数将在其 SharedMem 实例被销毁后负责移除共享内存区域。

```
SharedMem<Payload> point_reader(kSharedMemPath, true);
```

与 producer()函数类似，consumer()函数也将检查原子标志是否是无锁的，随后进入数据应用循环中。

每次循环都会产生一个短暂的等待过程，直至数据达到就绪状态。

```
while(!pr.data_ready.load());
```

在 producer()函数将 data_ready 标志设置为 true 后，consumer()函数即可安全地读取和处理数据。在当前实现中，该函数仅将 index 字段输出到控制台中。在数据处理完毕后，consumer()函数将把 data_processed 标志设置为 true。

```
pr.data_processed.store(true);
```

这将在 producer()函数一端触发下一次数据生成循环操作，如图 7.7 所示。

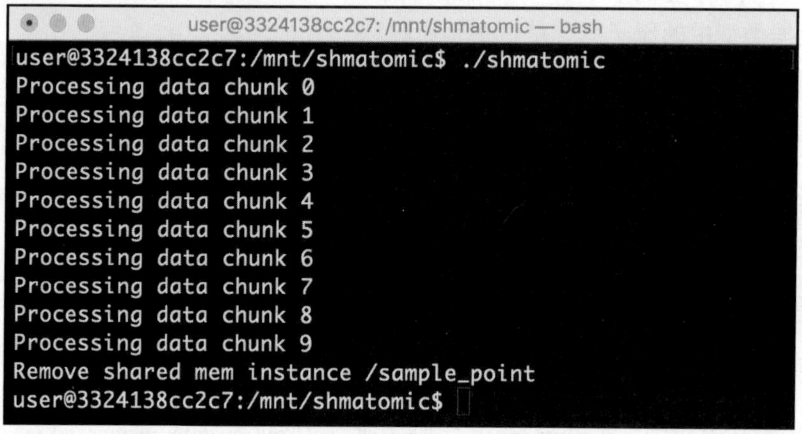

图 7.7

最终，我们将看到处理后数据块的确定的输出结果，且不包含任何遗漏或重复性内容。这在数据访问不同步的情况下十分常见。

7.8　异步函数和特性

在多线程应用程序中处理数据同步问题较为困难且易于出错，开发人员需要编写大量的代码以正确地对齐数据交换和数据通知。为了简化开发，C++ 11 引入了一个用于编写异步代码的标准 API，其方式类似于常规的同步函数调用，并在底层隐藏了许多与同步机制相关的复杂性问题。

在当前示例中，我们将学习如何使用异步函数调用和未来在多线程中运行代码，我们不需要付出额外的努力即可实现数据同步。

7.8.1　实现方式

本节将实现一个简单的应用程序，在一个独立的线程中调用一个长时间运行的函数并等待其输出结果。当函数处于运行状态时，应用程序可同时处理其他计算问题。

（1）在~/test 工作目录中，创建名为 async 的子目录。

（2）使用文本编辑器在 async 子目录中创建一个 async.cpp 文件。

（3）将应用程序代码置入 async.cpp 文件中，首先是常用的头文件和长时间运行的函数。

```cpp
#include <chrono>
#include <future>
#include <iostream>

int calculate (int x) {
  auto start = std::chrono::system_clock::now();
  std::cout << "Start calculation\n";
  std::this_thread::sleep_for(std::chrono::seconds(1));
  auto delta = std::chrono::system_clock::now() - start;
  auto ms =
std::chrono::duration_cast<std::chrono::milliseconds>(delta);
  std::cout << "Done in " << ms.count() << " ms\n";
  return x*x;
}
```

（4）添加 test()函数，该函数调用长时间运行的函数。

```cpp
void test(int value, int worktime) {
  std::cout << "Request result of calculations for " << value <<
std::endl;
  std::future<int> fut = std::async (calculate, value);
  std::cout << "Keep working for " << worktime << " ms" <<
std::endl;
  std::this_thread::sleep_for(std::chrono::milliseconds(worktime));
  auto start = std::chrono::system_clock::now();
  std::cout << "Waiting for result" << std::endl;
  int result = fut.get();
  auto delta = std::chrono::system_clock::now() - start;
  auto ms =
std::chrono::duration_cast<std::chrono::milliseconds>(delta);
```

```
  std::cout << "Result is " << result
          << ", waited for " << ms.count() << " ms"
          << std::endl << std::endl;
}
```

（5）定义 main()函数。

```
int main ()
{
  test(5, 400);
  test(8, 1200);
  return 0;
}
```

（6）在 loop 子目录中创建 CMakeLists.txt 文件，并添加下列内容。

```
cmake_minimum_required(VERSION 3.5.1)
project(async)
add_executable(async async.cpp)

set(CMAKE_SYSTEM_NAME Linux)
set(CMAKE_SYSTEM_PROCESSOR arm)

SET(CMAKE_CXX_FLAGS "--std=c++14")
target_link_libraries(async pthread -static-libstdc++)

set(CMAKE_CXX_COMPILER /usr/bin/arm-linux-gnueabi-g++)
```

随后，可构建并运行应用程序。

7.8.2　工作方式

在当前应用程序中，我们定义了一个 calculate()函数，该函数的运行过程占用了较长的时间。从技术上看，该函数计算整型参数的平方值，同时我们人为地添加了一个延迟，以使其运行时间为 1 s。对此，可采用 sleep_for()标准库函数向应用程序添加延迟。

```
std::this_thread::sleep_for(std::chrono::seconds(1));
```

除计算功能外，calculate()函数还将在启动时向控制台输出相关信息，并在函数结束时输出运行的时间。

接下来我们定义了一个 test()函数并调用 calculate()函数以展示异步函数的调用方式。test()函数包含两个参数。其中，第 1 个参数表示为传递至 calculate()函数中的值；第

2 个参数表示 test()函数在运行 calculate()函数之后和请求结果之前所花费的时间。通过这种方式，可对并行方式执行的函数任务进行建模，进而实现所要求的计算结果。

test()函数以异步模式运行 calculate()函数，并将其第 1 个参数传递至后者。

```
std::future<int> fut = std::async (calculate, value);
```

async()函数隐式地生成线程，并启动 calculate()函数。

鉴于采用异步方式运行该函数，最终结果目前尚不明晰。相反，async()函数返回一个 std::future 实例，并保存有效结果。

接下来要模拟的工作是特定时间间隔的暂停行为。在任务以并行方式结束后，我们需要获得 calculate()函数的计算结果。当请求相关结果时，可使用 std::future 对象的 get()方法，如下所示。

```
int result = fut.get();
```

get()方法处于阻塞状态，直至结果可用。随后可计算等待结果所花费的时间量，并将该结果连同等待时间输出到控制台。

main()函数运行 test()函数，并评估以下两项内容。

（1）有效工作比计算结果所花的时间要少。

（2）有效工作比计算结果所花的时间要多。

运行应用程序将产生下列输出结果。

在第 1 种情况下，相关顺序可描述为：启动计算过程，在计算结束前启动等待过程。最终，get()方法在获取结果前阻塞了 600 ms，如图 7.8 所示。

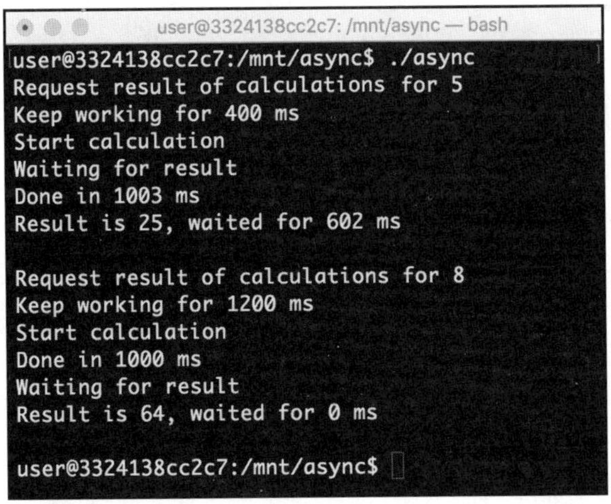

图 7.8

在第 2 种情况下，有效工作占用了 200 ms。可以看到，计算过程在结果请求之前既已完成。因此，get()方法并未处于阻塞状态，且即刻返回结果。

7.8.3　更多内容

异步函数在并行写入和代码的理解方面，提供了强大的机制且兼具灵活性，并支持不同的执行策略。另外，Promise 是降低异步编程复杂度的另一种机制。具体来说，对于 std::future，读者可访问 https://en.cppreference.com/w/cpp/thread/future；对于 std::promise，读者可访问 https://en.cppreference.com/w/cpp/thread/promise；对于 std::async，读者可访问 https://en.cppreference.com/w/cpp/thread/async。

第8章 通信和序列化

复杂的嵌入式系统一般由多个应用程序构成。将所有的逻辑都放在同一个应用程序中是脆弱的、容易出错的，有时甚至是不可行的，因为系统的不同功能可能由不同的团队甚至不同的供应商开发。因此，在独立的应用程序中隔离函数的逻辑，并使用定义良好的协议相互通信是扩展型嵌入式软件的常见方法。另外，只需稍加修改，即可采用这种隔离机制与驻留在远程系统上的应用程序进行通信，从而使程序更具可伸缩性。本章将讨论如何构建健壮和可扩展的应用程序，也就是说，将程序逻辑划分为多个可彼此通信的独立组件。

本章主要涉及以下主题。

❑　在应用程序中使用进程间的通信。

❑　进程间的通信机制。

❑　消息队列和发布者-订阅者模式。

❑　针对回调的 C++ lambda 函数。

❑　数据序列化。

❑　使用 FlatBuffers 库。

本章的示例可帮助我们理解可扩展和平台无关的数据交换的核心概念，进而实现嵌入式系统和云、远程系统之间的数据传输，甚至还可通过微服务架构设计嵌入式系统。

8.1　在应用程序中使用进程间的通信

大多数现代操作系统使用底层硬件平台提供的内存虚拟化实现了应用程序进程间的彼此隔离。

每个进程包含自身的虚拟地址空间，且完全独立于其他应用程序的地址空间。由于应用程序的地址进程是独立的，因此某个应用程序无法损害另一个应用程序的内存。相应地，一个应用程序所产生的故障也不会对整个系统产生影响。由于其他应用程序均处于持续工作状态，因而重启故障应用程序即可对系统进行恢复。

内存隔离也需要付出某些代价。由于一个进程无法访问另一个进程的内存，因而针对数据交换需要采用操作系统提供的专用的应用程序接口（API）或进程间通信（IPC）。

在当前示例中，我们将通过共享文件考查如何在两个进程间交换信息。这并非最高效的机制，但其普遍性和易用性对于各种实际用例来说已然足够。

8.1.1　实现方式

此处将创建一个示例应用程序并生成两个进程。其中，一个进程负责生成数据，另一个进程负责读取数据并将其输出到控制台中。

（1）在工作目录~/test 中创建一个名为 ipc1 的子目录。

（2）使用文本编辑器在 ipc1 子目录中创建一个 ipc1.cpp 文件。

（3）定义两个模板类，并组织数据交换。其中，第 1 个类为 Writer，用于向一个文件中写入数据，该类在 ipc1.cpp 文件中的定义如下。

```cpp
#include <fstream>
#include <iostream>
#include <thread>
#include <vector>

#include <unistd.h>

std::string kSharedFile = "/tmp/test.bin";

template<class T>
class Writer {
  private:
    std::ofstream out;
  public:
    Writer(std::string& name) :
      out(name, std::ofstream::binary) {}

    void Write(const T& data) {
      out.write(reinterpret_cast<const char*>(&data), sizeof(T));
    }
};
```

（4）Reader 类负责从文件中读取数据，其定义如下。

```cpp
template<class T>
class Reader {
  private:
    std::ifstream in;
  public:
```

```
  Reader(std::string& name) {
    for(int count=10; count && !in.is_open(); count--) {
      in.open(name, std::ifstream::binary);
      std::this_thread::sleep_for(std::chrono::milliseconds(10));
    }
  }

  T Read() {
    int count = 10;
    for (;count && in.eof(); count--) {
      std::this_thread::sleep_for(std::chrono::milliseconds(10));
    }

    T data;
    in.read(reinterpret_cast<char*>(&data), sizeof(data));
    if (!in) {
      throw std::runtime_error("Failed to read a message");
    }
    return data;
  }
};
```

（5）定义读取数据所采用的数据类型。

```
struct Message {
  int x, y;
};

std::ostream& operator<<(std::ostream& o, const Message& m) {
  o << "(x=" << m.x << ", y=" << m.y << ")";
}
```

（6）定义 DoWrites()和 DoReads()函数，同时定义调用这两个函数的 main()函数。

```
void DoWrites() {
  std::vector<Message> messages {{1, 0}, {0, 1}, {1, 1}, {0, 0}};
  Writer<Message> writer(kSharedFile);
  for (const auto& m : messages) {
    std::cout << "Write " << m << std::endl;
    writer.Write(m);
  }
}

void DoReads() {
```

```
  Reader<Message> reader(kSharedFile);
  try {
    while(true) {
      std::cout << "Read " << reader.Read() << std::endl;
    }
  } catch (const std::runtime_error& e) {
    std::cout << e.what() << std::endl;
  }
}

int main(int argc, char** argv) {
  if (fork()) {
    DoWrites();
  } else {
    DoReads();
  }
}
```

（7）创建包含程序构建规则的 CMakeLists.txt 文件。

```
cmake_minimum_required(VERSION 3.5.1)
project(ipc1)
add_executable(ipc1 ipc1.cpp)

set(CMAKE_SYSTEM_NAME Linux)
set(CMAKE_SYSTEM_PROCESSOR arm)

SET(CMAKE_CXX_FLAGS "--std=c++11")

set(CMAKE_CXX_COMPILER /usr/bin/arm-linux-gnueabi-g++
```

随后，可构建并运行应用程序。

8.1.2　工作方式

在当前应用程序中，我们利用文件系统中的一个共享文件在两个独立的进程间执行数据交换。其中，一个进程负责将数据写入文件，另一个线程则从同一个文件中读取数据。

文件可存储任何非结构化的字节序列。在当前应用程序中，可通过 C++模板功能处理类型严格的 C++值，而非原始字节序列。该方案有助于编写干净和无错误的代码。

其间，我们首先定义了 Write 类，该类是用于文件输入/输出的标准 C++ fstream 类上的简单封装器，其构造函数仅打开一个文件流并写入下列内容。

```
Writer(std::string& name):
    out(name, std::ofstream::binary) {}
```

除构造函数外，Writer 类仅包含一个 write()方法，该方法负责将数据写入一个文件。由于文件 API 处理字节流，因而首先需要将模板数据类型转换为一个字符缓冲区。对此，可使用 C++语言中的 reinterpret_cast()方法。

```
out.write(reinterpret_cast<const char*>(&data), sizeof(T));
```

Reader 类则执行反向操作，即读取 Writer 类写入的数据，其构造函数稍显复杂。由于数据文件可能在 Reader 类实例创建时尚未处于就绪状态，因而构造函数尝试在一个循环中打开文件，直至成功。这一过程将进行 10 次尝试，每次尝试间包含 10ms 的暂停。

```
for(int count=10; count && !in.is_open(); count--) {
    in.open(name, std::ifstream::binary);
    std::this_thread::sleep_for(std::chrono::milliseconds(10));
}
```

read()方法将输入流中的数据读取到一个临时值中，并将其返回给调用者。类似 writer()方法，我们使用了 reinterpret_cast()方法访问数据对象的内存（作为原始字符缓冲区）。

```
in.read(reinterpret_cast<char*>(&data), sizeof(data));
```

另外，我们还在 read()方法中添加了一个等待循环，并等待数据被 write()方法写入。当到达文件结尾处时，等待新数据的时间最多为 1 s。

```
for (;count && in.eof(); count--) {
  std::this_thread::sleep_for(std::chrono::milliseconds(10));
}
```

如果此时文件中没有数据，或者出现 I/O 错误，则抛出一个异常。

```
if (!in) {
  throw std::runtime_error("Failed to read a message");
}
```

ⓘ 注意：

无须添加任何代码处理以下情况：文件无法在 1 s 内打开；或者数据在 1 s 内未处于就绪状态。这两种情况均由之前相同的代码进行处理。

在实现了 Writer 和 Reader 类后，即可针对数据交换定义数据类型。在当前应用程序中，我们将交换 x、y 整数值所表示的坐标值。对应的数据消息如下所示。

```
struct Message {
  int x, y;
};
```

出于方便考虑，我们针对 Message 结构重载了<<操作符。当 Message 写入输出流时，它将被格式化为(x, y)。

```
std::ostream& operator<<(std::ostream& o, const Message& m) {
  o << "(x=" << m.x << ", y=" << m.y << ")";
}
```

待一切就绪后，即可编写数据交换函数。对此，DoWrites()函数定义了一个 4 坐标向量，同时生成了一个 Writer 对象。

```
std::vector<Message> messages {{1, 0}, {0, 1}, {1, 1}, {0, 0}};
Writer<Message> writer(kSharedFile);
```

随后在一个循环中写入全部坐标。

```
for (const auto& m : messages) {
  std::cout << "Write " << m << std::endl;
  writer.Write(m);
}
```

DoReads()函数利用与之前 Writer 实例相同的文件名创建一个 Reader 类实例，随后进入一个无限循环尝试读取文件中的全部消息。

```
while(true) {
  std::cout << "Read " << reader.Read() << std::endl;
}
```

当不存在任何消息时，read()方法抛出一个异常并中断循环。

```
} catch (const std::runtime_error& e) {
  std::cout << e.what() << std::endl;
}
```

main()函数创建了两个独立的进程，分别运行 DoWrites()和 DoReads()，对应的输出结果如图 8.1 所示。

可以看到，写入器写入了 4 个坐标，而读取器则使用共享文件读取了 4 个相同的坐标。

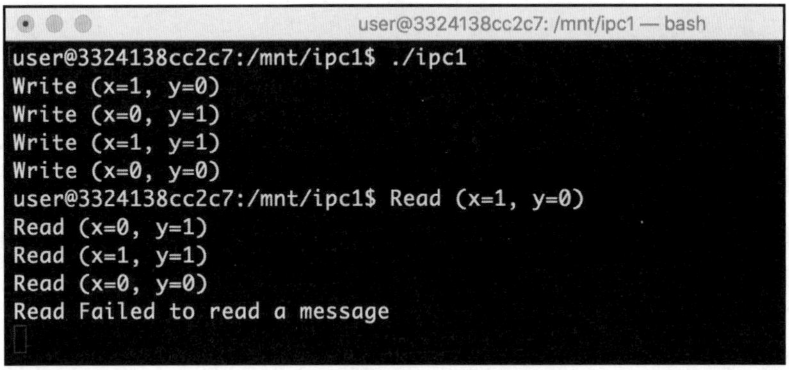

图 8.1

8.1.3　更多内容

当前应用程序较为简单，主要集中于严格类型的数据交换，且并未涉及数据同步和数据序列化。稍后将在该应用程序的基础上讨论更加高级的技术。

8.2　进程间的通信机制

除了之前介绍的共享文件，现代操作系统提供了大量的 IPC 机制，如下所示。

- ❏　管道。
- ❏　命名管道。
- ❏　本地套接字。
- ❏　网络套接字。
- ❏　共享内存。

值得注意的是，它们中的许多内容提供了与处理常规文件时使用的完全相同的 API。相应地，这些 IPC 类型间的切换操作十分简单，并可采用读、写与本地文件相同的代码的方式与运行在远程网络主机上的应用程序进行通信。

在当前示例中，我们将学习如何使用 POSIX（可移植操作系统接口）命名管道实现驻留于同一计算机上的两个应用程序间的通信。

8.2.1　准备工作

当前示例将在前述应用程序源代码的基础上完成。

8.2.2　实现方式

当前示例将使用 IPC 常规文件所采用的源代码，并在此基础上进行修改，进而使用名为命名管道的 IPC 机制。

（1）将 ipc1 目录中的内容复制到名为 ipc2 的新目录中。

（2）打开 ipc1.cpp 文件，并在#include <unistd.h>语句之后添加两个额外的 include 语句。

```
#include <unistd.h>
#include <sys/types.h>
#include <sys/stat.h>
```

（3）修改 Writer 类的 Writer()方法。

```
void Write(const T& data) {
  out.write(reinterpret_cast<const char*>(&data), sizeof(T));
  out.flush();
}
```

（4）进一步丰富 Reader 类，包括构造函数和 Read()方法。

```
template<class T>
class Reader {
  private:
    std::ifstream in;
  public:
    Reader(std::string& name):
      in(name, std::ofstream::binary) {}
    T Read() {
      T data;
      in.read(reinterpret_cast<char*>(&data), sizeof(data));
      if (!in) {
        throw std::runtime_error("Failed to read a message");
      }
      return data;
    }
};
```

（5）对 DoWrites()函数稍作修改，在发送每条消息后添加 10 ms 的延迟。

```
void DoWrites() {
  std::vector<Message> messages {{1, 0}, {0, 1}, {1, 1}, {0, 0}};
```

```
Writer<Message> writer(kSharedFile);
for (const auto& m : messages) {
  std::cout << "Write " << m << std::endl;
  writer.Write(m);
  std::this_thread::sleep_for(std::chrono::milliseconds(10));
}
}
```

（6）修改 main()函数并创建命名管道而非常规文件。

```
int main(int argc, char** argv) {
  int ret = mkfifo(kSharedFile.c_str(), 0600);
  if (!ret) {
    throw std::runtime_error("Failed to create named pipe");
  }
  if (fork()) {
    DoWrites();
  } else {
    DoReads();
  }
}
```

随后，构建并运行应用程序。

8.2.3　工作方式

可以看到，仅对应用程序做出了最小程度的修改。读写数据的所有机制和 API 均保持不变。唯一的差别在于以下代码。

```
int ret = mkfifo(kSharedFile.c_str(), 0600);
```

上述代码生成了名为 named pipe 的特殊文件类型且与常规文件类似——包含名称、权限属性和修改时间，但并未存储任何实际数据。写入该文件的所有内容将立即传递至读取该文件的进程。

这一差别涵盖多种结果。由于文件中未存储真实数据，那么全部读取行为均处于阻塞状态，直至数据被写入。类似地，写入行为也处于阻塞状态，直至之前的数据被读取器读取。

最终，无须执行额外的数据同步操作。查看 Reader 类实现，该类在构造函数或 read()方法中均未设置用于重试的循环操作。

当测试是否需要额外的同步操作时，可在写入每条消息后人为地添加一个延迟。

```
std::this_thread::sleep_for(std::chrono::milliseconds(10));
```

当构建和运行应用程序时，对应结果如图 8.2 所示。

```
●  ●  ●                         user@3324138cc2c7: /mnt/ipc2 — bash
user@3324138cc2c7:/mnt/ipc2$ ./ipc2
Write (x=1, y=0)
Read (x=1, y=0)
Write (x=0, y=1)
Read (x=0, y=1)
Write (x=1, y=1)
Read (x=1, y=1)
Write (x=0, y=0)
Read (x=0, y=0)
Read Failed to read a message
user@3324138cc2c7:/mnt/ipc2$
```

图 8.2

尽管我们没有在 Reader 代码的任何之处添加延迟或检查操作，但每个 write()方法后面都有适当的 read()方法。这里，操作系统的 IPC 机制以透明方式处理数据同步问题，从而使代码更加整洁且兼具可读性。

8.2.4　更多内容

不难发现，处理命名管道与常规函数同样简单。另外，套接字 API 是另一种应用广泛的 IPC 机制，虽然稍显复杂，但却提供了较大的灵活性。通过选取不同的传输层，开发人员可针对本地数据交换和基于远程主机的网络连接使用相同的套接字 API。

关于套接字 API 的更多信息，读者可访问 http://man7.org/linux/man-pages/man7/socket.7.html。

8.3　消息队列和发布者-订阅者模式

大多数 POSIX 操作系统提供的 IPC 机制均较为基础，其 API 通过文件描述符构造，并将输入和输出通道视为原始字节序列。

然而，对于数据交换的消息来说，应用程序趋向于使用特定数据长度和功能的数据片段。尽管操作系统的 API 机制具有一定的灵活性和通用性，但对于消息交换来说并不方便，因此在默认的 IPC 机制上构建了专用库和组件，以简化消息交换模式。

在当前示例中，我们将学习如何利用发布者-订阅者（pub-sub）模式在两个应用程序间实现异步数据交换。

　　发布者-订阅者模式易于理解，并广泛应用于软件系统开发中，这些系统一般设计为相互通信的、独立、松散耦合组件集合。功能的隔离和异步数据交换使我们能够构建灵活、可扩展和健壮的解决方案。

　　在发布者-订阅者模式中，应用程序可饰演发布者、订阅者或二者兼之。其间，我们不需要向特定的应用程序发送请求并期望其响应结果，而是可以将消息发布到特定的主题，或者订阅后接收与关注主题相关的消息。当发布一条消息后，应用程序并不关注监听相关主题的订阅者的数量。类似地，订阅者也不了解哪一个应用程序发送与特定主题相关的消息，也不知道何时会收到消息。

8.3.1　实现方式

　　当前应用程序在前述示例的基础上完成，并可复用已有的多个构造块以实现 pub/sub 通信。

　　其中，Writer 类可定义为发布者，而 Reader 类则可定义为订阅者，并以此处理严格定义的数据类型（用于定义消息）。另外，之前所采用的命名管道将以字节级别工作，且无法保证消息被自动传递。

　　为了克服这一限制条件，我们将使用 POSIX 消息队列 API，而非命名管道。这里，用于标识消息队列（Reader 和 Wirter 在其构造函数中接收该队列）的名称将被用作主题。

　　（1）将之前的 ipc2 目录复制到新的 ipc3 目录。

　　（2）为 POSIX 消息队列 API 创建一个 C++封装器。在编辑器中打开 ipc1.cpp 文件，并添加下列头文件和常量定义。

```
#include <unistd.h>
#include <signal.h>
#include <fcntl.h>
#include <sys/stat.h>
#include <mqueue.h>

std::string kQueueName = "/test";
```

　　（3）定义 MessageQueue 类，该类将消息队列句柄保存为其私有数据成员。我们可以使用构造函数和析构函数，并通过 C++的 RAII 习惯用法以一种安全的方式管理句柄的打开和关闭操作。

```
class MessageQueue {
  private:
    mqd_t handle;
```

```cpp
public:
  MessageQueue(const std::string& name, int flags) {
    handle = mq_open(name.c_str(), flags);
    if (handle < 0) {
      throw std::runtime_error("Failed to open a queue for
        writing");
    }
  }

  MessageQueue(const std::string& name, int flags, int max_count,
   int max_size) {
    struct mq_attr attrs = { 0, max_count, max_size, 0 };
    handle = mq_open(name.c_str(), flags | O_CREAT, 0666, &attrs);
    if (handle < 0) {
      throw std::runtime_error("Failed to create a queue");
    }
  }

  ~MessageQueue() {
    mq_close(handle);
  }
```

（4）定义两个简单的方法实现消息和队列间的读、写操作。

```cpp
  void Send(const char* data, size_t len) {
    if (mq_send(handle, data, len, 0) < 0) {
      throw std::runtime_error("Failed to send a message");
    }
  }

  void Receive(char* data, size_t len) {
    if (mq_receive(handle, data, len, 0) < len) {
      throw std::runtime_error("Failed to receive a message");
    }
  }
};
```

（5）修改 Writer 和 Reader 类并与新的 API 协同工作。这里，代码的修改量并不大，且 MessageQueue 封装器负责执行大部分繁重的工作。此时，Writer 类如下所示。

```cpp
template<class T>
class Writer {
  private:
    MessageQueue queue;
```

```
public:
  Writer(std::string& name):
    queue(name, O_WRONLY) {}

  void Write(const T& data) {
    queue.Send(reinterpret_cast<const char*>(&data), sizeof(data));
  }
};
```

（6）Reader 类的变化较大。由于该类视为订阅者，因此可将相关逻辑（从队列中获取和处理消息）直接置于该类中。

```
template<class T>
class Reader {
  private:
    MessageQueue queue;
  public:
    Reader(std::string& name):
      queue(name, O_RDONLY) {}

    void Run() {
      T data;
      while(true) {
        queue.Receive(reinterpret_cast<char*>(&data), sizeof(data));
        Callback(data);
      }
    }

  protected:
    virtual void Callback(const T& data) = 0;
};
```

（7）为了保持 Reader 类的简单性，此处定义了一个继承自 Reader 的新类（CoordLogger），进而定义特定的消息处理机制。

```
class CoordLogger : public Reader<Message> {
  using Reader<Message>::Reader;

  protected:
    void Callback(const Message& data) override {
      std::cout << "Received coordinate " << data << std::endl;
    }
};
```

（8）DoWrites 中的代码基本保持不变，唯一的变化是使用了不同的常量识别队列。

```cpp
void DoWrites() {
  std::vector<Message> messages {{1, 0}, {0, 1}, {1, 1}, {0, 0}};
  Writer<Message> writer(kQueueName);
  for (const auto& m : messages) {
    std::cout << "Write " << m << std::endl;
    writer.Write(m);
    std::this_thread::sleep_for(std::chrono::milliseconds(10));
  }
}
```

（9）由于消息处理机制被移至 Reader 和 CoordLogger 类中，因此 DoReads 变得较为简单，如下所示。

```cpp
void DoReads() {
CoordLogger logger(kQueueName);
logger.Run();
}
```

（10）更新后的 main() 函数如下。

```cpp
int main(int argc, char** argv) {
  MessageQueue q(kQueueName, O_WRONLY, 10, sizeof(Message));
  pid_t pid = fork();
  if (pid) {
    DoWrites();
    std::this_thread::sleep_for(std::chrono::milliseconds(100));
    kill(pid, SIGTERM);
  } else {
    DoReads();
  }
}
```

（11）应用程序需要与 rt 库进行链接。对此，可向 CMakeLists.txt 文件添加下列代码。

```cmake
target_link_libraries(ipc3 rt)
```

随后，可构建并运行应用程序。

8.3.2　工作方式

当前应用程序复用了大量的代码。当实现发布者-订阅者模型时，需要进行以下两项重要的修改。

（1）令 IPC 基于消息机制。我们应该能够自动发送和接收信息。一个发布者发送的消息不应中断其他发布者发送的消息，订阅者应能够整体读取消息。

（2）在新消息可用时，令订阅者定义回调。

当实现消息通信时，可将命名管道切换至 POSIX 消息队列 API。该消息队列 API 不同于命名管道的常规文件 API。这也是为什么我们在 Linux 标准库提供的纯 C 接口上实现了 C++封装器的原因。

封装器的主要目标是使用"资源获取即初始化（RAII）"习语提供安全的资源管理。对此，我们定义了构造函数，并通过调用 mq_open 获取队列处理程序，以及采用 mq_close 释放队列处理程序的析构函数。通过这种方式，当对应的 MessageQueue 类被销毁时，队列将自动关闭。

封装器包含两个构造函数，一个构造函数用于打开现有的队列，并接收两个参数，即队列名和访问标志。另一个构造函数用于创建新队列，并接收两个附加参数，即消息长度和队列中消息的最大尺寸。

在当前应用程序中，我们将在 main()函数中创建一个队列，并传递 10 作为存储于队列中的消息数量。Message 结构的尺寸表示为队列中消息的最大尺寸。

```
MessageQueue q(kQueueName, O_WRONLY, 10, sizeof(Message));
```

随后，DoWrites()和 DoReads()函数打开已经以相同名称创建的队列。

由于 MessageQueue 类的公共 API 类似于基于命名管道且用于 IPC 的 fstream 接口，因此只需对写入器和读取器稍作修改即可以使它们与另一种 IPC 机制协同工作。对此，可采用 MessageQueue 实例作为数据成员（而非 fstream），以保持其他逻辑不变。

当订阅者定义其回调方法时，需要修改 Reader 类。这里我们引入了一个 Run()方法，而不再使用读取并返回单一方法的 Read()方法。该方法循环遍历队列中的所有消息。针对每个被读取的方法，Run()方法调用一个回调方法。

```
while(true) {
  queue.Receive(reinterpret_cast<char*>(&data), sizeof(data));
  Callback(data);
}
```

目前，我们的目标是针对不同的消息类型使得 Reader 类具有通用性和复用性。然而，泛型回调并不属于此列。每个回调均具备一定的特殊性，并应通过 Reader 类的用户定义。

对于这种矛盾，一种方法是将 Reader 定义为抽象类。因此，可将 Callback()方法定义为虚拟函数。

```
protected:
  virtual void Callback(const T& data) = 0;
```

由于 Reader 为抽象类，因此无法创建该类的实例。对此，需要继承该抽象类，并在名为 CoordLogger 的派生类中提供 Callback()方法定义。

```
protected:
  void Callback(const Message& data) override {
    std::cout << "Received coordinate " << data << std::endl;
  }
```

注意，由于 Reader 构造函数接收一个参数，我们还需要在派生类中定义构造函数。对此，我们将使用 C++11 标准中引入的继承构造函数。

```
using Reader<Message>::Reader;
```

在定义了可处理 Message 类型消息的 CoordLogger 类后，可尝试在 DoReads()函数实现中对其加以使用。对此，仅需创建一个该类的实例并调用其 Run()方法。

```
CoordLogger logger(kQueueName);
logger.Run();
```

当运行应用程序时，对应的输出结果如图 8.3 所示。

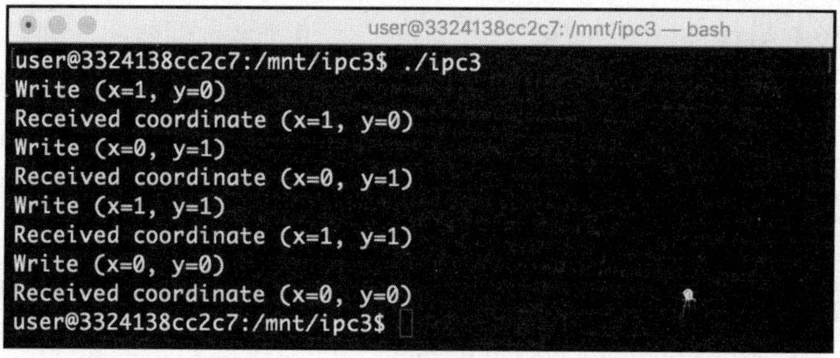

图 8.3

当前输出结果与之前内容并无太多变化，但具有较好的可伸缩性。DoReads()方法并不执行与消息相关的任何操作，其唯一任务是创建并运行订阅者。全部数据处理行为仅封装在特定的类中。我们可以在不修改应用程序架构的前提下添加、替换和组合发布者和订阅者。

8.3.3　更多内容

POSIX 消息队列 API 提供了消息队列的基本功能，但也包含一定的局限性，如无法使用单一队列向多个订阅者发送消息，且需要针对每个订阅者创建一个独立的队列。否则，只有一个从队列中读取的订阅者能收到消息。

除此之外，还存在其他一些复杂的消息队列和发布者-订阅者模式，并以外部库的形式出现。其中，ZeroMQ 是一种功能强大、灵活、轻量级的传输库。对于采用数据交换的发布者-订阅者模式构建的嵌入式应用程序来说，这是一种较为理想的选择方案。

8.4　针对回调使用 C++ lambda 函数

在发布者-订阅者模式中，订阅者通常会注册回调，该回调在发布者中的消息传递至订阅者时被调用。

在前述示例中，我们构建了一种机制并通过继承和抽象类注册回调。该机制并非 C++ 仅有。自 C++ 11 标准起，C++ 中的 lambda 函数可用作替代方案，进而消除了定义派生类所需的大量的样板代码，并在大多数时候允许开发人员以更加清晰的方式表达其意图。

在当前示例中，我们将学习如何使用 C++ lambda 定义回调。

8.4.1　实现方式

本节中的大部分代码将在前述示例的基础上完成。我们将修改 Reader 类并作为参数接收一个回调。据此，可直接使用 Reader 且无须依赖继承机制定义回调。

（1）将之前创建的 ipc3 目录中的内容复制到新目录 ipc4 中。

（2）除 Reader 类外，其他代码保持不变，并利用下列代码片段替换 Reader 类。

```cpp
template<class T>
class Reader {
  private:
    MessageQueue queue;
    void (*func)(const T&);
  public:
    Reader(std::string& name, void (*func)(const T&)):
      queue(name, O_RDONLY), func(func) {}

    void Run() {
      T data;
      while(true) {
        queue.Receive(reinterpret_cast<char*>(&data),
          sizeof(data));
```

```
        func(data);
      }
    }
};
```

（3）更新 DoReads()方法。其中将采用 lambda 函数定义一个回调处理程序，并将其传递至 Reader 构造函数。

```
void DoReads() {
  Reader<Message> logger(kQueueName, [](const Message& data) {
    std::cout << "Received coordinate " << data << std::endl;
  });
  logger.Run();
}
```

（4）CoordLogger 类不再需要，因此可安全地将其从代码中全部移除。

（5）构建并运行应用程序。

8.4.2　工作方式

在当前示例中，我们将修改前述 Reader 类，并在其构造函数中接收一个额外的参数。该参数包含一个特定的数据类型，即指向函数的指针并以此作为回调。

```
Reader(std::string& name, void (*func)(const T&)):
```

处理程序存储于数据（data）字段中以供后续使用。

```
void (*func)(const T&);
```

当前，每次 Run()方法读取一条消息时，该方法将调用存储于 func 字段中的函数，而非需要重载的 Callback()方法。

```
queue.Receive(reinterpret_cast<char*>(&data), sizeof(data));
func(data);
```

去除 Callback()方法使得 Reader 类更加紧凑，并可直接创建其实例。但是，现在我们需要提供一个处理程序作为其构造函数的参数。

当采用纯 C 代码时，需要定义一个 named()函数，并将其名称作为参数传递。当利用 C++代码时，该方案依然可行，但 C++还提供了匿名函数或 lambda 函数，并可在适当的地方加以定义。

在 DoReads()方法中，我们创建了一个 lambda 函数，并将其直接传递至 Reader 构造函数中。

```
Reader<Message> logger(kQueueName, [](const Message& data) {
  std::cout << "Received coordinate " << data << std::endl;
});
```

构建并运行应用程序后将生成如图 8.4 所示的输出结果。

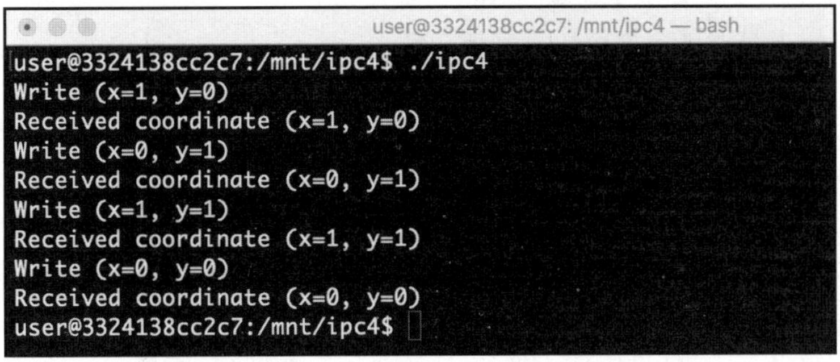

图 8.4

可以看到，输出结果与之前相比并无变化。但代码量有所减少且可读性提升。

注意，应理智地使用 lambda 函数。如果保持最小化，lambda 函数会使代码更具可读性。如果函数大于 5 行，则需要考虑使用命名函数。

8.4.3　更多内容

C++提供了灵活的机制处理类函数对象，并将其与参数进行绑定。此类机制广泛地用于转发调用和构建函数适配器。读者可访问 https://en.cppreference.com/w/cpp/utility/functional 的 Function objects 页面以深入了解此类话题。

8.5　数据序列化

第 3 章曾简要地介绍了序列化方面的内容。对于数据交换，序列化十分重要。序列化的任务是表示发送方应用程序正在发送的所有数据，以便接收方应用程序能够清楚地读取这些数据。注意，该任务并不简单，因为发送方和接收方可能运行在不同的硬件平台上，并通过各种传输链路连接，如传输控制协议/互联网协议（TCP/IP）网络、串行外设接口（SPI）总线或串行链路。

取决于具体的要求，存在多种序列化实现方法，因而 C++标准库并未提供直接的方法。在当前示例中，我们将学习如何在 C++应用程序中实现简单的泛型序列化和反序列化操作。

8.5.1　实现过程

序列化的目标是以某种方式编码数据，随后可在另一个系统或应用程序中解码该数据。其间，开发人员可能会面临以下问题。

❑　特定平台间的差异，如数据对齐和字节顺序。

❑　数据在内存间"扩散"。例如，链表元素彼此间相距较远。处于断开状态的指针链接块在内存中较为常见，但在将其传输至另一个进程时无法自动转换为字节序列。

针对这一问题，一般的解决方案是让类定义将其内容转换为序列化形式的函数，并从序列化形式中恢复类的实例。

在当前应用程序中，我们将重载输出流的<<操作符，以及输入流的>>操作符，进而分别序列化和反序列化数据。

（1）在~/test 工作目录中，创建名为 stream 的子目录。

（2）使用文本编辑器在 stream 子目录中创建 stream.cpp 文件。

（3）定义需要序列化的数据结构。

```cpp
#include <iostream>
#include <sstream>
#include <list>

struct Point {
  int x, y;
};

struct Paths {
  Point source;
  std::list<Point> destinations;
};
```

（4）重载<<和>>操作符，该操作符负责在流之间读、写 Point 对象。

```cpp
std::ostream& operator<<(std::ostream& o, const Point& p) {
  o << p.x << " " << p.y << " ";
  return o;
}

std::istream& operator>>(std::istream& is, Point& p) {
```

```
  is >> p.x;
  is >> p.y;
  return is;
}
```

（5）接下来是 Paths 对象的<<和>>重载操作符，如下所示。

```
std::ostream& operator<<(std::ostream& o, const Paths& paths) {
  o << paths.source << paths.destinations.size() << " ";
  for (const auto& x : paths.destinations) {
    o << x;
  }
  return o;
}

std::istream& operator>>(std::istream& is, Paths& paths) {
  size_t size;
  is >> paths.source;
  is >> size;
  for (;size;size--) {
    Point tmp;
    is >> tmp;
    paths.destinations.push_back(tmp);
  }
  return is;
}
```

（6）将全部内容封装至 main()函数。

```
int main(int argc, char** argv) {
  Paths paths = {{0, 0}, {{1, 1}, {0, 1}, {1, 0}}};

  std::stringstream in;
  in << paths;
  std::string serialized = in.str();
  std::cout << "Serialized paths into the string: ["
            << serialized << "]" << std::endl;

  std::stringstream out(serialized);
  Paths paths2;
  out >> paths2;
  std::cout << "Original: " << paths.destinations.size()
            << " destinations" << std::endl;
  std::cout << "Restored: " << paths2.destinations.size()
```

```
                    << " destinations" << std::endl;

  return 0;
}
```

（7）创建 CMakeLists.txt 文件，该文件包含了程序的构造规则。

```
cmake_minimum_required(VERSION 3.5.1)
project(stream)
add_executable(stream stream.cpp)

set(CMAKE_SYSTEM_NAME Linux)
set(CMAKE_SYSTEM_PROCESSOR arm)

SET(CMAKE_CXX_FLAGS "--std=c++11")

set(CMAKE_CXX_COMPILER /usr/bin/arm-linux-gnueabi-g++)
```

随后，构造并运行应用程序。

8.5.2　工作方式

在测试应用程序中，我们定义了一种数据类型表示源点和多个目标点之间的路径。这里，我们人为地采用分散在内存中的层次结构，并展示如何以通用方式处理当前问题。

如果对性能问题不做特殊要求，一种可能的序列化方案是将数据存储为文本格式。除简单外，该方案还包含以下两个优点。

（1）自动文本编码可解决所有与字节顺序、对齐方式以及整数类型大小相关的问题。

（2）具有较好的可读性。开发人员可在调试时使用序列化数据，且无须使用额外的工具。

当处理文本表达方式时，可使用标准库提供的输入和输出流，它们定义了写入和读取格式化数字的相关函数。

Point 结构定义为两个整数值，即 x 和 y。针对该数据类型，我们重载了操作符<<，以便写入 x 和 y 值（后接空格）。通过这种方式，即可在重载的>>操作中依次读取这些值。

Path 数据类型则涵盖了一定的技巧，该类型包含了一个目的地链表。由于链表的尺寸可以变化，因此需要在序列化其内容之前写入链表的实际大小，以便在反序列化期间对其进行恢复。

```
o << paths.source << paths.destinations.size() << " ";
```

由于我们已经重载了<<和>>运算符的 Point 方法，因此可以在 Paths 方法中使用它们。通过这种方式，我们可将 Point 对象写入流，或者从流中读取数据，且无须了解其数据字段的具体内容。相应地，层次结构的数据结构可采用递归方式处理。

```
for (const auto& x : paths.destinations) {
  o << x;
}
```

可测试序列化和反序列化的实现结果。对此，可创建一个 Paths 对象的实例。

```
Paths paths = {{0, 0}, {{1, 1}, {0, 1}, {1, 0}}};
```

可利用 std::stringstream 数据类型将其内容序列化到一个字符串中。

```
std::stringstream in;
in << paths;
std::string serialized = in.str();
```

随后创建一个空的 Paths 对象，并将字符串的内容反序列化至其中。

```
Paths paths2;
out >> paths2;
```

最后，检查二者是否匹配。当运行应用程序时，可参考如图 8.5 所示的输出结果。

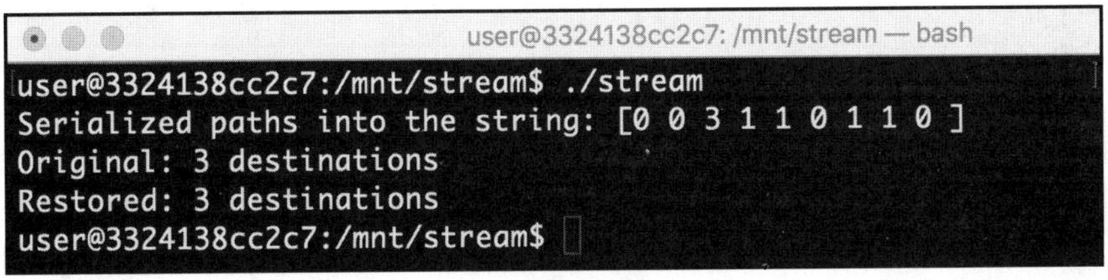

图 8.5

这里，恢复后的对象的 destinations 列表大小与原始对象的 destinations 列表大小相匹配。除此之外，我们还可看到序列化后的数据内容。

该示例展示了如何针对任意数据类型构建自定义序列化机制，且无须通过任何外部库即可实现。然而，当对性能和内存效率要求较高时，使用第三方序列化库则是一类更切实际的方案。

8.5.3　更多内容

从头开始实现序列化通常较为困难。对此，cereal 库（https://uscilab.github.io/cereal/）

和 boost 库（https://www.boost.org/doc/libs/1_71_0/libs/serialization/doc/index.html）提供了一些基础性的内容，以帮助开发人员快速、方便地向应用程序添加序列化机制。

8.6　使用 FlatBuffers 库

序列化和反序列化是一个十分复杂的主题。虽然某些序列化操作看上去较为简单和直观，但通常缺少一定的通用性、易用性以及应有的速度。

在当前示例中，我们将学习如何使用序列化库 FlatBuffers。FlatBuffers 库针对嵌入式编程而设计，使得序列化和反序列化内存更加高效和快速。

FlatBuffers 使用接口定义语言（IDL）定义数据模式。该模式描述了需要序列化的数据结构的所有字段。在设计模式时，我们使用了专用工具 flatc 生成特定编程语言（在当前示例中为 C++语言）的代码。

生成后的代码以序列化形式存储了全部数据，同时向开发人员提供了 getter()和 setter()方法访问数据字段。其中，getter()方法执行反序列化操作。相应地，以序列化形式存储的数据使得 FlatBuffers 具有较高的内存效率。另外，无须使用额外的内存空间存储序列化数据，在大多数时候，反序列化操作的开销也较低。

在当前示例中，我们将学习如何使用 FlatBuffers 在应用程序中实现序列化操作。

8.6.1　实现方式

FlatBuffers 可视为一组工具和库。在使用之前，需要下载和安装 FlatBuffers。

（1）下载最新版本的 FlatBuffers 归档文件（https://codeload.github.com/google/flatbuffers/zip/master），并将其解压至 test 目录中。这将生成一个名为 flatbuffers-master 的新目录。

（2）切换至构建控制台，并将当前目录转至 flatbuffers-master 目录。随后运行下列命令构建并安装库和工具（确保以根用户身份运行）。否则，按 Ctrl+C 组合键退出当前用户 shell。

```
# cmake .
# make
# make install
```

随后即可在应用程序中使用 FlatBuffers。这里，我们将复用之前所讨论的示例。

（3）将 ipc4 目录内容复制到新创建的 flat 目录中。

（4）创建 message.fbs 文件，在编辑器中打开该文件并添加下列代码。

```
struct Message {
x: int;
y: int;
}
```

（5）运行下列命令，在 message.fbs 文件中生成 C++源代码。

```
$ flatc --cpp message.fbs
```

这将生成名为 message_generated.h 的新文件。

（6）在编辑器中打开 ipc1.cpp 文件，在 mqueue.h 之后针对 message_generated.h 添加 include 指令。

```
#include <mqueue.h>

#include "message_generated.h"
```

（7）去除代码中声明的 Message 结构，并使用 FlatBuffers 模式中生成的对应结构。

（8）由于 FlatBuffers 使用 getter()方法（而非直接访问结构字段），因此需要修改将点数据输出至控制台的、重载后的<<操作符。修改内容较为简单，仅需向每个数据字段添加一组括号。

```
std::ostream& operator<<(std::ostream& o, const Message& m) {
  o << "(x=" << m.x() << ", y=" << m.y() << ")";
}
```

（9）在代码修改完毕后，需要更新构建规则并与 FlatBuffers 库进行链接。打开 CMakeLists.txt 文件并添加下列代码。

```
cmake_minimum_required(VERSION 3.5.1)
project(flat)
add_executable(flat ipc1.cpp)

set(CMAKE_SYSTEM_NAME Linux)
set(CMAKE_SYSTEM_PROCESSOR arm)

SET(CMAKE_CXX_FLAGS_RELEASE "--std=c++11")
SET(CMAKE_CXX_FLAGS_DEBUG "${CMAKE_CXX_FLAGS_RELEASE} -g -DDEBUG")
target_link_libraries(flat rt flatbuffers)

set(CMAKE_C_COMPILER /usr/bin/arm-linux-gnueabi-gcc)
set(CMAKE_CXX_COMPILER /usr/bin/arm-linux-gnueabi-g++)
```

```
set(CMAKE_FIND_ROOT_PATH_MODE_PROGRAM NEVER)
set(CMAKE_FIND_ROOT_PATH_MODE_LIBRARY ONLY)
set(CMAKE_FIND_ROOT_PATH_MODE_INCLUDE ONLY)
set(CMAKE_FIND_ROOT_PATH_MODE_PACKAGE ONLY)
```

（10）切换至构建控制台并转至用户 shell。

```
# su - user
$
```

（11）构建并运行应用程序。

8.6.2 工作方式

FlatBuffers 是一个外部库，且在 Ubuntu 的包库中不可用，因此需要下载、构建并安装 FlatBuffers。安装结束后，即可在应用程序中使用。

在前述应用程序中，我们定义了一个结构 Message 表示 IPC 所用的数据类型。这里将使用 FlatBuffers 提供的新数据类型对此进行替换，进而以透明方式执行全部所需的序列化和反序列化操作。

随后，我们生成了一个名为 message_generated.h 的新文件，同时完全移除了代码中的 Message 结构。该文件从 message.fbs FlatBuffers 模式文件中生成。其中，对应的模式文件定义了包含两个整数字段 x 和 y 的结构。

```
x: int;
y: int;
```

该定义基本等同于之前的定义，唯一的差别在于语法——FlatBuffers 模式使用冒号分隔字段类型中的字段名。

待 flatc 命令调用生成 message_generated.h 后，即可在代码中使用该文件。对此，可添加相应的 include 语句。

```
#include "message_generated.h"
```

生成后的消息等同于之前使用的消息结构。FlatBuffers 以序列化形式存储数据，且需要以实时方式反序列化数据。因此，需要使用 x()访问方法（而不是 x）和 y()访问方法（而不是 y），而非直接访问数据字段。

相应地，唯一可直接访问消息数据字段的地方是重载后的<<运算符操作。对此，我们添加了一组括号将直接字段访问转换为 FlatBuffers getter()方法调用。

```
o << "(x=" << m.x() << ", y=" << m.y() << ")";
```

构建并运行应用程序，对应的输出结果如图 8.6 所示。

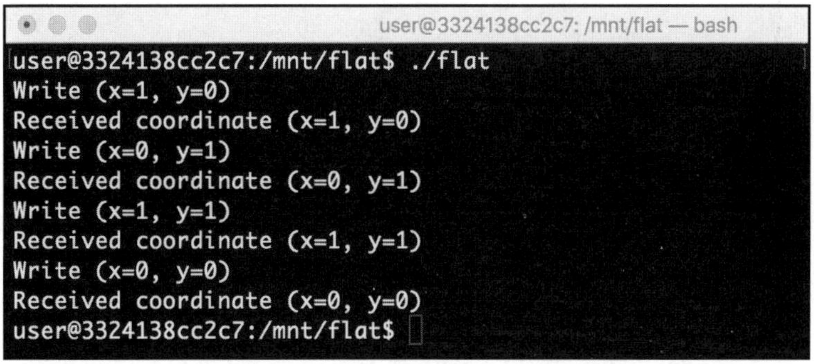

```
● ● ●                          user@3324138cc2c7: /mnt/flat — bash
user@3324138cc2c7:/mnt/flat$ ./flat
Write (x=1, y=0)
Received coordinate (x=1, y=0)
Write (x=0, y=1)
Received coordinate (x=0, y=1)
Write (x=1, y=1)
Received coordinate (x=1, y=1)
Write (x=0, y=0)
Received coordinate (x=0, y=0)
user@3324138cc2c7:/mnt/flat$
```

图 8.6

输出结果等同于自定义消息类型。在代码中稍作调整后，即可将消息迁移到 FlatBuffers 中。当前，我们可在多台计算机设备（可能包含不同的架构）上运行发布者和订阅者，且每台设备均可正确地解释消息。

8.6.3　更多内容

除 FlatBuffers 外，还存在其他序列化库和技术，且均包含自身的优点和缺点。关于如何在应用程序中设计序列化机制，读者可参考 C++序列化常见问题解答（*C++ Serialization FAQ*），对应网址为 https://isocpp.org/wiki/faq/serialization。

第9章 外围设备

外围设备通信是嵌入式应用程序中的重要组成部分。应用程序需要检查其有效性和状态,并在各种设备间发送和接收数据。

需要注意的是,每种平台都有其自身的特征,且外围设备和计算单元之间存在多种连接方式。然而,一些硬件和软件接口已经成为与外围设备通信的行业标准。本章将学习如何处理与处理器引脚或串行接口直接连接的外围设备。本章主要涉及以下主题。

- ❑ 控制通过 GPIO 连接的设备。
- ❑ 脉冲宽度调制。
- ❑ 在 Linux 中使用 ioctl 访问实时时钟。
- ❑ 使用 libgpiod 控制 GPIO 引脚。
- ❑ 控制 I2C 外围设备。

本章示例涉及与真实硬件之间的交互行为,因此需要在真实的 Raspberry Pi 开发板上运行。

9.1 控制通过 GPIO 连接的设备

通用输入输出(GPIO)是外围设备与 CPU 之间最简单的连接方式。每个处理器通常会设置一些为通用目的预留的引脚。这些引脚可以直接连接到外围设备的引脚上。通过修改针对输出配置的引脚的信号电平,或者读取输入引脚的信号电平,嵌入式应用程序可对设备加以控制。

信号电平的含义不遵循任何协议,并由外围设备确定。开发人员需要参考设备数据表方可对通信行为实现正确的编程。

这种类型的通信通常在内核端使用专用的设备驱动程序完成,但并非必需。在当前示例中,我们将学习如何在用户应用程序中使用 Raspberry Pi 开发板上的 GPIO 接口。

9.1.1 实现方式

本节将创建一个简单的应用程序,并控制与 Raspberry Pi 开发板通用引脚连接的发光二极管(LED)。

（1）在~/test 工作目录中创建一个名为 gpio 的子目录。

（2）使用文本编辑器在 gpio 子目录中创建一个 gpio.cpp 文件。

（3）在 gpio.cpp 文件中添加下列代码。

```cpp
#include <chrono>
#include <iostream>
#include <thread>
#include <wiringPi.h>

using namespace std::literals::chrono_literals;
const int kLedPin = 0;

int main (void)
{
  if (wiringPiSetup () <0) {
    throw std::runtime_error("Failed to initialize wiringPi");
  }

  pinMode (kLedPin, OUTPUT);
  while (true) {
    digitalWrite (kLedPin, HIGH);
    std::cout << "LED on" << std::endl;
    std::this_thread::sleep_for(500ms) ;
    digitalWrite (kLedPin, LOW);
    std::cout << "LED off" << std::endl;
    std::this_thread::sleep_for(500ms) ;
  }
  return 0 ;
}
```

（4）生成包含程序构建规则的 CMakeLists.txt 文件。

```cmake
cmake_minimum_required(VERSION 3.5.1)
project(gpio)
add_executable(gpio gpio.cpp)
target_link_libraries(gpio wiringPi)
```

（5）将 LED 连接至 Raspberry Pi 开发板上（参考 http://wiringpi.com/examples/blink/ 中的 *WiringPI example* 部分）。

（6）配置 Raspberry Pi 开发板的 SSH 连接（参考 https://www.raspberrypi.org/documentation/remote-access/ssh/中的 *Raspberry Pi documentation* 部分）。

（7）通过 SSH，将 gpio 文件夹中的内容复制到 Raspberry Pi 开发板。

（8）通过 SSH 登录开发板，并构建和运行应用程序。

```
$ cd gpio && cmake . && make && sudo ./gpio
```

随后，应用程序应可运行，同时可以看到 LED 处于闪烁状态。

9.1.2 工作方式

Raspberry Pi 开发板配备了 40 个引脚（之前是 26 个引脚），并可通过内存映射输入输出（MMIO）机制编程。通过读取或写入系统物理内存中的特定地址，MMIO 允许开发人员查询或设置引脚的状态。

在第 6 章示例的基础上，我们将学习如何访问 MMIO 寄存器。在当前示例中，我们将把 MMIO 地址的操控卸载至专用库 wiringPi 中，该库隐藏了与内存映射、底层偏移量查找相关的所有复杂度，从而向外部展示一个简洁的 API。

wiringPi 库预安装在 Raspberry Pi 开发板上，因而简化了构建过程，并可直接在开发板上构建代码，且不再使用交叉编译。与其他示例不同，当前的构建规则并不涉及交叉编译器，并使用开发板上的本地 ARM 编译器。同时，我们仅向 wiringPi 库添加下列依赖项。

```
target_link_libraries(gpio wiringPi)
```

当前示例代码在 wiringPi 示例（LED 处于闪烁状态）的基础上完成。下面首先初始化 wiringPi 库。

```
if (wiringPiSetup () < 0) {
    throw std::runtime_error("Failed to initialize wiringPi");
}
```

接下来进入无限循环。在每次循环过程中，将引脚设置为 HIGH 状态。

```
digitalWrite (kLedPin, HIGH);
```

在 500ms 延迟后，将同一引脚设置为 LOW 状态，并添加另一项延迟。

```
digitalWrite (kLedPin, LOW);
std::cout << "LED off" << std::endl;
std::this_thread::sleep_for(500ms) ;
```

这里，程序经配置后使用引脚 0，即对应于 Raspberry Pi BCM2835 芯片的 GPIO.0 或引脚 17。

```
const int kLedPin = 0;
```

如果 LED 与引脚连接，则会处于闪烁状态，即开启 0.5 s 并关闭 0.5 s。通过调整循环中的延迟，还可进一步改变闪烁模式。

考虑到程序处于无限循环中，我们可在 SSH 控制台中按 Ctrl+C 组合键终止这一过程；否则程序将永远处于运行状态。

运行应用程序，对应的输出结果如图 9.1 所示。

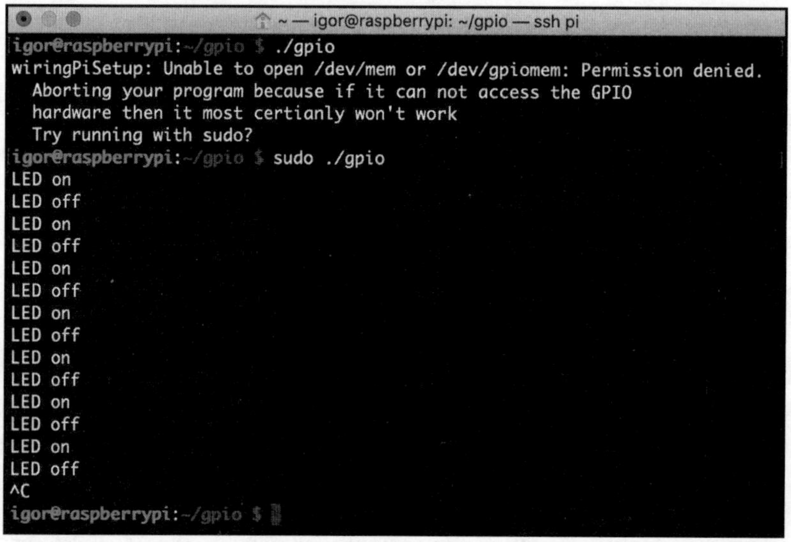

图 9.1

当检查程序的实际工作状态时，需要查看连接至引脚的 LED。对此，可参考相关的连线方式，即可获得其工作方式。当程序运行时，开发板上的 LED 相对于程序输出将处于同步闪烁状态，如图 9.2 所示。

图 9.2

至此，我们能够控制与 CPU 引脚直接连接的简单设备，且无须编写复杂的设备驱动程序。

9.2 脉冲宽度调制

数字引脚仅可能处于两种状态之一，即 HIGH 或 LOW。相应地，与数字引脚连接的 LED 则仅可处于以下两种状态之一，即 on 或 off。但是否存在某种方式可控制 LED 的亮度？答案是肯定的，对此，可采用脉冲宽度调制（PWM）方法。

PWM 背后的思想十分简单：通过定期打开或关闭电信号限制其传送的功率。这使得基于某个频率的信号脉冲和功率正比于脉冲宽度，即信号为 HIGH 时的时间。

例如，在循环中，如果将引脚设置为 HIGH 状态 10 ms，随后将其设置为 LOW 状态 90 ms。与引脚一直处于 HIGH 相比，连接至该引脚的设备仅接收 10%的功率。

在当前示例中，我们将学习如何使用 PWM 控制连接至 Raspberry Pi 开发板 GPIO 数字引脚的 LED 的亮度。

9.2.1 实现方式

本节将创建一个简单的应用程序，并逐渐调整 LED 的亮度。对应的 LED 连接至 Raspberry Pi 开发板的通用引脚上。

（1）在工作目录~/test 中创建一个名为 pwm 的子目录。

（2）使用文本编辑器在 pwm 子目录中创建 pwm.cpp 文件。

（3）添加 include 语句并定义 Blink()函数。

```cpp
#include <chrono>
#include <thread>

#include <wiringPi.h>

using namespace std::literals::chrono_literals;

const int kLedPin = 0;

void Blink(std::chrono::microseconds duration, int percent_on) {
    digitalWrite (kLedPin, HIGH);
    std::this_thread::sleep_for(
            duration * percent_on / 100) ;
```

```
    digitalWrite (kLedPin, LOW);
    std::this_thread::sleep_for(
            duration * (100 - percent_on) / 100) ;
}
```

（4）定义 main()函数。

```
int main (void)
{
  if (wiringPiSetup () <0) {
    throw std::runtime_error("Failed to initialize wiringPi");
  }

  pinMode (kLedPin, OUTPUT);

  int count = 0;
  int delta = 1;
  while (true) {
    Blink(10ms, count);
    count = count + delta;
    if (count == 101) {
      delta = -1;
    } else if (count == 0) {
      delta = 1;
    }
  }
  return 0 ;
}
```

（5）创建包含程序构建规则的 CMakeLists.txt 文件。

```
cmake_minimum_required(VERSION 3.5.1)
project(pwm)
add_executable(pwm pwm.cpp)
target_link_libraries(pwm wiringPi)
```

（6）将 LED 连接至 Raspberry Pi 开发板上（参考 http://wiringpi.com/examples/blink/ 中的 *WiringPI example* 部分）。

（7）设置 Raspberry Pi 开发板的 SSH 连接（参考 https://www.raspberrypi.org/documentation/remote-access/ssh/中的 *Raspberry Pi documentation* 部分）。

（8）通过 SSH，将 pwm 文件夹中的内容复制到 Raspberry Pi 开发板上。

（9）通过 SSH 登录开发板，随后构建并运行应用程序。

```
$ cd pwm && cmake . && make && sudo ./pwm
```

当前，应用程序应可处于运行状态，同时可以看到 LED 处于闪烁状态。

9.2.2 工作方式

当前示例复用了前述代码。我们将这些代码从 main()函数中移至新函数 Blink()中。Blink()函数接收两个参数，即 duration 和 percent_on。

```
void Blink(std::chrono::microseconds duration, int percent_on)
```

其中，duration 定义了脉冲的全部宽度（以毫秒计算）；percent_on 则定义了时间（信号处于 HIGH 状态）与脉冲全部时长之间的比率。

具体实现过程较为直观。当调用 Blink()函数时，将把引脚设置为 HIGH 状态，并等待与 percent_on 成比例的时间量。

```
digitalWrite (kLedPin, HIGH);
std::this_thread::sleep_for(
        duration * percent_on / 100);
```

随后将引脚设置为 LOW，并等待剩余时间量。

```
digitalWrite (kLedPin, LOW);
std::this_thread::sleep_for(
        duration * (100 - percent_on) / 100);
```

这里， Blink()函数是实现 PWM 的主要构造模块。通过修改 percent_on（0～100），即可控制 LED 的亮度。另外，如果选取的 duration 值过小，那么将无法看到闪烁效果。

具体来说，可选择小于或等于 TV（或监视器）刷新率的 duration 值。对于 60 Hz，duration 值为 16.6 ms。出于简单考虑，我们使用了 10ms。

接下来，我们将全部内容置于另一个无穷循环中，且对应参数为 count。

```
int count = 0;
```

该参数在每次循环中被更新，且位于 0～100。另外，delta 变量定义了变化的方向（即增加或减少）以及变化量。在当前示例中，变化量为 1。

```
int delta = 1;
```

当 count 到达 101 或 0 时，对应方向会发生变化。

```
if (count == 101) {
  delta = -1;
} else if (count == 0) {
```

```
    delta = 1;
}
```

在每次循环过程中，我们调用 Blink()函数，并以 10 ms 作为脉冲，将 count 作为一个比率。该比率定义了 LED 点亮的时间，因而其亮度（见图9.3）如下。

```
Blink(10ms, count);
```

图 9.3

由于更新频率较高，因此我们无法判断 LED 何时开启和关闭。
接线完毕并运行程序后，可以看到 LED 平滑地变亮或变暗。

9.2.3　更多内容

PWM 广泛地应用于嵌入式系统中，它是一种常见的伺服控制和电压调节机制。对此，读者可参考维基百科页面的 Pulse-width modulation 以了解更多内容，对应网址为 https://en.wikipedia.org/wiki/Pulse-width_modulation。

9.3　在 Linux 中使用 ioctl 访问实时时钟

在前述示例中，我们使用 MMIO 在用户 Linux 应用程序中访问外围设备。然而，这并非用户应用程序和设备驱动程序间的推荐通信方式。
在类 UNIX 操作系统中，如 Linux，使用所谓的设备文件，可以像访问常规文件一样访问大多数外围设备。当应用程序打开一个设备文件时，即可从中执行读取操作、从对应的设备中获取数据、向设备写入数据、向设备发送数据。

在许多时候，设备驱动程序无法处理非结构化数据流，并希望以请求和响应的形式组织数据交换，其中每个请求和响应都包含特定的固定格式。

此类通信涵盖于 ioctl 系统调用中，并作为参数接收与设备相关的请求代码。此外，还可能包含其他参数，用于编码请求数据，或针对输出数据提供存储。这些参数均与特定的设备和请求代码相关。

在当前示例中，我们将学习如何在用户应用程序中使用 ioctl 与设备驱动程序进行数据交换。

9.3.1　实现方式

本节将创建一个应用程序，并从与 Raspberry Pi 开发板连接的实时时钟（RTC）中读取当前时间。

（1）在~/test 工作目录中，创建一个名为 rtc 的子目录。

（2）使用文本编辑器在 rtc 子目录中创建一个 rtc.cpp 文件。

（3）在 rtc.cpp 文件中设置 include 语句。

```
#include <iostream>
#include <system_error>

#include <time.h>
#include <unistd.h>
#include <fcntl.h>
#include <sys/ioctl.h>
#include <linux/rtc.h>
```

（4）定义 Rtc 类，并封装与实时设备间的通信。

```
class Rtc {
  int fd;
  public:
    Rtc() {
      fd = open("/dev/rtc", O_RDWR);
      if (fd < 0) {
        throw std::system_error(errno,
            std::system_category(),
            "Failed to open RTC device");
      }
```

```
      }

      ~Rtc() {
        close(fd);
      }

      time_t GetTime(void) {
        union {
          struct rtc_time rtc;
          struct tm tm;
        } tm;
        int ret = ioctl(fd, RTC_RD_TIME, &tm.rtc);
        if (ret < 0) {
          throw std::system_error(errno,
              std::system_category(),
              "ioctl failed");
        }
        return mktime(&tm.tm);
      }
};
```

（5）在 Rtc 类定义完毕后，可将一个简单的应用示例置入 main()函数中。

```
int main (void)
{
  Rtc rtc;
  time_t t = rtc.GetTime();
  std::cout << "Current time is " << ctime(&t)
            << std::endl;

  return 0 ;
}
```

（6）创建包含程序构建规则的 CMakeLists.txt 文件。

```
cmake_minimum_required(VERSION 3.5.1)
project(rtc)
add_executable(rtc rtc.cpp)

set(CMAKE_SYSTEM_NAME Linux)
set(CMAKE_SYSTEM_PROCESSOR arm)

set(CMAKE_CXX_COMPILER /usr/bin/arm-linux-gnueabi-g++)
```

（7）构建应用程序，并将最终的 rtc 二进制文件复制到 Raspberry Pi 模拟器中。

9.3.2 工作方式

前述内容实现了一个应用程序,并与系统连接的硬件 RTC 直接通信。注意,系统时钟和 RTC 之间存在差别。其中,仅在系统处于运行状态时,系统时钟方处于活动状态并被维护。当系统断电或进入睡眠模式时,系统时钟无效。相比之下,即使系统关闭,RTC 仍处于活动状态。而且,还可对 RTC 编程,进而在睡眠模式下的某个特定时刻唤醒系统。

我们将与 RTC 驱动程序之间的全部通信封装至 Rtc 类中。与驱动程序间的所有数据交换均通过/dev/rtc 专用设备文件实现。在 Rtc 类的构造函数中,打开设备文件,并将最终的文件描述符存储于 fd 实例变量中。

```
fd = open("/dev/rtc", O_RDWR);
```

类似地。析构函数则用于关闭文件。

```
~Rtc() {
  close(fd);
}
```

由于 Rtc 实例被销毁时会在析构函数中关闭设备,因此,当出现错误时,可使用 RAII(资源请求即初始化)抛出异常,且不会泄露文件描述符。

```
if (fd < 0) {
  throw std::system_error(errno,
      std::system_category(),
      "Failed to open RTC device");
}
```

Rtc 类仅定义了一个成员函数,即 GetTime(),并表示为 RTC_RD_TIME ioctl 调用之上的封装器。该调用期望接收一个 rtc_time 结构,并返回当前时间。rtc_time 结构基本等同于 tm 结构,并将 RTC 驱动器返回的时间转换为 POSIX 时间戳格式。因此,可将二者作为 union 数据类型置入到相同的内存位置。

```
union {
  struct rtc_time rtc;
  struct tm tm;
} tm;
```

通过这种方式,可避免在结构间复制相同的字段。

一旦数据结构处于就绪状态,即可调用 ioctl,并将 RTC_RD_TIME 常量作为请求 ID 传递,同时将一个指向结构的指针作为地址来存储数据。

```
int ret = ioctl(fd, RTC_RD_TIME, &tm.rtc);
```

若成功，ioctl 将返回 0。在当前示例中，我们通过 mktime()函数将最终的数据结构转换为 time_t POSIX 时间戳。

```
return mktime(&tm.tm);
```

在 main()函数中，我们创建了一个 Rtc 类实例，并于随后调用 GetTime()方法。

```
Rtc rtc;
time_t t = rtc.GetTime();
```

由于 POSIX 时间戳表示自 1970 年 1 月 1 日起的秒数，因此需要通过 ctime()函数将其转换为人类可读的表达方式，并将结果输出到控制台中。

```
std::cout << "Current time is " << ctime(&t)
```

当运行应用程序时，对应结果如图 9.4 所示。

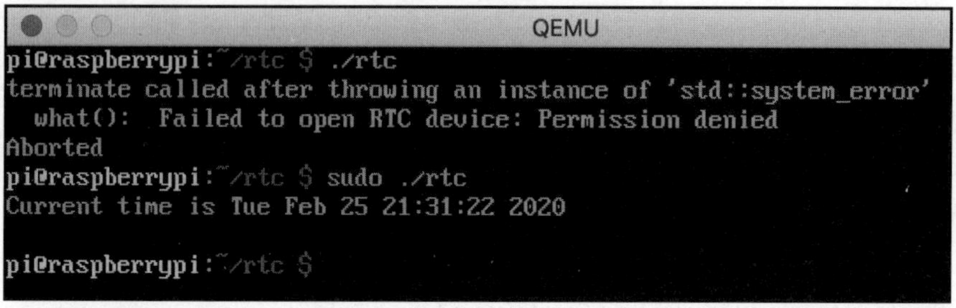

图 9.4

通过 ioctl，我们可直接从硬件时钟中读取当前时间。ioctl API 广泛地应用于 Linux 嵌入式应用程序中，以实现设备间的通信。

9.3.3　更多内容

在当前示例中，我们学习了如何使用 ioctl 单一请求。不仅如此，RTC 设备还支持多个请求，并可用于设置警报、更新时间以及控制 RTC 中断。读者可参考 https://linux.die.net/man/4/rtc 中的 *RTC ioctl documentation* 以了解更多内容。

9.4　使用 libgpiod 控制 GPIO 引脚

在前述示例中，我们学习了如何利用 ioctl API 访问 RTC。这里的问题是，我们是否可使用 ioctl API 控制 GPIO 呢？答案是肯定的。近期，Linux 中添加了通用 GPIO 驱动程

序和用户空间库 libgpiod，从而简化了 GPIO 连接设备的访问过程，这是通过在通用 ioctl
API 之上添加一个层实现的。该接口允许嵌入式开发人员在任意 Linux 平台上管理其设
备，且无须编写驱动程序。除此之外，libgpiod 还为 C++提供了有效的绑定机制。

最终，wiringPi 库被弃用，尽管其接口的易用性导致 wiringPi 库曾被广泛地使用。

在当前示例中，我们将学习如何使用 libgpiod C++绑定机制，并在前述示例的基础上
查看 wiringPi 和 libgpiod 方案的差异和相似性。

9.4.1 实现方式

本节将创建一个应用程序，并通过新的 libgpiod API 使连接至 Raspberry Pi 开发板的
LED 处于闪烁状态。

（1）在工作目录~/test 中，创建一个名为 gpiod 的子目录。

（2）使用文本编辑器在 gpiod 子目录中创建 gpiod.cpp 文件。

（3）将下列应用程序代码添加至 rtc.cpp 文件中。

```cpp
#include <chrono>
#include <iostream>
#include <thread>

#include <gpiod.h>
#include <gpiod.hpp>

using namespace std::literals::chrono_literals;

const int kLedPin = 17;

int main (void)
{

  gpiod::chip chip("gpiochip0");
  auto line = chip.get_line(kLedPin);
  line.request({"test",
                gpiod::line_request::DIRECTION_OUTPUT,
                0}, 0);

  while (true) {
    line.set_value(1);
    std::cout << "ON" << std::endl;
    std::this_thread::sleep_for(500ms);
```

```
    line.set_value(0);
    std::cout << "OFF" << std::endl;
    std::this_thread::sleep_for(500ms);
}

return 0 ;
}
```

（4）创建包含程序构建规则的 CMakeLists.txt 文件。

```
cmake_minimum_required(VERSION 3.5.1)
project(gpiod)
add_executable(gpiod gpiod.cpp)
target_link_libraries(gpiod gpiodcxx)
```

（5）将 LED 连接至 Raspberry Pi 开发板。读者可参考 http://wiringpi.com/examples/blink/中的 *WiringPI example* 部分。

（6）设置 Raspberry Pi 开发板的 SSH 连接。读者可参考 https://www.raspberrypi.org/documentation/remote-access/中的 *Raspberry Pi documentation* 部分。

（7）将 gpio 文件夹中的内容通过 SSH 复制到 Raspberry Pi 开发板中。

（8）安装 libgpiod-dev 包。

```
$ sudo apt-get install gpiod-dev
```

（9）通过 SSH 在开发板上注册，随后构建并运行应用程序。

```
$ cd gpiod && cmake . && make && sudo ./gpiod
```

接下来，应用程序应处于运行状态，并可看到 LED 处于闪烁状态。

9.4.2 工作方式

当前应用程序采用了最新的推荐方案访问 Linux 中的 GPIO 设备。由于该方案于近期添加，因此需要安装最新的 Raspbian 版本 buster。

gpiod 库自身提供了高层封装器，并通过 ioctl API 与 GPIO 内核通信。该接口针对 C 语言而设计，并在其之上设置了一个针对 C++绑定机制的附加层。这个附加层位于 libgpiocxx 库中，同时也是 libgpiod2 包和 C 语言 libgpiod 库的一部分内容。

libgpiod 库通过异常机制报告错误信息，因而代码十分简单，且不会与返回代码的检查的操作混杂在一起。另外，我们不必担心捕获资源的释放问题，它是通过 C++的 RAII 机制自动完成的。

当应用程序启动时，将创建一个 chip 类实例，这类似于 GPIO 通信的一个入口点，其构造函数接收所处理的设备名。

```
gpiod::chip chip("gpiochip0");
```

随后创建一个 line 实例，表示特定的 GPIO 引脚。

```
auto line = chip.get_line(kLedPin);
```

注意，与 wiringPi 实现不同，此处传递了引脚号为 17，因为 libgpiod 使用本地 SOC（Broadcom SOC Channel）引脚编号方式。

```
const int kLedPin = 17;
```

在 line 实例创建完毕后，还需要配置所需的访问模式。对此，可构建一个 line_request 结构实例，并传递一个使用者的名称（"test"）和一个常量，表示针对输出而配置的引脚。

```
line.request({"test",
              gpiod::line_request::DIRECTION_OUTPUT,
              0}, 0);
```

接下来使用 set_value()方法修改引脚状态。在 wiringPi 示例中，我们在一个循环中将引脚设置为 1 或 HIGH 共计 500 ms，随后再将其设置为 0 或 LOW 共计 5000ms。

```
line.set_value(1);
std::cout << "ON" << std::endl;
std::this_thread::sleep_for(500ms);
line.set_value(0);
std::cout << "OFF" << std::endl;
std::this_thread::sleep_for(500ms);
```

可以看到，程序的输出结果与之前相比并无变化。虽然代码看上去更加复杂，但新的 API 更具通用性，并可处理任意的 Linux 开发板，而不仅仅是 Raspberry Pi。

9.4.3　更多内容

读者可访问 https://github.com/brgl/libgpiod 并查看与 libgpiod 和 GPIO 接口相关的更多信息。

9.5　控制 I2C 外围设备

通过 GPIO 连接设备包含一个缺点，即处理器包含有限数量的引脚。当需要处理多台设备，或者包含复杂功能的设备时，引脚数量将难以为继。

一种解决方案是使用标准的串行总线连接外围设备，其中之一就是内部集成电路（I2C），并广泛地应用于低速设备中（简单性，而且一台设备可通过主控制器上的两根线进行连接）。

总线在硬件和软件级别上均得到了较好的支持。通过 I2C 外设，开发人员可以在用户空间应用程序中对其进行控制，而无须编写复杂的设备驱动程序。

在当前示例中，我们将学习如何在 Raspberry Pi 开发板上与 I2C 设备协同工作。其间，我们将使用较为流行且价格低廉的液晶显示器。这一类显示器包含 16 个引脚，因此很难直接连接到 Raspberry 开发板上。而对于 I2C，则仅需要 4 根线进行连接。

9.5.1　实现方式

本节将创建一个应用程序，并在与 Raspberry Pi 连接的 1602 液晶显示器上显示文本。

（1）在~/test 工作目录中，创建一个名为 i2c 的子目录。

（2）使用文本编辑器在 i2c 子目录中创建一个 i2c.cpp 文件。

（3）将 include 语句和常量定义添加到 i2c.cpp 文件中。

```cpp
#include <thread>
#include <system_error>

#include <unistd.h>
#include <fcntl.h>
#include <errno.h>
#include <sys/ioctl.h>
#include <linux/i2c-dev.h>

using namespace std::literals::chrono_literals;

enum class Function : uint8_t {
  clear = 0x01,
  home = 0x02,
  entry_mode_set = 0x04,
  display_control = 0x08,
  cursor_shift = 0x10,
  fn_set = 0x20,
  set_ddram_addr = 0x80
};

constexpr int En = 0b00000100;
```

```
constexpr int Rs = 0b00000001;

constexpr int kDisplayOn = 0x04;
constexpr int kEntryLeft = 0x02;
constexpr int kTwoLine = 0x08;
constexpr int kBacklightOn = 0x08;
```

（4）这里定义的新类 Lcd 封装了显示控制逻辑。下面首先介绍数据字段和 public 方法。

```
class Lcd {
  int fd;

  public:
    Lcd(const char* device, int address) {
      fd = open(device, O_RDWR);
      if (fd < 0) {
        throw std::system_error(errno,
            std::system_category(),
            "Failed to open RTC device");
      }
      if (ioctl(fd, I2C_SLAVE, address) < 0) {
        close(fd);
        throw std::system_error(errno,
            std::system_category(),
            "Failed to aquire bus address");
      }
      Init();
    }

    ~Lcd() {
      close(fd);
    }

    void Clear() {
      Call(Function::clear);
      std::this_thread::sleep_for(2000us);
    }

    void Display(const std::string& text,
                 bool second=false) {
      Call(Function::set_ddram_addr, second ? 0x40 : 0);
      for(char c : text) {
```

```
    Write(c, Rs);
    }
  }
```

（5）随后是 private 方法。首先是底层辅助方法。

```
private:

   void SendToI2C(uint8_t byte) {
if (write(fd, &byte, 1) != 1) {
throw std::system_error(errno,
std::system_category(),
"Write to i2c device failed");
}
   }

   void SendToLcd(uint8_t value) {
     value |= kBacklightOn;
     SendToI2C(value);
     SendToI2C(value | En);
     std::this_thread::sleep_for(1us);
     SendToI2C(value & ~En);
     std::this_thread::sleep_for(50us);
   }

   void Write(uint8_t value, uint8_t mode=0) {
     SendToLcd((value & 0xF0) | mode);
     SendToLcd((value << 4) | mode);
   }
```

（6）在辅助方法定义完毕后，接下来添加高层方法。

```
   void Init() {
     // Switch to 4-bit mode
     for (int i = 0; i < 3; i++) {
       SendToLcd(0x30);
       std::this_thread::sleep_for(4500us);
     }
     SendToLcd(0x20);

     // Set display to two-line, 4 bit, 5x8 character mode
     Call(Function::fn_set, kTwoLine);
     Call(Function::display_control, kDisplayOn);
     Clear();
```

```
    Call(Function::entry_mode_set, kEntryLeft);
    Home();
  }

  void Call(Function function, uint8_t value=0) {
    Write((uint8_t)function | value);
  }

  void Home() {
    Call(Function::home);
    std::this_thread::sleep_for(2000us);
  }
};
```

（7）添加使用 LCD 类的 main()函数。

```
int main (int argc, char* argv[])
{
  Lcd lcd("/dev/i2c-1", 0x27);
  if (argc > 1) {
    lcd.Display(argv[1]);
    if (argc > 2) {
      lcd.Display(argv[2], true);
    }
  }
  return 0 ;
}
```

（8）创建包含程序构建规则的 CMakeLists.txt 文件。

```
cmake_minimum_required(VERSION 3.5.1)
project(i2c)
add_executable(i2c i2c.cpp)
```

（9）根据表 9.1，将 1602LCD 显示器 i2c 上的引脚连接至 Raspberry Pi 开发板上的引脚。

表 9.1

Raspberry Pi 引脚名称	物理引脚号	1602 I2C 引脚
GND	6	GND
+5V	2	VSS
SDA.1	3	SDA
SCL.1	5	SCL

（10）设置 Raspberry Pi 开发板的 SSH 连接。读者可参考 https://www.raspberrypi.org/documentation/remote-access/ssh/中的 *Raspberry Pi documentation* 部分内容。

（11）登录 Raspberry 开发板，运行 raspi-config 工具并启用 i2c。

```
sudo raspi-config
```

（12）在菜单中选择 Interfacing Options | I2C | Yes 命令。

（13）重启开发板并激活新的设置项。

（14）将 i2c 文件夹中的内容通过 SSH 复制至 Raspberry Pi 开发板上。

（15）通过 SSH 登录开发板，随后构建和运行应用程序。

```
$ cd i2c && cmake . && make && ./i2c Hello, world!
```

随后，应用程序应处于运行状态，并可看到 LED 处于闪烁状态。

9.5.2　工作方式

在当前示例中，物理设备（LED 屏幕）通过 I2C 总线连接至开发板。这是串行接口的一种形式，因此连接仅需要 4 根物理连线。然而，与简单的 LED 相比，LCD 屏幕可展示更为丰富的内容。这意味着，用于控制 LCD 的通信协议也更加复杂。

这里，我们仅使用了 1602 LCD 屏幕提供的部分功能。通信逻辑基于 Arduino 的 LiquidCrystal_I2C 库，同样也适用于 Raspberry Pi。

相应地，我们还定义了一个 Lcd 类，该类在其私有方法中隐藏了 I2C 通信的所有复杂内容和 1602 控制协议的细节信息。除构造函数和析构函数外，Lcd 类还公开了两个公共方法，即 Clear()和 Display()。

在 Linux 中，我们通过设备文件与 I2C 设备进行通信。当开始与某个设备协同工作时，需要通过常规的打开调用开启与 I2C 控制器对应的设备文件。

```
fd = open(device, O_RDWR);
```

同一总线可能会绑定多个设备，因此需要选择所通信的设备。对此，可执行 ioctl()调用。

```
if (ioctl(fd, I2C_SLAVE, address) < 0) {
```

此时，I2C 通信已配置完毕，并可通过将数据写入打开的文件描述符发布 I2C 命令。然而，这些命令是针对每个外围设备的。因此，在通用 I2C 初始化之后，我们需要继续进行 LCD 初始化。

我们将所有特定的 LCD 初始化置入 Init()私有函数中，进而配置操作模式、行数和所显示的字符的大小。为此，我们定义了相应的辅助方法、数据类型和常量。

具体来说，基本的辅助方法是 SendToI2C()方法。该方法将数据字节写入针对 I2C 通信配置文件描述符中，并在出现错误时抛出异常。

```
if (write(fd, &byte, 1) != 1) {
  throw std::system_error(errno,
    std::system_category(),
    "Write to i2c device failed");
}
```

在 SendToI2C()方法之上，我们还定义了另一个辅助方法 SendToLcd()。该方法将字节序列发送到 I2C 中，同时形成了 LCD 控制器可解释的一条命令，其间涉及设置不同的标志，并关注数据块键所需的延迟。

```
SendToI2C(value);
SendToI2C(value | En);
std::this_thread::sleep_for(1us);
SendToI2C(value & ~En);
std::this_thread::sleep_for(50us);
```

LCD 工作于 4 位模式下，这意味着发送至显示器的每个字节需要两条命令。对此，我们定义了 Write()方法。

```
SendToLcd((value & 0xF0) | mode);
SendToLcd((value << 4) | mode);
```

最后，我们定义了设备所支持的所有可能的方法，并将其置入 Function 枚举类中。随后，Call()帮助函数可通过类型安全的方式调用该函数。

```
void Call(Function function, uint8_t value=0) {
  Write((uint8_t)function | value);
}
```

接下来，我们使用这些帮助函数定义公共方法，并清空屏幕和显示字符串。

由于通信协议的所有复杂内容均封装在 Lcd 类中，因此 main()函数变得较为简单。

main()函数将生成一个类实例，并传递一个设备文件名，以及一个将要使用的设备地址。默认状态下，基于 I2C 的 1620 LCD 的对应地址为 0x27。

```
Lcd lcd("/dev/i2c-1", 0x27);
```

Lcd 类的构造函数执行全部初始化任务，一旦创建了实例，即可调用 Display()函数。这里并不打算对显示的字符串进行硬编码，而是使用通过用户命令行传递的数据。其中，第 1 个参数显示于第 1 行。如果提供了第 2 个参数，那么该参数则显示于屏幕的第 2 行。

```
lcd.Display(argv[1]);
if (argc > 2) {
  lcd.Display(argv[2], true);
}
```

当前程序处于就绪状态，随后可将其复制到 Raspberry Pi 开发板中，并于其中进行构建。在运行应用程序之前，还需要将显示器连接至开发板上并启用 I2C 支持。

此处使用 raspi-config 工具启用 I2C 且仅需要启动一次，如图 9.5 所示。如果 I2C 之前未被启用，则需要执行重启操作。

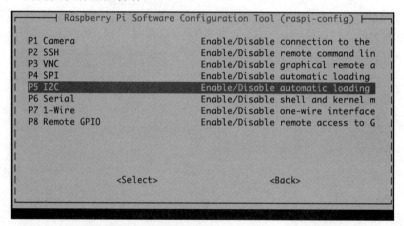

图9.5

运行应用程序，这将在显示器中显示如图 9.6 所示的输出结果。

图9.6

至此，我们讨论了如何在 Linux 用户空间应用程序中控制通过 I2C 总线连接的设备。

9.5.3　更多内容

关于如何与 I2C 设备协同工作，读者可访问 https://elinux.org/Interfacing_with_I2C_Devices 中的 *Interfacing with I2C devices* 以了解更多信息。

第10章 降低功耗

许多嵌入式系统应用都需要通过电池供电，如收集传感器数据并将数据置于云端以供处理的小型物联网（简称物联网），以及自动驾驶车辆和机器人。这些系统应尽可能地提供较高的能效，以便在没有稳定外部电源供应的情况下长时间运行。

这里，能效是指对系统所有部分的功耗进行智能控制，包括外围设备、内存和处理器。能效控制的效率在很大程度上取决于硬件元件的选择和系统设计。如果处理器不支持动态电压控制，或者外设设备在空闲时无法进入节能模式，那么软件方面则无法提供太多帮助。但是，如果硬件组件实现了标准规范，如高级配置和电源接口（ACPI），那么电源管理的大量负担就可以卸载到操作系统内核中。

本章将考查现代硬件平台的节能模式及其应用方式。我们将学习如何管理外部设备的电源状态，并通过编写高效的软件减少处理器功耗。

本章主要涉及以下主题。

❑ 考查 Linux 中的节能模式。
❑ 利用 RTC（实时时钟的简称）进行唤醒。
❑ 控制 USB 设备的自动挂起。
❑ 配置 CPU 频率。
❑ 等待事件。
❑ 利用 PowerTOP 分析功耗。

本章示例有助于读者高效地发挥现代操作系统的节能功能，并编写优化电池供电设备的代码。

10.1 技 术 需 求

当运行本章代码时，需要使用 Raspberry Pi 盒装版本 3（或后续版本）。

10.2 考查 Linux 中的节能模式

当系统处于空闲状态且不执行任何操作时，可将其置于睡眠状态并节省能量。类似于人类的睡眠行为，此时系统将无法执行任何操作，直至被外部事件唤醒，如闹钟。

Linux 支持多种睡眠模式。相应地，睡眠模式的选择及其节省的电量取决于硬件支持和进入模式以及从模式中醒来所需的时间。

具体来说，系统所支持的节能模式如下。

❑ Suspend-to-idle（S2I）模式：这是一种轻量级睡眠模式，可以完全通过软件实现，且不需要任何硬件支持。其间，设备被置入低功耗模式，计时机制被挂起，以使处理器占用更多的时间处于空闲状态。另外，系统将被来自任何外围设备的终端唤醒。

❑ Standby：该模式类似 S2I，但会采用所有非引导 CPU 脱机这种方式节省更多的电量。另外，某些设备中断可以唤醒系统。

❑ Suspend-to-RAM（STR 或 S3）：系统的全部组件（除了内存），包括 CPU，均进入低功耗模式。系统状态在内存中被维护，直至被来自限定设备的中断唤醒。该模式需要硬件的支持。

❑ Hibernation 或 suspend-to-disk：该模式可视为最大节能模式，因为全部系统组件均被关闭。当进入这一状态时，将获取内存快照并写入持久化内存中（硬盘或闪存）。随后，系统将被关闭。作为引导过程的一部分，在唤醒时，之前保存的快照将被恢复，系统将恢复其工作。

在当前示例中，我们将学习如何查询特定系统所支持的睡眠模式及其切换方式。

10.2.1　实现方式

在当前示例中，我们将使用简单的 bash 命令访问运行在 QEMU（快速模拟器的简称）中的 Linux 系统所支持的睡眠模式。

（1）运行 Raspberry Pi QEMU（参见第 3 章）。

（2）以用户名 pi 和密码 raspberry 登录。

（3）运行 sudo 以获取根访问权限。

```
$ sudo bash
#
```

（4）在获取了所支持的睡眠列表后，运行下列命令。

```
# cat /sys/power/state
```

（5）切换至其中的一种睡眠模式。

```
# echo freeze > /sys/power/state
```

（6）系统进入睡眠模式，但目前尚未指定其唤醒模式。关闭 QEMU 窗口。

10.2.2　工作方式

功耗管理是 Linux 内核的一部分内容，因此无法使用 Docker 容器与其协同工作。Docker 虚拟化是轻量级的，并使用主机操作系统的内核。

此外，我们还无法使用真实的 Raspberry Pi 开发板，因其硬件局限性，Raspberry Pi 无法提供任何睡眠模式。然而，QEMU 提供了完整的虚拟化，包括用于模拟 Raspberry Pi 内核中的电源管理。

Linux 通过 sysfs 接口提供了电源管理访问功能，应用程序可在/sys/power 目录中读取和写入文本文件。另外，电源管理的访问功能仅限于根用户，因而在登录至系统后需要获取根 shell。

```
$ sudo bash
```

当获取所支持的睡眠模式列表时，可读取/sys/power/state 文件。

```
$ cat /sys/power/state
```

该文件包含一行文本内容，每一个单词代表一种所支持的睡眠模式，并通过空格隔开。可以看到，QEUM 内核支持两种模式，即 freeze 和 mem，如图 10.1 所示。

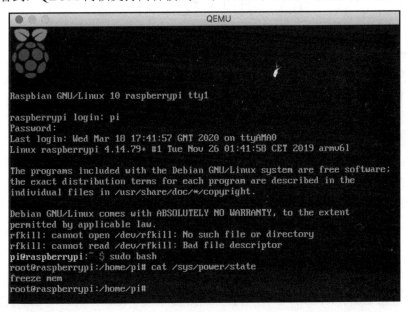

图 10.1

其中，freeze 表示之前讨论的 S2I 状态。mem 的含义则通过/sys/power/mem_sleep 文件中的内容定义。在当前系统中，mem 仅包含[s2idle]，表示与 freeze 相同的 S2I 状态。

下面将模拟器切换至 freeze 模式。对此，可将单词 freeze 写入/sys/power/state，随后，QEMU 窗口立即变为黑色且处于冻结状态，如图 10.2 所示。

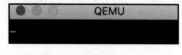

图 10.2

我们可以将嵌入式 Linux 系统置入睡眠状态，但目前尚无法唤醒该系统，因为此时尚不存在系统所理解的中断源。在前述内容中，我们学习了不同的睡眠模式，以及与其协同工作的内核 API。根据嵌入式系统的具体要求，我们可以使用这些模式降低功耗。

10.2.3　更多内容

关于睡眠模式的更多内容，读者可访问 https://www.kernel.org/doc/html/v4.19/admin-guide/pm/sleep-states.Html 中的 *Linux Kernel Guide* 部分。

10.3　利用 RTC 进行唤醒

在前述示例中，我们将 QEMU 系统置于睡眠状态，但却无法唤醒该系统。对此，我们需要一台设备可将中断发送到系统中。其中，该系统的大多数组件均处于关闭状态。

针对于此，可采用 RTC（实时时钟）这种设备，其功能之一是在系统关闭时使内部时钟处于运行状态，因而自身配备了电池。RTC 的功耗与一块电子表类似，同样配备了一块 3 V 的电池，并可使用多年。

RTC 的作用类似于一个闹钟，并可在既定时刻向 CPU 发送中断。这也使其成为一种较为理想的设备，以按时唤醒系统。

在当前示例中，我们将学习如何利用内建 RTC 在既定时刻唤醒 Linux 系统。

10.3.1　实现方式

在当前示例中，我们预先将唤醒时间设置为 1 s，进而将系统置于睡眠状态。

（1）登录配备了 RTC 时钟的任意 Linux 系统。但是，Raspberry Pi 并未配置板载 RTC，因此在缺少额外硬件的辅助下，该系统将无法被唤醒。

（2）利用 sudo 获取根权限。

```
$ sudo bash
#
```

（3）指示 RTC 在 1 s 后唤醒系统。

```
# date '+%s' -d '+1 minute' > /sys/class/rtc/rtc0/wakealarm
```

（4）将系统置入睡眠状态。

```
# echo freeze > /sys/power/state
```

（5）等待 1 s，随后系统将被唤醒。

10.3.2　工作方式

　　类似于 Linux 内核已经公开的许多功能，RTC 也可通过 sysfs 接口进行访问。当设置警告并将一个唤醒中断发送至系统中时，需要将 POSIX（可移植操作系统接口的简称）时间戳写入/sys/class/rtc/rtc0/wakealarm 文件中。

　　POSIX 时间戳（参见第 3 章）定义为自 Epoch 或 1970 年 1 月 1 日 00:00 以来经过的秒数。

　　虽然可编写一个程序，利用 time()函数读取当前时间戳（同时加上 60），并将结果写入 wakealarm 文件中，但我们也可通过 UNIX shell 和 data 命令实现相同的功能。

　　date 实用工具不仅可格式化当前时间，还可使用不同的格式解释日期和时间。

　　我们可指示 date 解释时间字符串+1 minute，并采用格式化模式%s 将其输出为 POSIX 时间戳。随后可将其标准化输出重定向至 wakealarm 文件，并将其传递至 RTC 驱动程序中。

```
date '+%s' -d '+1 minute' > /sys/class/rtc/rtc0/wakealarm
```

　　如前所述，60s 后将会出现警报，并将系统置于睡眠状态。在前述示例中，我们将所需的睡眠模式写入/sys/power/state 文件中，如下所示。

```
# echo freeze > /sys/power/state
```

　　系统随后进入睡眠状态，且屏幕处于关闭状态。如果通过 SSH 连接至 Linux 系统，此时命令行将处于停止状态。1 s 后，系统将被唤醒，随后屏幕开启且终端也随之有所响应。

　　这种技术对于定期、不频繁地从传感器收集数据（如每小时或每天）等任务非常有效。其间，系统大部分时间都处于关机状态，仅在收集数据、存储数据或将数据发送到云端时处于唤醒状态，随后再次进入睡眠状态。

10.3.3　更多内容

rtcwake 实用工具是 RTC 警报的一种替代方案。

10.4　控制 USB 设备的自动挂起

关闭外部设备是节省功耗最为有效的方式之一。然而，何时安全地关闭设备十分重要。网卡、存储卡等外围设备均可以执行内部数据处理；否则，设备在任意时间点的缓存和断电操作均会导致数据丢失。

为了缓解这个问题，许多通过 USB 连接的外部设备可以在主机请求时切换至低功耗模式。通过这种方式，设备在进入挂起状态之前，可执行所有必要的步骤，并安全地处理内部数据。

由于 Linux 仅通过其 API 访问外围设备，因而了解应用程序和内核服务何时在使用设备。如果一台设备在特定时间段未处于使用状态，那么 Linux 内核中的电源管理系统可指示设备自动进入节电模式，此时并不需要来自用户空间应用程序的显式请求。这一特性称作自动挂起。然而，内核运行应用程序控制设备的空闲时间，并于随后自动挂起。

在当前示例中，我们将学习如何启用自动挂起，并针对特定的 USB 设备调整自动挂起的时间间隔。

10.4.1　实现方式

本节将尝试启用自动挂起功能，并针对连接至 Linux 系统的 USB 设备调整其自动挂起的时间。

（1）登录 Linux 系统（Raspberry Pi、Ubuntu 和 Docker 容器无法正常工作）。

（2）切换至根账户。

```
$ sudo bash
#
```

（3）针对所有连接设备获取当前的 autosuspend 状态。

```
# for f in /sys/bus/usb/devices/*/power/control; do echo "$f"; cat
$f; done
```

（4）针对某台设备启用 autosuspend。

```
# echo auto > /sys/bus/usb/devices/1-1.2/power/control
```

（5）针对当前设备读取 autosuspend 时间间隔。

```
# cat /sys/bus/usb/devices/1-1.2/power/autosuspend_delay_ms
```

（6）调整 autosuspend 时间间隔。

```
# echo 5000 > /sys/bus/usb/devices/1-1.2/power/autosuspend_delay_ms
```

（7）检查设备的当前电源模式。

```
# cat /sys/bus/usb/devices/1-1.2/power/runtime_status
```

相同的操作也可通过标准文件 API 在 C++中通过编程实现。

10.4.2　工作方式

Linux 通过 sysfs 文件系统公开了其电源管理，进而可读取当前状态并通过标准文件的读、写操作调整设备的设置项。最终，我们可利用支持基本文件操作的编程语言在 Linux 中控制外围设备。

出于简单考虑，我们将采用 UNIX shell，但必要时，也可在 C++中采用相同的逻辑进行编程。

首先针对所有连接的 USB 设备检查 autosuspend 设置项。在 Linux 中，每个 USB 设备的参数作为/sysfs/bus/usb/devices/文件夹下的一个目录公开。每个设备目录依次包含一组文件，表示设备参数。相应地，与电源管理相关的全部参数则被分至 power 子目录中。

当读取 autosuspend 的状态时，需要读取设备 power 目录中的 control 文件。当使用 UNIX shell 通配符替换时，我们可针对全部 USB 设备读取该文件。

```
# for f in /sys/bus/usb/devices/*/power/control; do echo "$f"; cat $f; done
```

针对与通配符匹配的每个目录，我们显示了 control 文件的全路径及其内容。最终结果取决于连接的设备，如图 10.3 所示。

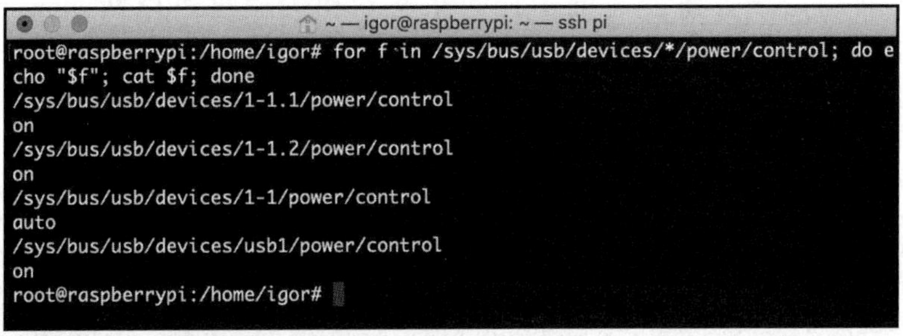

图 10.3

所报告的状态可能是自动挂起或 on。如果最终状态为自动挂起，则说明启用了自动电源管理；否则设备将一直处于开启状态。

在当前示例中，设备 usb1、1-1.1 和 1-1.2 处于开启状态。下面对设备 1-1.2 进行适当调整，以使其处于自动挂起状态。对此，仅需将字符串_auto_写入对应的_control_文件即可。

```
# echo auto > /sys/bus/usb/devices/1-1.2/power/control
```

再次在全部设备上运行读取循环，可以看到，设备 1-1.2 当前处于 autosuspend 模式，如图 10.4 所示。

```
~ — igor@raspberrypi: ~ — ssh pi
root@raspberrypi:/home/igor# for f in /sys/bus/usb/devices/*/power/control; do e
cho "$f"; cat $f; done
/sys/bus/usb/devices/1-1.1/power/control
on
/sys/bus/usb/devices/1-1.2/power/control
on
/sys/bus/usb/devices/1-1/power/control
auto
/sys/bus/usb/devices/usb1/power/control
on
root@raspberrypi:/home/igor# echo auto > /sys/bus/usb/devices/1-1.2/power/contro
l
root@raspberrypi:/home/igor# for f in /sys/bus/usb/devices/*/power/control; do e
cho "$f"; cat $f; done
/sys/bus/usb/devices/1-1.1/power/control
on
/sys/bus/usb/devices/1-1.2/power/control
auto
/sys/bus/usb/devices/1-1/power/control
auto
/sys/bus/usb/devices/usb1/power/control
on
root@raspberrypi:/home/igor#
```

图 10.4

这里的问题是，设备何时处于挂起状态？相关信息可以从 power 子目录的 autosuspend_delay_ms 文件中读取。

```
# cat /sys/bus/usb/devices/1-1.2/power/autosuspend_delay_ms
```

不难发现，设备在空闲 2000 ms 后被挂起，如图 10.5 所示。

```
~ — igor@raspberrypi: ~ — ssh pi
root@raspberrypi:/home/igor# cat  /sys/bus/usb/devices/1-1.2/power/autosuspend_d
elay_ms
2000
root@raspberrypi:/home/igor#
```

图 10.5

接下来将对应时间修改为 5 s。对此，可将 5000 写入 autosuspend_delay_ms 文件中。

```
# echo 5000 > /sys/bus/usb/devices/1-1.2/power/autosuspend_delay_ms
```

再次读取后将显示新值已被接收，如图 10.6 所示。

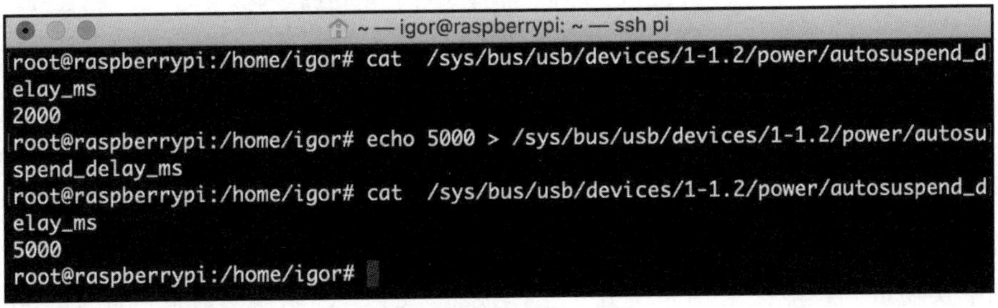

图 10.6

接下来检查设备的当前电源状态，并可从 runtime_status 文件中进行读取。

```
# cat /sys/bus/usb/devices/1-1.2/power/runtime_status
```

如图 10.7 所示，对应的状态报告为 active。

图 10.7

ℹ️注意：

内核并不直接控制设备的电源状态，且仅向设备请求以修改其状态。即使设备被请求切换至挂起模式，内核仍会出于各种原因拒绝执行修改操作。例如，内核可能根本不支持节电模式。

通过 sysfs 接口访问设备的电源管理设置是一种功能强大的方法，由此可调整运行 Linux 操作系统的嵌入式设备的功耗。

10.4.3　更多内容

注意，并不存在即刻关闭 USB 设备的方法。然而，在许多时候，可通过将 0 写入 autosuspend_delay_ms 文件完成这一操作。这里，0 自动挂起间隔可被内核解释为设备的即刻挂起请求。

关于 Linux 中 USB 电源管理的细节信息，读者可参考 Linux 内核文档中的相关部分，对应网址为 https://www.kernel.org/doc/html/v4.13/driver-api/usb/power-management.html。

10.5　配置 CPU 频率

CPU 频率是系统的重要参数，进而决定了其性能和功耗。频率越高，CPU 每秒执行的指令就越多。其代价是，较高的频率表明更高的功耗，意味着需要释放更多的热量以避免处理器过热。

取决于负载，现代处理器可使用不同的操作频率。对于计算密集型任务，CPU 采用最大频率实现最高性能；但当系统处于空闲期时，CPU 则切换至较低的频率，以降低功耗和温度。

操作系统负责选取适当的频率。在当前示例中，我们将学习如何设置 CPU 频率范围，并在 Linux 中选择一个频率调节器以根据需要调优 CPU 频率。

10.5.1　实现方式

本节将使用简单的 shell 命令在 Raspberry Pi 开发板上调节 CPU 频率的参数。

（1）登录 Raspberry Pi 或另一个非虚拟化 Linux 系统。

（2）切换至根账户。

```
$ sudo bash
#
```

（3）获取系统内全部 CPU 内核的当前频率。

```
# cat /sys/devices/system/cpu/*/cpufreq/scaling_cur_freq
```

（4）获取 CPU 支持的全部频率。

```
# cat /sys/devices/system/cpu/cpu0/cpufreq/scaling_available_frequencies
```

（5）获取有效的 CPU 频率调节器。

```
# cat /sys/devices/system/cpu/cpu0/cpufreq/scaling_available_governors
```

（6）检查当前使用中的频率调节器。

```
# cat /sys/devices/system/cpu/cpu0/cpufreq/scaling_governor
```

（7）将 CPU 的最低频率调整至所支持的最高频率。

```
# echo 1200000 >
/sys/devices/system/cpu/cpu0/cpufreq/scaling_min_freq
```

（8）再次显示当前频率。

```
# cat /sys/devices/system/cpu/*/cpufreq/scaling_cur_freq
```

（9）将最小频率调整至所支持的最低频率。

```
# echo 600000 >
/sys/devices/system/cpu/cpu0/cpufreq/scaling_min_fre
```

（10）检查 CPU 频率与所用调节器间的依赖关系。选取 performance 调节器并获取
当前频率。

```
# echo performance >
/sys/devices/system/cpu/cpu0/cpufreq/scaling_governor
# cat /sys/devices/system/cpu/*/cpufreq/scaling_cur_freq
```

（11）选择 powersave 调节器并观察结果。

```
# echo powersave >
/sys/devices/system/cpu/cpu0/cpufreq/scaling_governor
# cat /sys/devices/system/cpu/*/cpufreq/scaling_cur_freq
```

读者可通过常规的文件 API 在 C++中实现相同的逻辑。

10.5.2　工作方式

类似于 USB 电源管理，CPU 频率管理系统 API 也通过 sysfs 公开。我们可像修改常
规文本文件那样修改其参数。

在/sys/devices/system/cpu/目录下，可以看到与 CPU 内核相关的全部设置项。配置参
数按照 CPU 内核分组至子目录（以每个代码索引命名），如 cpu1、cpu2 等。

我们将关注每个内核的 cpufreq 子目录中与 CPU 频率管理相关的多个参数。下面读
取全部有效内核的当前频率。

```
# cat /sys/devices/system/cpu/*/cpufreq/scaling_cur_freq
```

可以看到，全部内核均包含相同的频率，即 600 MHz（cpufreq 子系统使用 kHz 作为
频率的测量单位），如图 10.8 所示。

接下来查看 CPU 支持的全部频率。

```
# cat /sys/devices/system/cpu/cpu0/cpufreq/scaling_available_frequencies
```

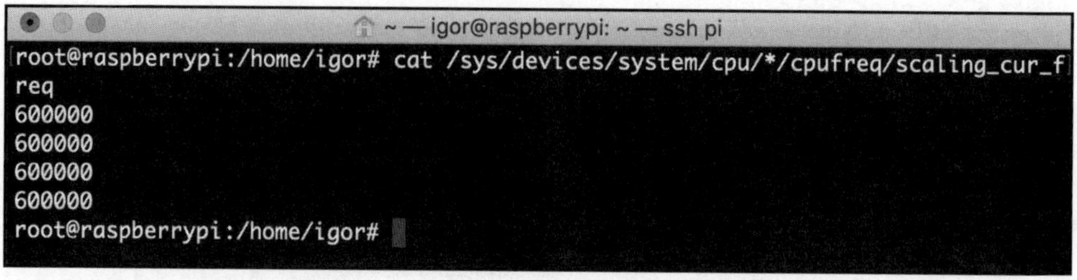

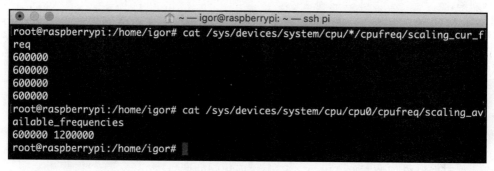

图 10.8

Raspberry Pi 3 的 ARM 处理器仅支持两种频率，即 600 MHz 和 1.2 GHz，如图 10.9 所示。

图 10.9

注意，我们无法直接设置所需的频率。Linux 在内部通过调节器管理 CPU 频率，且仅允许我们调节两个参数。

（1）调节器有效的频率范围。

（2）调节器类型。

尽管这像是一种限制条件，但这两个参数具有一定的灵活性，可实现相对复杂的策略。下面考查调节这两个参数将如何影响 CPU 频率。

首先查看所支持的调节器和当前使用的调节器，如图 10.10 所示。

可以看到，当前调节器为 ondemand，并根据系统负载调节频率。当前，Raspberry Pi 开发板处于空闲期，并使用较低的频率，即 600 MHz。这里，若使最低频率等于最高频率，情况又当如何？

```
# echo 1200000 > /sys/devices/system/cpu/cpu0/cpufreq/scaling_min_freq
```

在更新了一个内核的 scaling_min_freq 参数后，全部内核频率均修改为最大值，如图 10.11 所示。

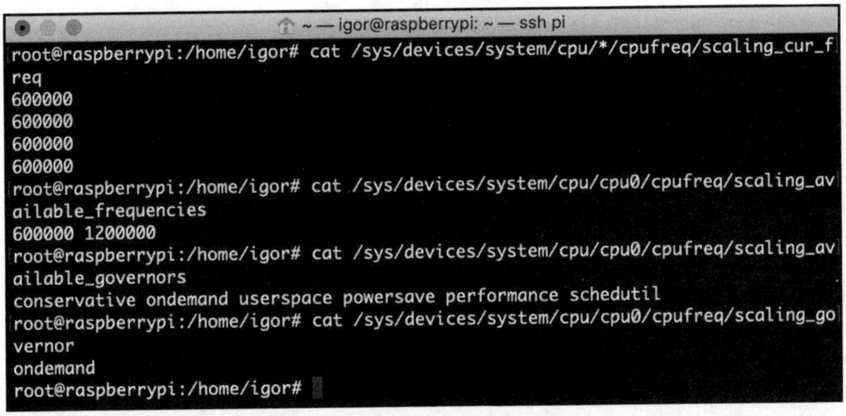

图 10.10

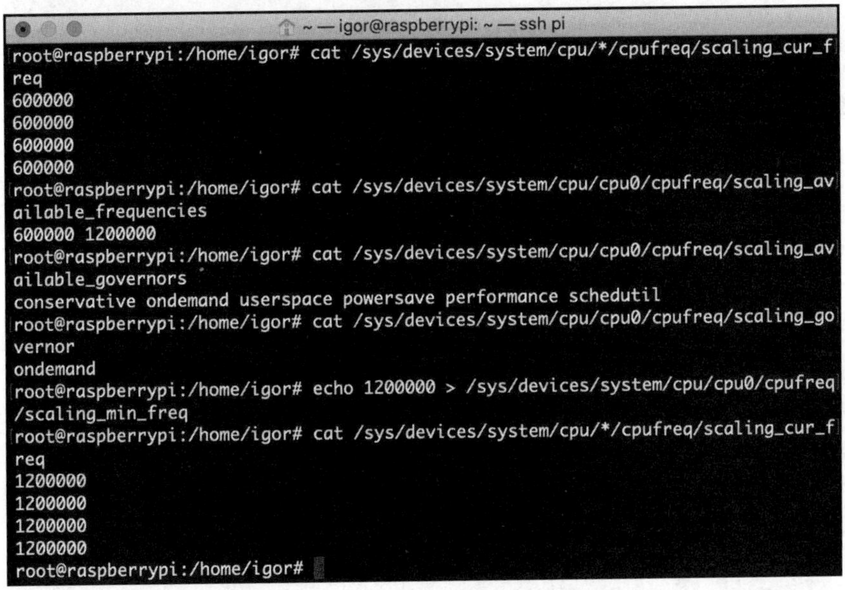

图 10.11

由于全部 4 个内核均隶属于同一个 CPU，因而无法各自修改其频率。也就是说，调整某个内核的频率将影响全部内核。然而，我们可单独控制各自 CPU 的频率。

现在将最小频率恢复到 600 MHz 并更改调节器。这里并未选择调整频率的 ondemand 调节器，而是选择了 performance 调节器，旨在无条件地提供最大的性能。

`echo performance > /sys/devices/system/cpu/cpu0/cpufreq/scaling_g;overnor`

不出所料，这将把频率提升至调节器所支持的最大频率，如图 10.12 所示。

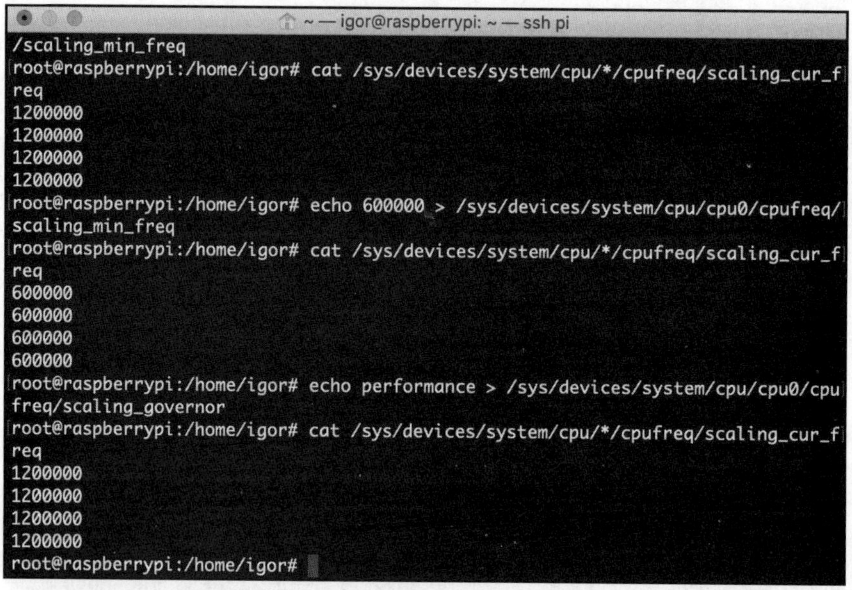

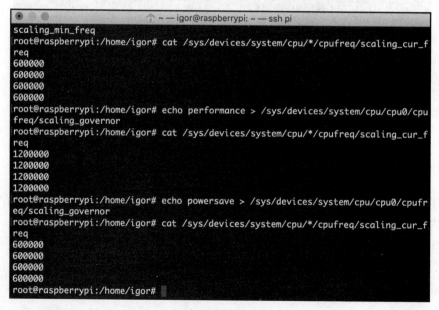

图 10.12

另一方面，powersave 调节器的目标是尽可能地节省更多的电源，因为它总是持续采用所支持的最低频率，无论负载如何，如图 10.13 所示。

图 10.13

可以看到，调整频率范围和频率调节器可根据系统的特性灵活地调优频率，进而降低 CPU 的功耗。

10.5.3 更多内容

除 ondemand、performance 和 powersave 外，还存在其他一些调节器可灵活地调整 CPU 频率。关于调节器及其属性，读者可访问 https://www.kernel.org/doc/Documentation/cpu-freq/governors.txt 中的 *Linux CPUFreq* 部分以了解更多内容。

10.6 等 待 事 件

等待事件是软件开发中的常见行为。例如，应用程序需要等待数据输入，或者等待数据处于就绪状态以供后续处理。嵌入式程序与外围设备通信，且需要了解数据何时从设备中读取，或者设备何时准备接收数据。

开发人员通常使用轮询技术的变体等待。它们在一个循环中检查一个设备特定的可用性标志，当该标志被设备设置为 true 时，它们继续读取或写入数据。

开发人员通常使用类似轮询技术执行等待操作，并在循环中检查一个特定于设备的可用性标志。当该标志被设备设置为 true 时，继续读取或写入数据。

虽然上述方案易于实现，但从功耗的角度来看较为低效。当处理器忙于围绕标志检查执行循环操作时，无法通过操作系统电源管理器将处理器置入更加高效的电源模式。基于负载，之前讨论的 Linux ondemand 频率调节器甚至可以决定增加 CPU 频率，尽管这只是伪装的等待行为。另外，轮询请求可能会阻止目标设备或设备总线在数据就绪之前保持节能模式。

因此，我们将目光转向操作系统生成的中断和事件，而非与能效相关的轮询程序。

在当前示例中，我们将学习如何使用操作系统事件等待连接特定的 USB 设备。

10.6.1 实现方式

本节将创建一个应用程序，该程序将监控 USB 设备，并在特定设备出现之前进行等待。

（1）在工作目录~/test 中创建一个名为 udev 的子目录。

（2）使用编辑器在 udev 子目录中创建一个 udev.cpp 文件。

（3）将所需的 include 语句和 namespace 定义置于 udev.cpp 文件中。

```
#include <iostream>
#include <functional>

#include <libudev.h>
#include <poll.h>

namespace usb {
```

（4）定义 Device 类。

```
class Device {
  struct udev_device *dev{0};

  public:
    Device(struct udev_device* dev) : dev(dev) {
    }

    Device(const Device& other) : dev(other.dev) {
      udev_device_ref(dev);
    }

    ~Device() {
        udev_device_unref(dev);
    }

    std::string action() const {
        return udev_device_get_action(dev);
    }

    std::string attr(const char* name) const {
      const char* val = udev_device_get_sysattr_value(dev, name);
      return val ? val : "";
    }
};
```

（5）添加 Monitor 类定义。

```
class Monitor {
  struct udev_monitor *mon;

  public:
    Monitor() {
      struct udev* udev = udev_new();
      mon = udev_monitor_new_from_netlink(udev, "udev");
```

```
    udev_monitor_filter_add_match_subsystem_devtype(
        mon, "usb", NULL);
    udev_monitor_enable_receiving(mon);
  }

  Monitor(const Monitor& other) = delete;

  ~Monitor() {
    udev_monitor_unref(mon);
  }

  Device wait(std::function<bool(const Device&)> process) {
    struct pollfd fds[1];
    fds[0].events = POLLIN;
    fds[0].fd = udev_monitor_get_fd(mon);

    while (true) {
        int ret = poll(fds, 1, -1);
        if (ret < 0) {
          throw std::system_error(errno,
              std::system_category(),
              "Poll failed");
        }
        if (ret) {
          Device d(udev_monitor_receive_device(mon));
          if (process(d)) {
            return d;
          };
        }
    }
  }
};
};
```

（6）在 Device 和 Monitor 类在 usb 命名空间定义完毕后，添加一个简单的 main()函数。

```
int main() {
  usb::Monitor mon;
  usb::Device d = mon.wait([](auto& d) {
    auto id = d.attr("idVendor") + ":" +
              d.attr("idProduct");
    auto produce = d.attr("product");
    std::cout << "Check [" << id << "] action: "
```

```
                << d.action() << std::endl;
    return d.action() == "bind" &&
           id == "8086:0808";
});
std::cout << d.attr("product")
          << " connected, uses up to "
          << d.attr("bMaxPower") << std::endl;
return 0;
}
```

（7）创建包含程序构建规则的 CMakeLists.txt 文件。

```
cmake_minimum_required(VERSION 3.5.1)
project(udev)
add_executable(usb udev.cpp)
target_link_libraries(usb udev)
```

（8）利用 ssh 将 udev 目录复制到 Linux 主目录中。

（9）登录 Linux，将目录调整至 udev，并利用 cmake 构建程序。

```
$cd ~/udev; cmake. && make
```

随后构建并运行应用程序。

10.6.2　工作方式

当获取与 USB 设备上的事件相关的通知时，可使用 libudev 库。该库仅提供了一个纯 C 接口，因此我们创建了一个简单的 C++封装器以简化编码过程。

对于封装器类，需要声明一个名为 usb 的 namespace。

```
namespace usb {
```

其中包含了两个类。第 1 个类为 Device，并提供了一个针对名为 udev_device 的底层 libudev 对象的 C++接口。

随后定义了一个构造函数，该函数根据 udev_device 指针创建了一个 Device 实例，此外还定义了一个释放 udev_device 的析构函数。从内部来看，libudev 针对其对象使用引用计数机制，因而析构函数调用一个函数并减少 udev_device 的引用计数。

```
~Device() {
    udev_device_unref(dev);
}

Device(const Device& other) : dev(other.dev) {
```

```
    udev_device_ref(dev);
}
```

通过这种方式，我们可复制 Device 实例，且不存在内存或文件描述符泄露。

除构造函数和析构函数外，Device 类仅定义了两个方法，即 action()和 attr()。其中，action()方法返回最近的 USB 设备动作。

```
std::string action() const {
    return udev_device_get_action(dev);
}
```

attr()方法返回与对应设备关联的 sysfs 属性。

```
std::string attr(const char* name) const {
  const char* val = udev_device_get_sysattr_value(dev, name);
  return val ? val : "";
}
```

此外，Monitor 类也定义了一个构造函数和一个析构函数，但我们通过禁用复制构造函数使其不可复制。

```
Monitor(const Monitor& other) = delete;
```

构造函数利用静态变量初始化 libudev 实例，以确保该实例仅初始化一次。

```
struct udev* udev = udev_new();
```

此外，构造函数还设置监控过滤器并启用监控机制。

```
udev_monitor_filter_add_match_subsystem_devtype(
    mon, "usb", NULL);
udev_monitor_enable_receiving(mon);
```

wait()方法涵盖最为重要的监控逻辑，并接收一个类似于函数的 process 对象，该对象在每次检测到一个事件时被调用。

```
Device wait(std::function<bool(const Device&)> process) {
```

如果需要获取事件及其设备来源，wait()方法应返回 true；否则返回 false，表明 wait()方法应继续工作。

从内部来看，wait()方法创建了一个文件描述符，用于将设备事件传递至程序。

```
fds[0].fd = udev_monitor_get_fd(mon);
```

接下来构建监控循环。这里，poll()函数并不会持续检查设备的状态，并等待特定文件描述符上的事件。此处传递-1 作为超时时间，表明永久等待事件。

```
int ret = poll(fds, 1, -1);
```

仅在出现错误或新的 USB 事件时，poll()函数返回。这里，我们通过抛出一个异常处理错误条件。

```
if (ret < 0) {
  throw std::system_error(errno,
      std::system_category(),
      "Poll failed");
}
```

针对每个事件，我们创建了一个新的 Device 实例，并将其传递至 process()函数。如果 process()函数返回 true，则退出等待循环，同时向读者返回 Device 实例。

```
Device d(udev_monitor_receive_device(mon));
if (process(d)) {
  return d;
};
```

接下来查看如何在应用程序中使用这些类。在 main()函数中创建了一个 Monitor 实例并调用其 wait()函数，其间使用 lambda 函数处理每个动作。

```
usb::Device d = mon.wait([](auto& d) {
```

在 lambda 函数中，我们将输出与全部事件相关的信息。

```
std::cout << "Check [" << id << "] action: "
        << d.action() << std::endl;
```

此外还将检查特定的动作和设备 id。

```
return d.action() == "bind" &&
        id == "8086:0808";
```

一旦找到对应的设备，我们将显示关于其功能和功耗需求方面的信息。

```
std::cout << d.attr("product")
        << " connected, uses up to "
        << d.attr("bMaxPower") << std::endl;
```

初始状态下，运行当前应用程序并不会生成任何输出结果，如图 10.14 所示。

图 10.14

然而，插入 USB 设备（在当前示例中为一个 USB 麦克风）后，即可看到如图 10.15 所示的输出结果。

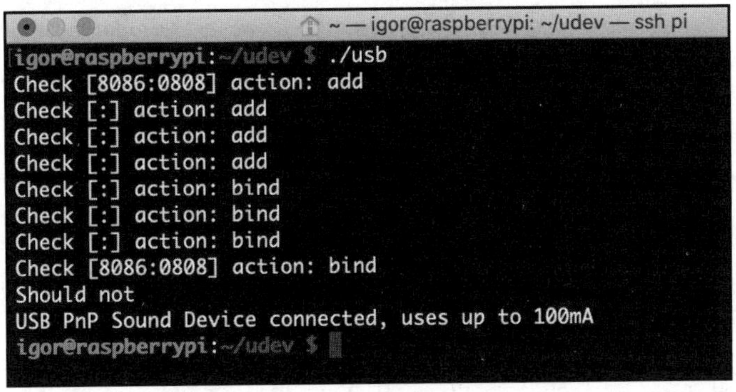

图 10.15

应用程序等待特定的 USB 设备，并在连接后对其进行处理。该过程依赖于操作系统提供的信息，且不存在任何繁忙的循环操作。最终，当 poll() 调用被操作系统阻塞时，应用程序大部分时间均处于休眠状态。

10.6.3　更多内容

针对 libudev，存在多个 C++封装器，读者可自行选择；或者编写代码创建自己的封装器。

10.7　利用 PowerTOP 分析功耗

在像 Linux 这样运行多个用户空间和内核空间服务并同时控制多个外围设备的复杂操作系统中，查找功耗过高的组件并不容易。即使找到，修复过程也十分困难。

对此，一种解决方案是使用功耗分析工具，如 PowerTOP。该工具可诊断 Linux 系统中的功耗问题，以使用户调整与节能相关的系统参数。

在当前示例中，我们将学习如何在 Raspberry Pi 系统中安装和使用 PowerTOP。

10.7.1　实现方式

在当前示例中我们将以交互模式运行 PowerTOP，并分析其输出结果。

（1）以用户名 pi、密码 raspberry 登录 Raspberry Pi 系统。

（2）运行 sudo 获取根访问权限。

```
$ sudo bash
#
```

（3）安装 PowerTOP。

```
# apt-get install powertop
```

（4）在根 shell 中运行 PowerTOP。

随后，终端将显示 PowerTOP UI。我们可使用 Tab 键在其屏幕间进行查看。

10.7.2　工作方式

PowerTOP 是 Intel 开发的一款工具，用于在 Linux 系统中诊断电源问题，同时也是
Raspbian 版本中的一部分内容，并可通过 apt-get 命令安装。

```
# apt-get install powertop
```

当在无参数情况下运行时，PowerTOP 将启用交互模式，同时列出全部进程和内核任
务，并按照电源使用和生成的事件频率进行排序，如图 10.16 所示。如前所述，程序唤醒
处理器的频率越高，其能源效率就越低。

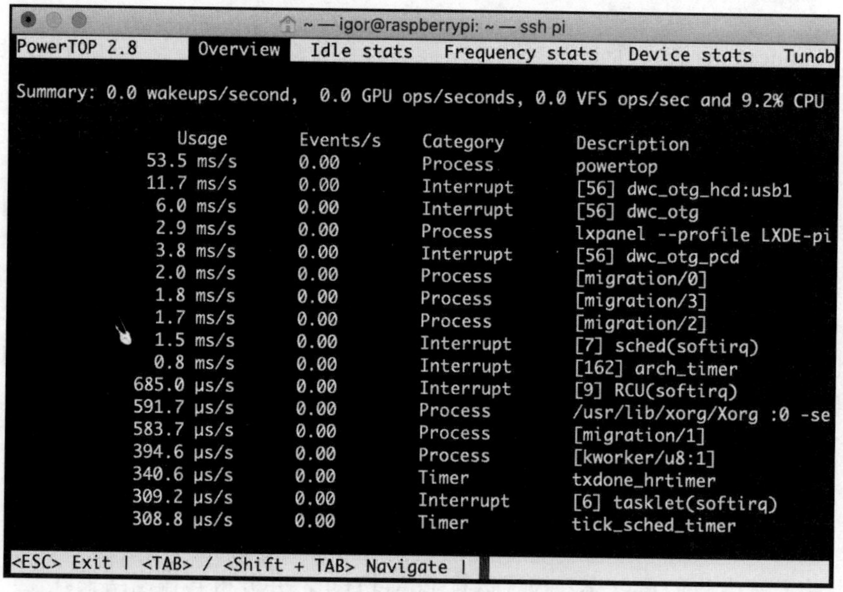

图 10.16

当使用 Tab 键时，还可切换至其他报告模式。例如，Device stats 显示了设备消耗的电量或 CPU 时间，如图 10.17 所示。

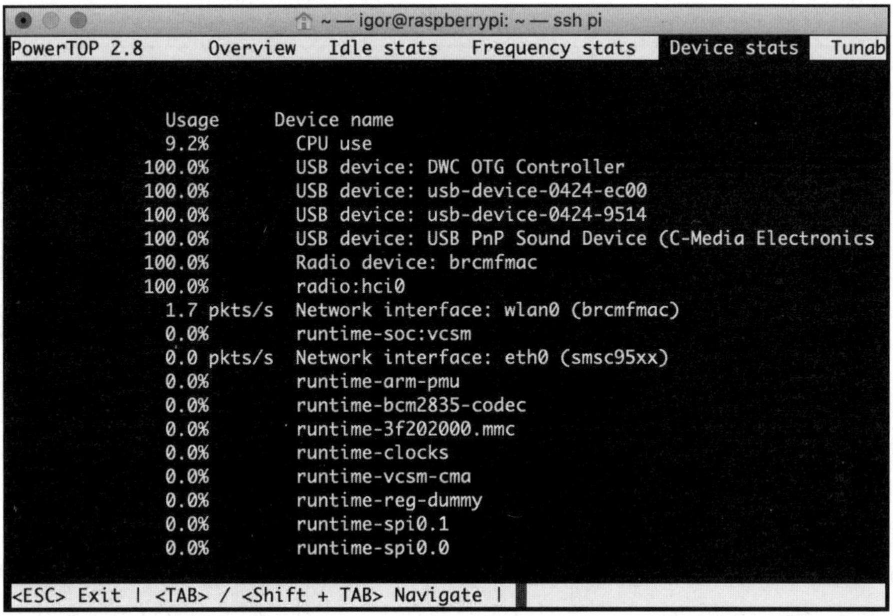

图 10.17

另一项值得关注的内容是 Tunab。其中，PowerTOP 可检查影响功耗的设置项数量，并标记那些不甚理想的设置项，如图 10.18 所示。

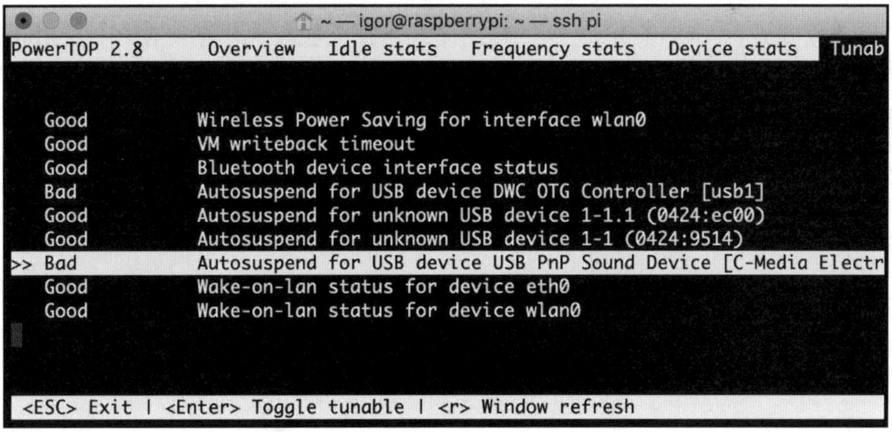

图 10.18

可以看到，两台 USB 设备标记为 Bad，因为它们未使用自动挂起特性。当按下 Enter 键时，PowerTOP 将启用自动挂起，并显示可从脚本中使用的命令行以使其永久存在，如图 10.19 所示。

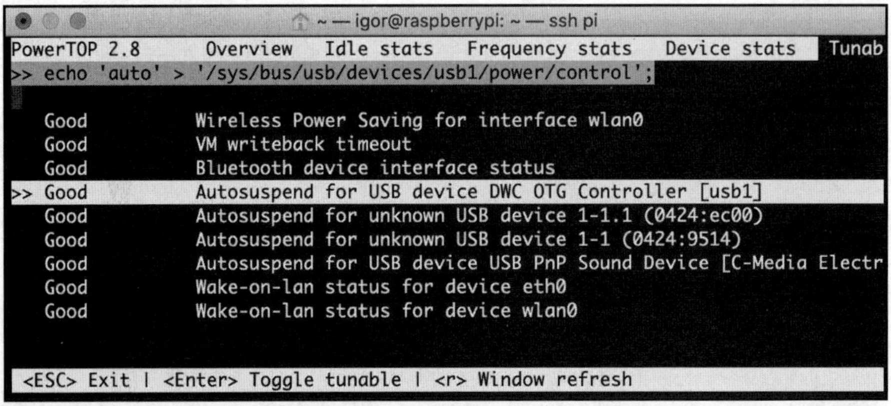

图 10.19

另外，还可对多个系统参数进行调试以节省电源，某些时候，其效果十分明显，如在 USB 设备上使用自动挂起；而有些时候则缺乏显著的效果，如在内核上使用超时（用于将文件缓存刷新至磁盘中）。使用电源诊断和优化工具（如 PowerTOP）可以帮助我们调试系统，以实现最大功效。

10.7.3　更多内容

除交互模式外，PowerTOP 还包括其他模式可帮助我们优化电源使用，如校准、工作负载和自动调优。关于 PowerTOP 特性、应用场合以及结果分析的更多信息，读者可参考 https://01.org/sites/default/files/page/powertop_users_guide_201412. pdf 中的 *PowerTOP User Guide* 部分。

第 11 章 时间点和时间间隔

嵌入式应用程序负责处理事件并控制出现于物理环境下的进程，因此，时间和延迟处理十分重要。相应地，全部任务均依赖于正确的时间测量，如交通灯的变化、音调的产生，以及多个传感器中的数据同步。

C 语言并未提供标准的时间处理函数，并希望开发人员使用特定于操作系统的时间 API，如 Windows、Linux 或 macOS。对应嵌入式系统，开发人员需要根据特定于目标系统的底层计时器 API 构建自定义函数以处理时间。最终，代码将难以移植至其他平台。

为了解决移植性问题，C++（自 C++11 开始）定义了相应的数据类型和函数以处理时间和时间间隔。引用自 std::chrono 库的相关 API 可帮助开发人员在任何环境和目标平台中以统一的方式与时间协同工作。

本章将学习如何应用程序中的处理时间戳、时间间隔和延迟问题。此外还将讨论一些与时间管理及其解决方案相关的常见问题。

本章主要涉及以下主题。

- ❑ C++ Chrono 库。
- ❑ 测量时间间隔。
- ❑ 处理延迟问题。
- ❑ 使用单调递增时钟。
- ❑ 使用 POSIX 时间戳。

通过上述示例，读者将能够针对工作于嵌入式系统上的时间处理机制编写可移植的代码。

11.1 C++ Chrono 库

自 C++11 开始，C++ Chrono 库提供了标准的数据类型和函数以处理时钟、时间点和时间间隔。在当前示例中，我们将考查 Chrono 的基本功能并学习如何处理时间点和时间间隔问题。

除此之外，本章还将讨论如何使用 C++字面值表示更具可读性的时间间隔表达方法。

11.1.1 实现方式

本节将创建一个简单的应用程序，该程序将生成 3 个时间点并对其进行比较。

（1）在工作目录~/test 中创建一个名为 chrono 的子目录。

（2）使用文本编辑器在 chrono 子目录中创建 chrono.cpp 文件。

（3）将下列代码片段置入 chrono.cpp 文件中。

```cpp
#include <iostream>
#include <chrono>

using namespace std::chrono_literals;

int main() {
  auto a = std::chrono::system_clock::now();
  auto b = a + 1s;
  auto c = a + 200ms;

  std::cout << "a < b ? " << (a < b ? "yes" : "no") << std::endl;
  std::cout << "a < c ? " << (a < c ? "yes" : "no") << std::endl;
  std::cout << "b < c ? " << (b < c ? "yes" : "no") << std::endl;

  return 0;
}
```

（4）创建包含程序构建规则的 CMakeLists.txt 文件。

```
cmake_minimum_required(VERSION 3.5.1)
project(chrono)
add_executable(chrono chrono.cpp)

set(CMAKE_SYSTEM_NAME Linux)
set(CMAKE_SYSTEM_PROCESSOR arm)

SET(CMAKE_CXX_FLAGS "--std=c++14")
set(CMAKE_CXX_COMPILER /usr/bin/arm-linux-gnueabi-g++)
```

随后，构建并运行应用程序。

11.1.2　工作方式

在当前应用程序中，我们创建了 3 个时间点。其中，第 1 个时间点通过系统时钟的 now()函数生成。

```cpp
auto a = std::chrono::system_clock::now();
```

其他两个时间点则源自第 1 个时间点，即分别增加 1 s 和 200 ms 的固定时间间隔。

```
auto b = a + 1s;
auto c = a + 200ms;
```

此处应注意时间单位的指定方式。对此，我们使用了 C++ 字面值。Chrono 库针对基本时间单位定义了此类字面值。当使用这些定义时，可添加下列内容。

```
using namespace std::chrono_literals;
```

并添加于 main() 函数之前。

随后比较这 3 个时间点，如下所示。

```
std::cout << "a < b ? " << (a < b ? "yes" : "no") << std::endl;
std::cout << "a < c ? " << (a < c ? "yes" : "no") << std::endl;
std::cout << "b < c ? " << (b < c ? "yes" : "no") << std::endl;
```

当运行应用程序时，对应的输出结果如图 11.1 所示。

图 11.1

正如期望的那样，时间点 a 早于 b 和 c；另外，时间点 c（a+200 ms）早于 b（a+1 s）。可以看到，字符串字面值有助于编写更具可读性的代码，C++ Chrono 库提供了一组丰富的函数可处理时间问题。稍后将对此加以讨论。

11.1.3　更多内容

关于 Chrono 库中定义的数据类型、模板和函数，读者可参考 https://en.cppreference. com/w/cpp/chrono 中的 Chrono 部分以了解更多内容。

11.2　测量时间间隔

每个与外围硬件交互或响应外部事件的嵌入式应用程序都必须处理超时和响应时间问题。为了正确做到这一点，开发人员需要以足够的精度度量时间间隔。

C++ Chrono 库提供了 std::chrono::duration 模板类处理任意间隔和精度的时长问题。在当前示例中，我们将学习如何使用该类测量两个时间戳间的时间间隔，并将其与参考时长进行比较。

11.2.1 实现方式

当前应用程序将测量简单控制台输出的时长，并将其与循环中的前一个值进行比较。

（1）在~/test 工作目录中创建一个名为 intervals 的子目录。

（2）使用文本编辑器在 intervals 子目录中创建 intervals.cpp 文件。

（3）将下列代码片段复制到 intervals.cpp 文件中。

```cpp
#include <iostream>
#include <chrono>

int main() {
  std::chrono::duration<double, std::micro> prev;
  for (int i = 0; i < 10; i++) {
    auto start = std::chrono::steady_clock::now();
    std::cout << i << ": ";
    auto end = std::chrono::steady_clock::now();
    std::chrono::duration<double, std::micro> delta = end - start;
    std::cout << "output duration is " << delta.count() <<" us";
    if (i) {
      auto diff = (delta - prev).count();
      if (diff >= 0) {
        std::cout << ", " << diff << " us slower";
      } else {
        std::cout << ", " << -diff << " us faster";
      }
    }
    std::cout << std::endl;
    prev = delta;
  }
  return 0;
}
```

（4）创建包含程序构建规则的 CMakeLists.txt 文件。

```
cmake_minimum_required(VERSION 3.5.1)
project(interval)
add_executable(interval interval.cpp)

set(CMAKE_SYSTEM_NAME Linux)
set(CMAKE_SYSTEM_PROCESSOR arm)
```

```
SET(CMAKE_CXX_FLAGS "--std=c++11")
set(CMAKE_CXX_COMPILER /usr/bin/arm-linux-gnueabi-g++)
```

随后，构建并运行应用程序。

11.2.2　工作方式

在每次应用程序循环中，我们将测量一次输出操作的性能。对此，将在操作前获取一个时间戳，随后在操作结束后获取另一个时间戳。

```
auto start = std::chrono::steady_clock::now();
std::cout << i << ": ";
auto end = std::chrono::steady_clock::now();
```

这里采用 C++ 11 中的 auto，让编译器推断时间戳的数据类型。当前，需要计算这些时间戳之间的时间间隔。对此，可在两个时间戳间执行减法操作。

另外，我们显式地将结果变量定义为一个 std::chrono::duration 类，用于跟踪 double 值中的毫秒值。

```
std::chrono::duration<double, std::micro> delta = end - start;
```

此外，还使用了同一类型的另一个 duration 变量保存前一个值。在每次循环（除了第 1 个循环）中，我们将计算两个时长之间的差值。

```
auto diff = (delta - prev).count();
```

在每次循环中，时长和差值将输出至终端。当运行应用程序时，输出结果如图 11.2 所示。

```
●  ●  ●              user@3324138cc2c7: /mnt/interval — bash
user@3324138cc2c7:/mnt/interval$ ./interval
0: output duration is 32.3 us
1: output duration is 6.3 us, 26 us faster
2: output duration is 4.2 us, 2.1 us faster
3: output duration is 4.3 us, 0.1 us slower
4: output duration is 4.4 us, 0.1 us slower
5: output duration is 4.2 us, 0.2 us faster
6: output duration is 4.1 us, 0.1 us faster
7: output duration is 4.2 us, 0.1 us slower
8: output duration is 4.2 us, 0 us slower
9: output duration is 3.8 us, 0.4 us faster
user@3324138cc2c7:/mnt/interval$ □
```

图 11.2

可以看到，现代 C++提供了较为方便的方式处理应用程序中的时间间隔问题。基于重载后的操作符，我们可方便地获取两个时间点间的时长，以及时长间的相加、相减和比较操作。

11.2.3　更多内容

自 C++20 起，Chrono 库支持时长和输出流间的写入操作，以及输入流时长的解析操作。因此，无须显式地将时长序列化为整数或浮点值。对于 C++开发人员来说，这进一步简化了时长处理过程。

11.3　处理延迟问题

周期性数据处理是许多嵌入式应用程序的常见模式。其间，代码不需要一直工作。如果事先知晓何时需要处理，应用程序或工作线程可以在大多数时候处于空闲状态，仅需在必要时唤醒并处理数据。这可节省电力消耗，运行于设备上的其他应用程序也可在当前应用程序空闲时使用 CPU 资源。

相应地，存在多种技术可组织周期性处理行为。运行一个包含延迟循环的工作线程是最简单和最常见的方式之一。

C++提供了标准函数可向当前执行线程中添加延迟。在当前示例中，我们将学习两种方式将延迟添加至应用程序，并讨论其优缺点。

11.3.1　实现方式

本节将创建一个包含两个处理循环的应用程序，这些循环使用不同的函数暂停当前线程的执行过程。

（1）在工作目录~/test 中，创建一个名为 delays 的子目录。

（2）使用文本编辑器在 delays 子目录中创建一个 delays.cpp 文件。

（3）添加 sleep_for()函数和所需的 inlude 语句。

```cpp
#include <iostream>
#include <chrono>
#include <thread>

using namespace std::chrono_literals;
```

```
void sleep_for(int count, auto delay) {
  for (int i = 0; i < count; i++) {
    auto start = std::chrono::system_clock::now();
    std::this_thread::sleep_for(delay);
    auto end = std::chrono::system_clock::now();
    std::chrono::duration<double, std::milli> delta = end - start;
    std::cout << "Sleep for: " << delta.count() << std::endl;
  }
}
```

（4）定义第 2 个函数 sleep_until()。

```
void sleep_until(int count,
                 std::chrono::milliseconds delay) {
  auto wake_up = std::chrono::system_clock::now();
  for (int i = 0; i < 10; i++) {
    wake_up += delay;
    auto start = std::chrono::system_clock::now();
    std::this_thread::sleep_until(wake_up);
    auto end = std::chrono::system_clock::now();
    std::chrono::duration<double, std::milli> delta = end - start;
    std::cout << "Sleep until: " << delta.count() << std::endl;
  }
}
```

（5）添加简单的 main() 函数。

```
int main() {
  sleep_for(10, 100ms);
  sleep_until(10, 100ms);
  return 0;
}
```

（6）创建包含程序构建规则的 CMakeLists.txt 文件。

```
cmake_minimum_required(VERSION 3.5.1)
project(delays)
add_executable(delays delays.cpp)

set(CMAKE_SYSTEM_NAME Linux)
set(CMAKE_SYSTEM_PROCESSOR arm)

SET(CMAKE_CXX_FLAGS "--std=c++14")
set(CMAKE_CXX_COMPILER /usr/bin/arm-linux-gnueabi-g++)
```

随后，可构建并运行应用程序。

11.3.2　工作方式

在当前应用程序中，我们创建了两个函数，即 sleep_for()和 sleep_until()。二者基本等同，其间，sleep_for()函数使用 std::this_thread::sleep_for 添加延迟，而 sleep_until()函数则使用 std::this_thread::sleep_until 添加延迟。

其中，sleep_for()函数接收两个参数，即 count 和 delay。第 1 个参数定义了循环次数；第 2 个参数则用于指定延迟。这里使用 auto 作为 delay 参数的数据类型，让 C++推断实际的数据类型。

sleep_for()函数体包含一个简单的循环。

```
for (int i = 0; i < count; i++) {
```

在每次循环中运行 delay，并通过在 delay 前、后获取时间戳计算实际的时长。std::this_thread::sleep_for()函数作为参数接收一个时间间隔。

```
auto start = std::chrono::system_clock::now();
std::this_thread::sleep_for(delay);
auto end = std::chrono::system_clock::now();
```

实际的延迟以毫秒计算，对此我们使用一个 double 值作为毫秒计数器。

```
std::chrono::duration<double, std::milli> delta = end - start;
```

wait_until()函数则稍有不同。该函数使用了 std::current_thred::wait_until()函数，后者接收一个时间点（而非时间间隔）执行唤醒操作。此外，还引入了一个 wake_up 变量跟踪唤醒时间点。

```
auto wake_up = std::chrono::system_clock::now();
```

初始状态下，该变量设置为当前时间，并在每次循环过程中添加延迟时间（作为函数参数传递）。

```
wake_up += delay;
```

除 delay()函数外，函数的其余内容基本等同于 sleep_for()函数。

```
std::this_thread::sleep_until(wake_up);
```

我们使用相同的循环次数和延迟运行两个函数。此处应注意如何使用 C++字符串字面值将毫秒数传递至函数中，以使代码更具可读性。当使用字符串字面值时，需要添加下列内容。

```
sleep_for(10, 100ms);
sleep_until(10, 100ms);
```

这需要在函数定义之前完成，如下所示。

```
using namespace std::chrono_literals;
```

不同的延迟函数是否会产生差异？我们在两个函数实现中采用了相同的延迟。对此，运行代码并对输出结果进行比较，如图 11.3 所示。

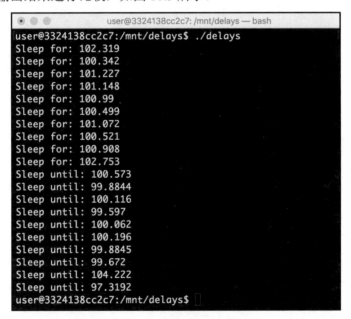

图 11.3

可以看到，sleep_for()函数的实际延迟大于 100 ms，而 sleep_until()函数的某些结果则低于该值。这里，第 1 个函数 delay_for()并没有考虑向控制台输出数据所需的时间。当已确定所需等待的时长后，sleep_for()函数可视为一种较好的选择。然而，如果对应目标是基于特定周期的唤醒操作，那么 sleep_until()函数则更优。

11.3.3　更多内容

sleep_for()与 sleep_until()函数间还存在其他一些差异。系统计时器有时并不准确，可能需要时间同步技术进行调整，如网络时间协议守护进程。这些时钟调整技术并不会影响 sleep_for()函数，但会涉及 sleep_until()函数。如果应用程序依赖于某个特定时刻而非时间间隔，那么建议使用 sleep_until()函数，如每秒在时钟显示屏上回退数字。

11.4　使用单调递增时钟

C++ Chrono 库提供了 3 种时钟类型。

（1）系统时钟。

（2）稳定时钟。

（3）高分辨率时钟。

高分辨率时钟通常作为系统时钟或稳定时钟的别名予以实现。然而，系统时钟和稳定时钟则是完全不同的两种时钟。

系统时钟反映了系统的时间，因此并不是单调的。系统时钟可通过时间同步服务在任意时刻被调整，如网络时间协议（NTP），甚至还可回退时间。

这也使得系统时钟无法成为处理精确时长的选择方案。稳定时钟是单调的，且无法被调整或回退。这一属性也涵盖自身的代价——它与时钟时间无关，通常表示为自上次重启以来的时间。

稳定时钟并不适用于重启后保持有效的持久时间戳，如序列化至某个文件或保存至数据库中。另外，稳定时钟也不应用于涉及不同源（如远程系统或外围设备）的时间计算。

在当前示例中，我们将学习如何使用稳定时钟实现一个简单的软件定时器。当运行后台工作线程时，我们需要了解定时器是否正常工作，抑或由于编码错误或外部设备响应迟缓而挂起。其间，线程周期性地更新一个时间戳，而监控例程则将该时间戳与当前时间进行比较。如果超出阈值，则执行特定的恢复操作。

11.4.1　实现方式

在当前应用程序中，我们将创建一个简单的运行于后台的函数，以及一个运行于主线程中的监控循环。

（1）在工作目录~/test 中，创建一个名为 monotonic 的子目录。

（2）使用文本编辑器在 monotonic 子目录中创建一个 monotonic.cpp 文件。

（3）添加头文件并定义全局变量。

```
#include <iostream>
#include <chrono>
#include <atomic>
```

```
#include <mutex>
#include <thread>

auto touched = std::chrono::steady_clock::now();
std::mutex m;
std::atomic_bool ready{ false };
```

（4）后台工作线程如下。

```
void Worker() {
  for (int i = 0; i < 10; i++) {
    std::this_thread::sleep_for(
        std::chrono::milliseconds(100 + (i % 4) * 10));
    std::cout << "Step " << i << std::endl;
    {
      std::lock_guard<std::mutex> l(m);
      touched = std::chrono::steady_clock::now();
    }
  }
  ready = true;
}
```

（5）添加包含监控例程的 main()函数。

```
int main() {
  std::thread t(Worker);
  std::chrono::milliseconds threshold(120);
  while(!ready) {
    auto now = std::chrono::steady_clock::now();
    std::chrono::milliseconds delta;
    {
      std::lock_guard<std::mutex> l(m);
      auto delta = now - touched;
      if (delta > threshold) {
        std::cout << "Execution threshold exceeded" << std::endl;
      }
    }
    std::this_thread::sleep_for(std::chrono::milliseconds(10));

  }
  t.join();
  return 0;
}
```

（6）创建包含程序构建规则的 **CMakeLists.txt** 文件。

```
cmake_minimum_required(VERSION 3.5.1)
project(monotonic)
add_executable(monotonic monotonic.cpp)
target_link_libraries(monotonic pthread)

set(CMAKE_SYSTEM_NAME Linux)
set(CMAKE_SYSTEM_PROCESSOR arm)

SET(CMAKE_CXX_FLAGS "--std=c++11")
set(CMAKE_CXX_COMPILER /usr/bin/arm-linux-gnueabi-g++)
```

随后，可构建并运行应用程序。

11.4.2　工作方式

当前应用程序包含多个线程，其中涉及运行监控机制的主线程和后台工作线程，并针对其同步问题使用 3 个全局变量。

其中，touched 变量保存时间戳，该时间戳由 Worker 线程周期性地更新。由于时间戳可被两个线程访问，因而访问行为应受到保护。对此，我们采用了互斥体 m。最后，为了表明工作线程结束了其任务，我们使用了一个原子变量 ready。

工作线程是一个循环，其中包含了人工延迟。该延迟根据步骤号计算，最终延迟结果为 100～300 ms。

```
std::this_thread::sleep_for(
        std::chrono::milliseconds(100 + (i % 4) * 10));
```

在每次循环过程中，Worker 线程会更新时间戳，并采用锁保护机制同步时间戳的访问。

```
{
  std::lock_guard<std::mutex> l(m);
  touched = std::chrono::steady_clock::now();
}
```

当 Worker 线程处于运行状态时，监控例程在一个循环中运行。在每次循环中，该例程计算当前时间和最近一次更新之间的时间间隔。

```
std::lock_guard<std::mutex> l(m);
auto delta = now - touched;
```

如果时间间隔大于阈值，函数将输出警告消息，如下所示。

```
if (delta > threshold) {
  std::cout << "Execution threshold exceeded" << std::endl;
}
```

在许多时候，应用程序可调用一个恢复函数重置外围设备或重启线程。在监控循环中，我们添加了一个 10 ms 的延迟。

```
std::this_thread::sleep_for(std::chrono::milliseconds(10));
```

这有助于减少资源消耗，同时获得可接受的反应时间。运行应用程序将生成如图 11.4 所示的输出结果。

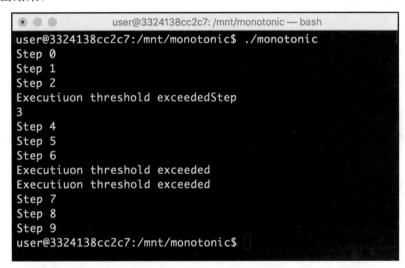

图 11.4

可以看到，输出结果包含了多条警告消息，表明 Worker 线程占用的时间超出了阈值 120ms。根据 worker() 函数的编写内容，这一结果是可以预测的。但重要的是，我们使用了一个单调的 std::chrono::steady_clock() 函数进行监控。但是，使用系统时钟可能会导致在时钟调整期间对恢复函数的伪（spurious）调用。

11.4.3 更多内容

C++ 20 定义了多种其他时钟类型，如 gps_clock，表示全球定位系统（GPS）时间，以及处理时间戳的 file_clock。这些时钟有可能是稳定、单调的。对此，我们可通过 is_steady() 成员函数检查时钟是否是单调的。

11.5　使用 POSIX 时间戳

POSIX 时间戳基于 UNIX 操作系统中传统的内部时间表达方式。它被定义为自 Epoch 或 1970 年 1 月 1 日 00:00:00 UTC（协调世界时间）以来的秒数。

出于简单性，该表达方式广泛地应用于网络协议、文件元数据或序列化中。

在当前示例中，我们将学习如何将 C++时间点转换为 POSIX 时间戳，并根据 POSIX 时间戳生成 C++时间点。

11.5.1　实现方式

本节将创建一个应用程序，该应用程序将时间点转换为一个 POSIX 时间戳，并于随后从该时间戳中恢复一个时间点。

（1）在工作目录~/test 中创建一个名为 timestamps 的子目录。

（2）使用文本编辑器在 timestamps 子目录中创建一个 timestamps.cpp 文件。

（3）将下列代码片段置于 timestamps.cpp 文件中。

```cpp
#include <iostream>
#include <chrono>

int main() {
  auto now = std::chrono::system_clock::now();

  std::time_t ts = std::chrono::system_clock::to_time_t(now);
  std::cout << "POSIX timestamp: " << ts << std::endl;

  auto restored = std::chrono::system_clock::from_time_t(ts);

  std::chrono::duration<double, std::milli> delta = now - restored;
  std::cout << "Recovered time delta " << delta.count() << std::endl;
  return 0;
}
```

（4）创建包含程序构建规则的 CMakeLists.txt 文件。

```cmake
cmake_minimum_required(VERSION 3.5.1)
project(timestamps)
add_executable(timestamps timestamps.cpp)
```

```
set(CMAKE_SYSTEM_NAME Linux)
set(CMAKE_SYSTEM_PROCESSOR arm)

SET(CMAKE_CXX_FLAGS "--std=c++11")
set(CMAKE_CXX_COMPILER /usr/bin/arm-linux-gnueabi-g++)
```

随后，可构建并运行应用程序。

11.5.2　工作方式

首先，通过系统时钟针对当前时间创建一个时间点对象。

```
auto now = std::chrono::system_clock::now();
```

由于 POSIX 表示自 Epoch 以来的时间，因而我们无法使用稳定时钟。然而，系统时钟知晓如何将其内部表达转换为 POSIX 格式，并对此提供了一个 to_time_t()静态函数。

```
std::time_t ts = std::chrono::system_clock::to_time_t(now);
```

对应结果定义为 std::time_t 类型，但这可视为一个整数，而不是一个对象。与时间点实例不同，我们可直接将其写入一个输出流。

```
std::cout << "POSIX timestamp: " << ts << std::endl;
```

接下来，尝试从这个整数时间戳中恢复一个时间点。此处使用了静态函数 from_time_t()。

```
auto restored = std::chrono::system_clock::from_time_t(ts);
```

当前，我们持有两个时间戳，二者是否相同？接下来将计算并显示其差别。

```
std::chrono::duration<double, std::milli> delta = now - restored;
std::cout << "Recovered time delta " << delta.count() << std::endl;
```

当运行应用程序时，对应输出结果如图 11.5 所示。

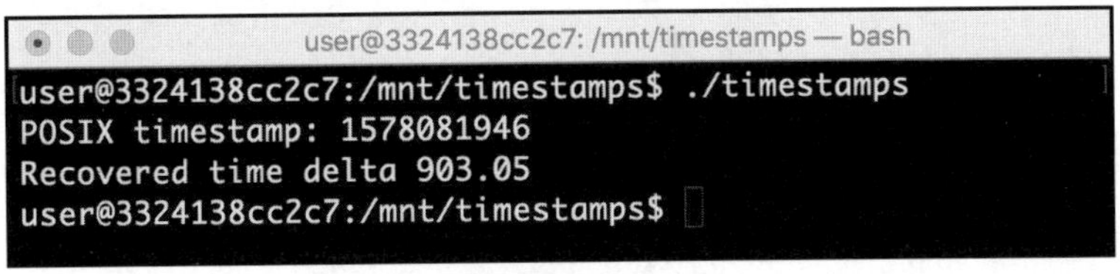

图 11.5

可以看到，对应的时间戳有所不同，但差值总是小于 1000。由于 POSIX 定义为自 Epoch 以来的秒数，因此将会失去细粒度时间，如毫秒和微秒。

尽管存在这些限制条件，但 POSIX 依然十分重要并广泛用于时间的传输表达中；必要时，还可将其转换为 C++的内部表达方式。

11.5.3　更多内容

许多时候，直接处理 POSIX 时间戳已然足够。由于时间戳表示为数字，因此可使用简单的数字比较以确定新、旧时间戳。类似地，时间戳间的减法运算可生成二者间的时间间隔（以秒计）。如果将性能视作系统中的瓶颈，那么这种方法将优于 C++的本地时间点方案。

第 12 章　错误处理和容错机制

对于嵌入式软件来说，错误处理机制十分重要。嵌入式系统应可在不同的物理条件下采用无监督方式工作，如控制外部外围设备，但这些设备可能会发生故障，或者无法提供可靠的通信线路。许多时候，系统故障往往代价高昂或者引发安全问题。

本章将讨论常见策略和最佳实践方案，以帮助读者编写可靠和具有容错功能的嵌入式程序。

本章主要涉及以下主题。

❑　处理错误代码。

❑　针对错误处理使用异常。

❑　捕捉异常时使用常量引用。

❑　处理静态对象。

❑　与定时器协同工作。

❑　高可用系统的心跳信号。

❑　实现软件反抖动逻辑。

本章示例可帮助读者理解错误处理设计的重要性，并通过最佳实践方案避免这一领域中的一些问题。

12.1　处理错误代码

当设计新函数时，开发人员通常需要一种机制，表明函数由于错误原因无法完成最终的任务，包括无效结果、从外围设备接收到的意外结果或资源分配问题。

一种传统且广泛使用的错误条件报告方式是通过错误代码完成的。这种独特、有效的方式并不依赖于编程语言或操作系统。其高效、通用和跨平台的能力，使它在嵌入式软件开发中得到了广泛的应用。

设计返回值或错误代码的函数接口可能较为困难，特别是值和错误代码具有不同的类型时。在当前示例中，我们将探讨设计这类函数接口的几种方法。

12.1.1　实现方式

本节将创建一个应用程序，该应用程序包含 Receive()函数的 3 种实现。除不同的接口外，3 个函数包含相同的行为。

（1）在工作目录~/test 中创建一个名为 errcode 的子目录。

（2）使用文本编辑器在 errcode 子目录中创建 errcode.cpp 文件。

（3）向 errcode.cpp 文件中添加函数实现。

```cpp
#include <iostream>
int Receive(int input, std::string& output) {
  if (input < 0) {
    return -1;
  }

  output = "Hello";
  return 0;
}
```

（4）添加第 2 个函数实现。

```cpp
std::string Receive(int input, int& error) {
  if (input < 0) {
    error = -1;
    return "";
  }
  error = 0;
  return "Hello";
}
```

（5）Receive()函数的第 3 种实现如下。

```cpp
std::pair<int, std::string> Receive(int input) {
  std::pair<int, std::string> result;
  if (input < 0) {
    result.first = -1;
  } else {
    result.second = "Hello";
  }
  return result;
}
```

（6）定义一个名为 Display()的帮助函数以显示结果。

```cpp
void Display(const char* prefix, int err, const std::string&result) {
  if (err < 0) {
    std::cout << prefix << " error: " << err << std::endl;
  } else {
```

```
    std::cout << prefix << " result: " << result << std::endl;
  }
}
```

（7）添加一个 Test()函数，测试上述 3 种实现。

```
void Test(int input) {
  std::string outputResult;
  int err = Receive(input, outputResult);
  Display(" Receive 1", err, outputResult);

  int outputErr = -1;
  std::string result = Receive(input, outputErr);
  Display(" Receive 2", outputErr, result);

  std::pair<int, std::string> ret = Receive(input);
  Display(" Receive 3", ret.first, ret.second);
}
```

（8）定义 main()函数。

```
int main() {
  std::cout << "Input: -1" << std::endl;
  Test(-1);
  std::cout << "Input: 1" << std::endl;
  Test(1);

  return 0;
}
```

（9）创建包含程序构建规则的 CMakeLists.txt 文件。

```
cmake_minimum_required(VERSION 3.5.1)
project(errcode)
add_executable(errcode errcode.cpp)
set(CMAKE_SYSTEM_NAME Linux)
set(CMAKE_SYSTEM_PROCESSOR arm)

SET(CMAKE_CXX_FLAGS "--std=c++11")
set(CMAKE_CXX_COMPILER /usr/bin/arm-linux-gnueabi-g++)
```

（10）构建并运行应用程序。

12.1.2　工作方式

在当前应用程序中，我们定义了函数的 3 种不同实现方式，对应函数接收源自某个设备的数据，并作为字符串返回所接收的数据。在出现错误时，函数将返回一个整数错误码，并以此表明错误的原因。

由于结果和错误码包含不同的类型，因而无法针对二者复用相同的值。当在 C++中返回多个值时，可能需要使用输出参数或创建一个复合数据类型。

对此，当前实现涵盖了两种策略。我们采用重载的 C++函数定义包含相同名称、不同参数和返回值类型的 Receive()函数。

其中，第 1 个实现返回一个错误码，并将结果存储于输出参数结果中。

```
int Receive(int input, std::string& output)
```

输出参数是一个引用所传递的字符串，以使函数调整其内容。第 2 种实现修改参数，并作为结果返回一个接收的字符串，同时作为输出参数接收一个错误码。

```
std::string Receive(int input, int& error)
```

鉴于需要错误码在函数内设置，我们需要通过引用方式对其进行传递。最后，第 3 种实现方式将结果和错误代码进行组合，并以 C++中 pair 的形式返回。

```
std::pair<int, std::string> Receive(int input)
```

函数通常创建一个 std::pair<int, std::string>实例。由于未向其构造函数中传递任何值，因而该对象实现了默认初始化操作。其中，整数元素设置为 0，而字符串元素则设置为一个空字符串。

该方案并不需要一个 output 对象且更具可读性，但构造并销毁 pair 对象则会产生一定的开销。

3 种实现方案定义完毕后，即可在 Test()函数中对其进行测试。对此，可向每种实现传递相同的参数并显示最终的结果。相应地，我们期望每种实现均生成相同的结果。

在两次 Test()调用中，首先作为参数传递-1，这将触发一条错误路径；随后传递 1，以激活常规的操作路径。

```
std::cout << "Input: -1" << std::endl;
Test(-1);
std::cout << "Input: 1" << std::endl;
Test(1);
```

运行程序，对应的输出结果如图 12.1 所示。

图 12.1

根据输入参数，3 种实现可正确地返回对应结果或错误码。根据整体设计方针或个人喜好，我们可在应用程序中使用任何一种方案。

12.1.3　更多内容

作为 C++17 标准的一部分内容，标准库中添加了名为 std::optional 的模板，表示可缺失的可选值，也可用作故障函数的返回值。然而，它并不能代表故障的原因。读者可访问 https://en.cppreference.com/w/cpp/utility/optional 中的 std::optional 以了解更多信息。

12.2　针对错误处理使用异常

虽然错误码可视为嵌入式编程中错误处理广泛采用的技术，但 C++对此提供了另一种机制，即异常。

异常旨在简化错误处理并使其更具可靠性。当采用错误码时，开发人员需要检查每个错误函数的结果，并将该结果传播至调用函数。这使得包含大量 if-else 结构的代码变得混乱，同时函数逻辑变得更加模糊。

当采用异常时，开发人员无须再调用某个函数后检查错误。异常通过调用栈自动传播，直至遇到可正确对其进行处理的代码（如日志、重试），或终止应用程序。

尽管异常可视为 C++标准库中默认的错误处理机制，但外围设备通信或底层操作系统层仍然采用错误码。在当前示例中，我们将学习如何利用 std::system_error 异常类将底层错误处理机制桥接至 C++异常。

12.2.1　实现方式

本节将创建一个简单的应用程序，并通过串行链接与设备通信。

（1）在工作目录~/test 中创建一个名为 except 的子目录。

（2）使用文编辑器在 except 子目录中创建一个 except.cpp 文件。

（3）将所需的 include 语句置于 except.cpp 文件中。

```
#include <iostream>
#include <system_error>
#include <fcntl.h>
#include <unistd.h>
```

（4）定义 Device 类，该类抽象了与设备间的通信。首先是构造函数和析构函数，如下所示。

```cpp
class Device {
  int fd;

  public:
    Device(const std::string& deviceName) {
      fd = open(deviceName.c_str(), O_RDWR);
      if (fd < 0) {
        throw std::system_error(errno, std::system_category(),
                                "Failed to open device file");
      }
    }

    ~Device() {
      close(fd);
    }
```

（5）添加一个方法，将数据发送到设备中。

```cpp
    void Send(const std::string& data) {
      size_t offset = 0;
      size_t len = data.size();
      while (offset < data.size() - 1) {
        int sent = write(fd, data.data() + offset,
                         data.size() - offset);
        if (sent < 0) {
          throw std::system_error(errno,
```

```
                                std::system_category(),
                                "Failed to send data");
            }
            offset += sent;
        }
    }
};
```

（6）定义 main()函数。

```
int main() {
  try {
    Device serial("/dev/ttyUSB0");
    serial.Send("Hello");
  } catch (std::system_error& e) {
    std::cout << "Error: " << e.what() << std::endl;
    std::cout << "Code: " << e.code() << " means \""
              << e.code().message()
              << "\"" << std::endl;
  }

  return 0;
}
```

（7）创建包含程序构建规则的 CMakeLists.txt 文件。

```
cmake_minimum_required(VERSION 3.5.1)
project(except)
add_executable(except except.cpp)

set(CMAKE_SYSTEM_NAME Linux)
set(CMAKE_SYSTEM_PROCESSOR arm)

SET(CMAKE_CXX_FLAGS "--std=c++11")
set(CMAKE_CXX_COMPILER /usr/bin/arm-linux-gnueabi-g++)
```

（8）构建并运行应用程序。

12.2.2　工作方式

应用程序与通过串行链接连接的外围设备进行通信。在 POSIX 操作系统中，设备通信类似于常规文件操作，并使用相同的 API，如 open()、close()、read()和 write()函数。

所有这些函数将返回错误码，以表示不同的错误条件。此处并未直接使用这些函数，而是将通信行为封装到 Device 类中。

　　其间，构造函数试图打开 deviceName 构造函数参数引用的文件。构造函数检查错误码，若该错误码表示为一个错误，则创建并抛出一个 std::system_error 异常。

```
throw std::system_error(errno, std::system_category(),
                        "Failed to open device file");
```

　　我们通过 3 个参数构建了 std::system_error 实例。其中，第 1 个参数表示为需要封装至异常中的错误码。我们使用 open()函数返回错误时设置的 errno 变量值。第 2 个参数表示一个错误分类。由于这里使用了特定于操作系统的错误码，因而我们使用一个 std::system_category 实例。第 3 个参数表示为一条与异常关联的消息，以帮助我们进一步识别错误信息。

　　通过类似方式，我们还定义了 send()函数，并将数据发送到设备中。这是一个围绕 write()系统函数的封装器，如果 write()函数返回一个错误，则创建并抛出 std::system_error 实例。这里，唯一的差别在于消息内容，并以此在日志中区分两种情形间的差异。

```
throw std::system_error(errno, std::system_category(),
                        "Failed to send data");
}
```

　　Device 类定义完毕后，即可使用。此处仅创建了一个 Device 类实例，并将数据发送至其中，而非打开一个设备、检查错误，随后写入设备并再次检查错误内容。

```
Device serial("/dev/ttyUSB0");
serial.Send("Hello");
```

　　全部错误处理机制位于主逻辑之后的 catch 块中。如果抛出系统错误，则将其记录到标准输出中。除此之外，我们还输出了异常中与错误码相关的信息。

```
} catch (std::system_error& e) {
  std::cout << "Error: " << e.what() << std::endl;
  std::cout << "Code: " << e.code() << " means \"" << e.code().message()
      << "\"" << std::endl;
}
```

　　当构建并运行应用程序时，如果不存在/dev/ttyUSB0 连接设备，则输出结果如图 12.2 所示。

　　正如期望的那样，我们检测到了错误条件，并可查看全部细节内容，包括底层操作系统错误码及其描述信息。不难发现，使用封装器类与设备通信的代码相对整洁且兼具可读性。

图 12.2

12.2.3 更多内容

C++标准库设置了多个预定义异常和错误分类。读者可访问 https://en.cppreference.com/ w/cpp/error 中的 C++错误处理机制部分以了解更多内容。

12.3 捕捉异常时使用常量引用

C++异常针对异常处理设计提供了强大的支持且兼具灵活性，并可通过多种方式实现。我们可抛出任意类型的异常，包括指针和整数，还可通过值和引用捕获异常。在选择数据类型时，错误的选择结果可能导致性能降低或资源泄露。

在当前示例中，我们将分析潜在的问题，并学习如何在捕捉块中使用常量引用，以实现有效和安全的错误处理机制。

12.3.1 实现方式

本节将创建一个应用程序，该程序可抛出和捕获自定义异常，并分析数据类型的选择对功效的影响。

（1）在工作目录~/test 中创建一个子目录 catch。

（2）使用文本编辑器在 catch 子目录中创建一个 catch.cpp 文件。

（3）将 Error 类置于 catch.cpp 文件中。

```cpp
#include <iostream>

class Error {
  int code;

  public:
    Error(int code): code(code) {
      std::cout << " Error instance " << code << " was created"
```

```
                    << std::endl;
    }
    Error(const Error& other): code(other.code) {
        std::cout << " Error instance " << code << " was cloned"
                    << std::endl;
    }
    ~Error() {
        std::cout << " Error instance " << code << " was destroyed"
                    << std::endl;
    }
};
```

（4）添加帮助函数，并测试 3 种不同的错误抛出和处理方式。首先通过值捕捉异常。

```
void CatchByValue() {
    std::cout << "Catch by value" << std::endl;
    try {
        throw Error(1);
    }
    catch (Error e) {
        std::cout << " Error caught" << std::endl;
    }
}
```

（5）添加一个函数，该函数抛出一个指针并通过指针捕捉异常。

```
void CatchByPointer() {
    std::cout << "Catch by pointer" << std::endl;
    try {
        throw new Error(2);
    }
    catch (Error* e) {
        std::cout << " Error caught" << std::endl;
    }
}
```

（6）添加一个函数，该函数使用 const 引用捕捉异常。

```
void CatchByReference() {
    std::cout << "Catch by reference" << std::endl;
    try {
        throw Error(3);
    }
    catch (const Error& e) {
```

```
    std::cout << " Error caught" << std::endl;
  }
}
```

（7）在全部帮助函数定义完毕后，添加一个 main()函数。

```
int main() {
  CatchByValue();
  CatchByPointer();
  CatchByReference();
  return 0;
}
```

（8）将应用程序的构建规则置入 CMakeLists.txt 文件中。

```
cmake_minimum_required(VERSION 3.5.1)
project(catch)
add_executable(catch catch.cpp)
set(CMAKE_SYSTEM_NAME Linux)
set(CMAKE_SYSTEM_PROCESSOR arm)

SET(CMAKE_CXX_FLAGS "--std=c++11")

set(CMAKE_CXX_COMPILER /usr/bin/arm-linux-gnueabi-g++)
```

（9）构建并运行应用程序。

12.3.2　工作方式

在当前应用程序中，我们实现了一个自定义类 Error，并在抛出和捕捉异常时使用该类。该类提供了一个构造函数、一个复制构造函数和一个将信息记录至控制台的析构函数，并以此评估不同异常捕捉方案的功效。

Error 类仅包含 code 数据字段，用于区分类实例。

```
class Error {
  int code;
```

接下来评估 3 种不同的异常处理方案。其中，第 1 种方案 CatchByValue 较为直观，即创建并抛出一个 Error 类实例。

```
throw Error(1);
```

随后通过值对异常进行捕捉。

```
catch (Error e) {
```

第 2 种方案 CatchByPointer 通过 new 操作符动态生成一个 Error 实例。

```
throw new Error(2);
```

随后使用指针捕捉异常。

```
catch (Error* e) {
```

最后，CatchByReference 抛出一个与 CatchByValue 类似的异常，但在捕捉异常时使用指向 Error 的 const 引用。

```
catch (const Error& e) {
```

运行应用程序，对应的输出结果如图 12.3 所示。

图 12.3

可以看到，当通过值捕捉一个对象时，将创建一个异常对象的副本。虽然这在当前示例中不会产生任何问题，但在高负载的应用程序中，这种低效行为可能会导致性能问题。

相比之下，通过指针捕捉异常则不会产生这种低效问题。但是，对象的析构函数并未被调用，从而导致内存泄露。这一问题可通过在 catch 块中调用 delete 解决，但这很容易出错，因为并不总是清楚谁负责销毁指针引用的对象。

引用方案则是一类较为安全、高效的方案，其间不存在内存泄露和不必要的复制行为。另外，const 引用还将提示编译器该引用不会被更改，因此可于内部实现较好的优化。

12.3.3　更多内容

错误处理机制是一个较为复杂的话题，涵盖了大量的最佳实践方案、提示和推荐方法。读者可访问 https://isocpp.org/wiki/faq/exceptions 中的 C++异常和错误处理机制 FAQ

部分，进而提升自身的异常处理技能。

12.4　处理静态对象

在 C++中，如果某个对象无法正常地实例化，那么对象的构造函数将抛出异常。源自堆栈上构造的对象，或使用 new 关键字动态创建的对象的异常，可以由创建对象的代码周围的 try-catch 块处理。

对于静态对象，情况则变得更加复杂。此类对象在执行过程进入 main()函数之前实例化，因而无法置于程序的 try-catch 块中。C++编译器通过调用 std::terminate()函数处理此类问题，这将输出一条错误消息并终止程序。即使异常并不重要，我们也无法恢复正常的流程。

对此，存在几种方法可处理此类问题。作为一般规则，规定仅简单的整数数据类型可采用静态方式分配。如果仍需要定义一个复杂的静态对象，应确保其构造函数不会抛出异常。

在当前示例中，我们将学习如何针对静态对象实现一个构造函数。

12.4.1　实现方式

本节将创建一个自定义类，其间分配指定数量的内存，并通过静态方式分配两个类实例。

（1）在工作目录~/test 中创建一个名为 static 的子目录。

（2）使用文本编辑器在 static 子目录中创建一个 static.cpp 文件。

（3）定义 Complex，并将其私有字段和构造函数置于 static.cpp 文件中。

```cpp
#include <iostream>
#include <stdint.h>
class Complex {
  char* ptr;

  public:
    Complex(size_t size) noexcept {
      try {
        ptr = new(std::nothrow) char[size];
        if (ptr) {
          std::cout << "Successfully allocated "
                    << size << " bytes" << std::endl;
        } else {
```

```
            std::cout << "Failed to allocate "
                      << size << " bytes" << std::endl;
        }
    } catch (...) {
      // Do nothing
    }
  }
```

（4）定义析构函数和 IsValid()方法。

```
~Complex() {
    try {
      if (ptr) {
        delete[] ptr;
        std::cout << "Deallocated memory" << std::endl;
      } else {
        std::cout << "Memory was not allocated"
                  << std::endl;
      }
    } catch (...) {
      // Do nothing
    }
  }

  bool IsValid() const { return nullptr != ptr; }
};
```

（5）在类定义完毕后，接下来定义两个全局对象 small 和 large 以及 main()函数。

```
Complex small(100);
Complex large(SIZE_MAX);
int main() {
  std::cout << "Small object is "
            << (small.IsValid()? "valid" : "invalid")
            << std::endl;
  std::cout << "Large object is "
            << (large.IsValid()? "valid" : "invalid")
            << std::endl;

  return 0;
}
```

（6）创建包含程序构建规则的 CMakeLists.txt 文件。

```
cmake_minimum_required(VERSION 3.5.1)
project(static)
add_executable(static static.cpp)
```

```
set(CMAKE_SYSTEM_NAME Linux)
set(CMAKE_SYSTEM_PROCESSOR arm)

SET(CMAKE_CXX_FLAGS "--std=c++11")
set(CMAKE_CXX_COMPILER /usr/bin/arm-linux-gnueabi-g++)
```

（7）构建并运行应用程序。

12.4.2　工作方式

这里，我们定义了 Complex 类，并打算采用静态方式分配该类的实例。为了安全起见，应确保该类的构造函数或析构函数能够抛出异常。

然而，构造函数和析构函数会调用潜在抛出异常的某些操作。构造函数执行内存分配，而析构函数则将日志写入标准输出。

构造函数通过 new 操作符分配内存，如果内存分配失败，构造函数将抛出一个 std::bad_alloc 异常。这里采用了常量 std::nothrow 进而使 new 操作符不抛出异常，而是在内存分配失败时返回 nullptr。

```
ptr = new(std::nothrow) char[size];
```

我们将构造函数体封装至 try 块中，并捕捉全部异常。当前 catch 块为空，也就是说，如果构造函数失败，则不执行任何操作。

```
} catch (...) {
        // Do nothing
}
```

由于禁止任何异常传播至上层，因而可通过 C++关键字 noexcept 使构造函数不抛出任何异常。

```
Complex(size_t size) noexcept {
```

但是，我们需要了解某个对象是否被正确地创建。对此，可定义一个 IsValid()方法。若内存分配成功，该方法返回 true，否则返回 false。

```
bool IsValid() const { return nullptr != ptr; }
```

析构函数则执行反向操作。该函数释放内存并将释放状态记录到控制台中。类似构造函数，此处并不希望异常传播至上层，因而可将析构函数体封装至 try-catch 块。

```
try {
   if (ptr) {
     delete[] ptr;
```

```
        std::cout << "Deallocated memory" << std::endl;
    } else {
        std::cout << "Memory was not allocated" << std::endl;
    }
} catch (...) {
    // Do nothing
}
```

当前，我们声明了两个全局对象，即 small 和 large，并采用静态方式分配内存。这里，对象的大小是人工选取的，具体方式可描述为：small 对象将被适当地分配，而 large 对象则分配失败。

```
Complex small(100);
Complex large(SIZE_MAX);
```

在 main()函数中，将检查对象是否有效。

```
std::cout << "Small object is " << (small.IsValid()? "valid" : "invalid")
        << std::endl;
std::cout << "Large object is " << (large.IsValid()? "valid" : "invalid")
        << std::endl;
```

运行应用程序，对应的输出结果如图 12.4 所示。

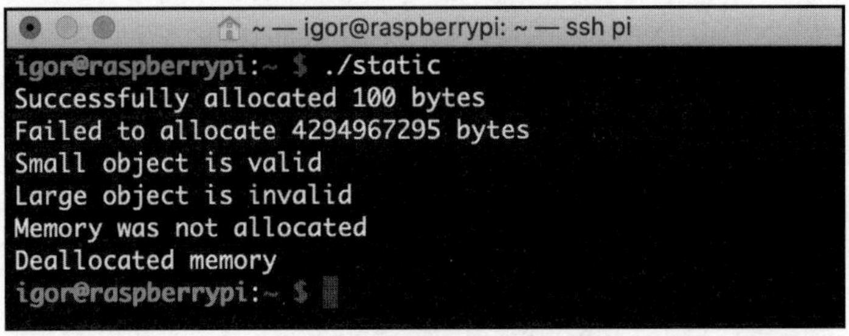

图 12.4

可以看到，small 对象可实现正常的分配和释放。相比较而言，large 对象的初始化操作即失败，但由于该对象设计为不抛出任何异常，因而未导致不正常的应用程序终止行为。对于静态分配的对象，还可使用类似的技术编写健壮、安全的应用程序。

12.5　与定时器协同工作

嵌入式应用程序一般设计为在无监督模式下工作，同时也包括错误的恢复能力。如果应用程序崩溃，该程序将随后自动重启。但是，如果应用程序由于进入无限循环或死锁而挂起，情况又当如何？

相应地，硬件或软件定时器用于处理此类情况。应用程序应周期性地通知或向定时器反馈，并以此表明确保操作正常运行。如果定时器未在特定的时间段内获取输入内容，则终止应用程序运行或重启系统。

定时器存在多种实现方式，但其接口需要保持一致，应用程序可以此重置定时器。

在当前示例中，我们将学习如何在 POSIX 信号子系统上创建一个简单的软件定时器。相同的技术也适用于硬件定时器或更加复杂的软件计时器服务。

12.5.1　实现方式

本节将创建一个应用程序，该程序将定义 Watchdog 类并提供其应用示例。

（1）在工作目录~/test 中，创建一个名为 watchdog 的子目录。

（2）使用文本编辑器在 watchdog 子目录中创建 watchdog.cpp 文件。

（3）将 include 语句置入 watchdog.cpp 文件中。

```
#include <chrono>
#include <iostream>
#include <thread>

#include <unistd.h>

using namespace std::chrono_literals;
```

（4）定义 Watchdog 类。

```
class Watchdog {
  std::chrono::seconds seconds;

  public:
    Watchdog(std::chrono::seconds seconds):
      seconds(seconds) {
        feed();
    }

    ~Watchdog() {
      alarm(0);
    }

    void feed() {
```

```
      alarm(seconds.count());
    }
};
```

（5）添加 main()函数，该函数可视为定时器的应用示例。

```
int main() {
  Watchdog watchdog(2s);
  std::chrono::milliseconds delay = 700ms;
  for (int i = 0; i < 10; i++) {
    watchdog.feed();
    std::cout << delay.count() << "ms delay" << std::endl;
    std::this_thread::sleep_for(delay);
    delay += 300ms;
  }
}
```

（6）添加包含程序构建规则的 **CMakeLists.txt** 文件。

```
cmake_minimum_required(VERSION 3.5.1)
project(watchdog)
add_executable(watchdog watchdog.cpp)

set(CMAKE_SYSTEM_NAME Linux)
set(CMAKE_SYSTEM_PROCESSOR arm)

SET(CMAKE_CXX_FLAGS "--std=c++14")

set(CMAKE_CXX_COMPILER /usr/bin/arm-linux-gnueabi-g++)
```

（7）构建并运行应用程序。

12.5.2　工作方式

当应用程序挂起时，我们需要一种机制可终止应用程序。虽然可生成一个特定的监控线程或进程，但 POSIX 信号则是一种更加简单的方式。

运行于 POSIX 操作系统中的任何进程均可接收多个信号。在将一个信号发送至进程时，操作系统将终止该进程的执行过程，并调用对应的信号处理程序。

alarm 便是可发送至进程的信号之一。默认状态下，其处理程序仅终止应用程序，这也是实现定时器所必需的。

Watchdog 类的构造函数接收一个参数，即 seconds。

```
Watchdog(std::chrono::seconds seconds):
```

这表示为计时器的时间间隔，并即刻传递至 feed()方法中以激活计时器。

```
feed();
```

feed()方法调用 POSIX 函数 alarm()以设置计时器，如果计时器已被设置，则利用新值对其更新。

```
void feed() {
  alarm(seconds.count());
}
```

最后，在析构函数中调用相同的 alarm()函数，并通过传递 0 值禁用计时器。

```
alarm(0);
```

每次调用 feed()函数时，当进程接收 alarm 信号时将修改当前时间。但是，如果在计时器到期之前未调用 feed()函数，则将触发 alarm 处理程序，进而终止进程。

当对此进行检测时，我们创建了一个简单的应用程序，并设置了 10 次循环。在每次循环过程中，将显示一条消息并休眠特定的时间间隔。初始时，时间间隔为 700 ms；在每次循环过程中，该值将增加 300 ms，如 700 ms、1000 ms、1300 ms 等。

```
delay += 300ms;
```

定时器则设置为 2 s 的时间间隔。

```
Watchdog watchdog(2s);
```

运行应用程序并查看其工作方式，对应的输出结果如图 12.5 所示。

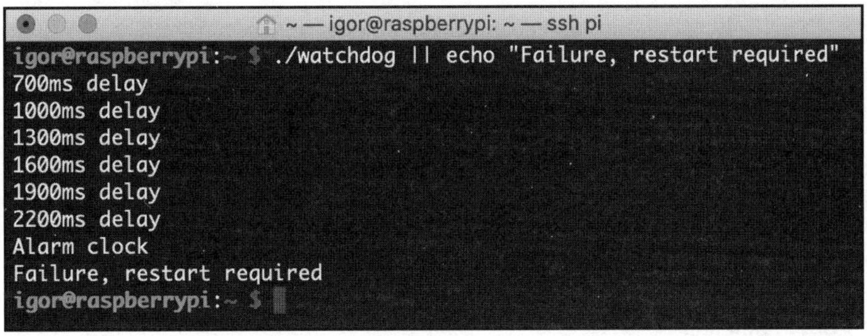

图 12.5

可以看到，在延迟超出定时器的时间间隔后，应用程序在 6 次循环后终止。而且，考虑到非正常终止，其返回码为非 0 值。如果应用程序由另一个应用程序或脚本生成，则该结果表明应用程序需要重启。

定时器技术是构建健壮的嵌入式应用程序时的一种简单、有效的方法。

12.6　高可用系统的心跳信号

在前述示例中，我们学习了如何通过定时器复制软件挂起。类似的技术还可用于实现高可用系统。此类系统由一个或多个执行相同功能的软件或硬件组件构成。如果某个组件出现故障，则另一个组件负责掌控。

当前处于活动状态的组件应定期利用消息（称为心跳信号）将其健康状态报告给其他被动组件。如果组件处于非健康状态，或未在特定时间段内报告，被动组件将会检测到这一状况并激活自身。故障组件恢复后，转换为被动模式，并监测当前的活动组件（是否出现故障），或者启动一个故障恢复过程以收回活动状态。

在当前示例中，我们将学习如何在应用程序中实现一个简单的心跳信号监视器。

12.6.1　实现方式

本节将创建一个应用程序，该应用程序将定义一个 Watchdog 类并提供其应用示例。

（1）在工作目录~/test 中创建一个名为 heartbeat 的子目录。

（2）使用文本编辑器在 heartbeat 子目录中创建一个 heartbeat.cpp 文件。

（3）将所需的 include 语句置于 heartbeat.cpp 文件中。

```cpp
#include <chrono>
#include <iostream>
#include <system_error>
#include <thread>

#include <unistd.h>
#include <poll.h>
#include <signal.h>
```

（4）定义一个 enum 类并报告活动线程的健康状态。

```cpp
enum class Health : uint8_t {
  Ok,
  Unhealthy,
  ShutDown
};
```

（5）定义一个类，用于封装心跳信号报告机制和监测机制。首先是该类的定义及其私有字段和构造函数。

```cpp
class Heartbeat {
  int channel[2];
  std::chrono::milliseconds delay;

  public:
    Heartbeat(std::chrono::milliseconds delay):
        delay(delay) {
      int rv = pipe(channel);
      if (rv < 0) {
        throw std::system_error(errno,
                                std::system_category(),
                                "Failed to open pipe");
      }
    }
```

（6）添加一个方法以报告健康状态。

```cpp
void Report(Health status) {
  int rv = write(channel[1], &status, sizeof(status));
  if (rv < 0) {
    throw std::system_error(errno,
                  std::system_category(),
                  "Failed to report health status");
  }
}
```

（7）随后是健康状态监测方法。

```cpp
    bool Monitor() {
      struct pollfd fds[1];
      fds[0].fd = channel[0];
      fds[0].events = POLLIN;
      bool takeover = true;
      bool polling = true;
      while(polling) {
        fds[0].revents = 0;
        int rv = poll(fds, 1, delay.count());
        if (rv) {
          if (fds[0].revents & (POLLERR | POLLHUP)) {
            std::cout << "Polling error occured"
                      << std::endl;
            takeover = false;
```

```
                polling = false;
                break;
            }

            Health status;
            int count = read(fds[0].fd, &status,
                             sizeof(status));
            if (count < sizeof(status)) {
                std::cout << "Failed to read heartbeat data"
                          << std::endl;
                break;
            }
            switch(status) {
                case Health::Ok:
                    std::cout << "Active process is healthy"
                              << std::endl;
                    break;
                case Health::ShutDown:
                    std::cout << "Shut down signalled"
                              << std::endl;
                    takeover = false;
                    polling = false;
                    break;
                default:
                    std::cout << "Unhealthy status reported"
                              << std::endl;
                    polling = false;
                    break;
            }
        } else if (!rv) {
            std::cout << "Timeout" << std::endl;
            polling = false;
        } else {
            if (errno != EINTR) {
                std::cout << "Error reading heartbeat data, retrying"
<< std::endl;
            }
        }
    }
    return takeover;
}
};
```

（8）在心跳信号逻辑定义完毕后，可定义一些函数以便在测试程序中对其加以使用。

```cpp
void Worker(Heartbeat& hb) {
  for (int i = 0; i < 5; i++) {
    hb.Report(Health::Ok);
    std::cout << "Processing" << std::endl;
    std::this_thread::sleep_for(100ms);
  }
  hb.Report(Health::Unhealthy);
}

int main() {
  Heartbeat hb(200ms);
  if (fork()) {
    if (hb.Monitor()) {
      std::cout << "Taking over" << std::endl;
      Worker(hb);
    }
  } else {
    Worker(hb);
  }
}
```

（9）添加包含程序构建规则的 CMakeLists.txt 文件。

```cmake
cmake_minimum_required(VERSION 3.5.1)
project(heartbeat)
add_executable(heartbeat heartbeat.cpp)

set(CMAKE_SYSTEM_NAME Linux)
set(CMAKE_SYSTEM_PROCESSOR arm)

SET(CMAKE_CXX_FLAGS "--std=c++14")

set(CMAKE_CXX_COMPILER /usr/bin/arm-linux-gnueabi-g++)
```

（10）构建并运行应用程序。

12.6.2　工作方式

心跳信号机制需要某种通信通道，以实现组件间的状态报告。在围绕多个处理单元构造的系统中，较好的方法是通过 Socket 的基于网络的通信。当前应用程序运行于单一节点上，因而可采用本地 IPC 机制（之一）。

对于心跳信号的传输，我们将使用 POSIX 管道。当创建了一个管道之后，该管道针对通信提供两个文件描述符。其中一个文件描述符用于读取数据，而另一个文件描述符则用于写入数据。

接下来定义应用程序可能的健康状态。对此，我们使用 C++ enum 类生成类型严格的统计数据。

```
enum class Health : uint8_t {
  Ok,
  Unhealthy,
  ShutDown
};
```

相应地，应用程序较为简单且仅包含 3 种状态，即 Ok、Unhealthy 和 ShutDown。其中，ShutDown 状态表示一个指示器，表示活动进程将正常关闭，且不需要接管操作。

接下来定义 Heartbeat 类，该类封装了全部交换信息、健康状态报告和监测功能。Heartbeat 类包含两个字段，分别表示监测时间间隔和用于消息交换的 POSIX 管道。

```
int channel[2];
std::chrono::milliseconds delay;
```

构造函数创建了管道，并在故障事件中抛出一个异常。

```
int rv = pipe(channel);
if (rv < 0) {
  throw std::system_error(errno,
                          std::system_category(),
                          "Failed to open pipe");
```

健康状态报告方法是围绕 write() 函数的一个简单的封装器，并将状态（表示为无符号 8 位整数值）写入管道的 write 文件描述符中。

```
int rv = write(channel[1], &status, sizeof(status));
```

监测方法则稍显复杂，该方法使用 POSIX poll() 函数等待一个或多个文件描述符中的数据。在当前示例中，我们仅关注源自单一文件描述符中的数据，即管道的读取一侧。随后使用文件描述符和所关注的事件类型填充 pol 使用的 fds 结构。

```
struct pollfd fds[1];
fds[0].fd = channel[0];
fds[0].events = POLLIN | POLLERR | POLLHUP;
```

另外，两个布尔标志控制轮询循环。其中，takeover 标志表示退出循环时是否执行接管动作；而 polling 标志则表示是否应退出循环。

```
int rv = poll(fds, 1, delay.count());
```

poll()函数的结果表明以下 3 种情形。

（1）如果状态大于 0，那么我们将持有读取自通信通道的新数据。我们从通信通道中读取状态并对其进行分析。

（2）如果状态为 Ok，则记录该状态并进入下一个轮询循环。

（3）如果状态为 ShutDown，则需要退出轮询循环，同时还需要阻止 takeover 动作。对此，可设置相应的布尔标志。

```
case Health::ShutDown:
  std::cout << "Shut down signalled"
          << std::endl;
  takeover = false;
  polling = false;
```

对于其他健康状态，可将 takeover 标志设置为 true 从而退出循环。

```
std::cout << "Unhealthy status reported"
          << std::endl;
polling = false;
```

若超时，则 poll()函数返回 0。类似于 Unhealthy 状态，此时需要退出循环并执行 takeover 动作。

```
} else if (!rv) {
  std::cout << "Timeout" << std::endl;
  polling = false;
```

最后，如果 poll()函数返回小于 0 的值，则表明出现了错误。系统调用故障涵盖多种原因，而由信号导致的中断则是较为常见的情况。这并非真正的错误，仅需再次调用 poll()即可。对于其他情形，则可将其写入日志消息并继续保持轮询状态。

当监测循环运行时，监测方法块将处于阻塞状态，并返回一个布尔值以使调用者知晓是否应执行接管动作。

```
bool Monitor() {
```

接下来尝试在示例中使用 Heartbeat 类。对此，可定义一个 Worker()函数，该函数接收一个指向 Heartbeat 实例的引用，以表示工作的完成情况。

```
void Worker(Heartbeat& hb) {
```

在每次内部循环中，Worker()函数负责报告健康状态。

```
hb.Report(Health::Ok);
```

此时，健康状态报告为 Unhealthy。

```
hb.Report(Health::Unhealthy);
```

在 mian()函数中，我们利用 200 ms 的轮询间隔创建一个 Heartbeat 类实例。

```
Heartbeat hb(200ms);
```

随后生成父进程和子进程两个独立的进程。其中，父进程开始执行监测操作，如果需要执行接管动作，则执行 Worker()方法。

```
if (hb.Monitor()) {
  std::cout << "Taking over" << std::endl;
  Worker(hb);
}
```

子进程则简单地运行 Worker()方法。接下来运行应用程序并查看其工作方式，这将生成如图 12.6 所示的输出结果。

```
user@f00a13ab012c:/mnt/heartbeat$ ./heartbeat
Active process is healthy
Processing
Processing
Active process is healthy
Processing
Active process is healthy
Active process is healthy
Processing
Processing
Active process is healthy
Unhealthy status reported
Taking over
Processing
Processing
Processing
Processing
Processing
user@f00a13ab012c:/mnt/heartbeat$
```

图 12.6

可以看到，Worker()方法正在处理数据，监测器将其状态检测为"健康"。然而，在 Worker()方法将其状态报告为 Unhealthy 后，监测器即刻检测到这一状况并再次运行 Worker()方法以持续处理过程。这种策略用于构建复杂的健康状态监测机制和故障恢复逻辑,进而实现系统的高可用性。

12.6.3　更多内容

在当前示例中,我们使用了两个同步运行的相同的组件。然而,如果某个组件包含软件 bug,并在特定条件下导致该组件出现故障,那么另一个等同组件出现问题的概率也会较大。在安全关键型系统中,可能需要开发两种完全不同的实现。这种方法增加了成本和开发时间,但却提高了系统的可靠性。

12.7　实现软件反抖动逻辑

嵌入式应用程序的一种常见任务是与外部物理控制交互,如按钮或开关。虽然这一类对象包含两种状态,即开和关,但检测按钮或开关的状态变化时刻却较为困难。

当按下物理按钮时,稳定接触过程需要占用一定时间。其间可能会触发假中断,就好像按钮在开和关状态之间弹跳一样。应用程序应能够去除这种伪转换,而不是对每个中断都做出响应,这就是所谓的反抖动机制。

虽然反抖动机制可在硬件级别实现,但较为常见的方案则是通过软件完成的。在当前示例中,我们将学习如何实现简单和通用的反抖动功能,同时可与任何输入类型结合使用。

12.7.1　实现方式

本节将创建一个应用程序,该应用程序定义一个通用的反抖动机制及其相应的测试输入。通过真实的输入替换测试输入,该功能适用于任何操作。

(1)在工作目录~/test 中,创建一个名为 debounce 的子目录。

(2)使用文本编辑器在 debounce 子目录中创建一个 debounce.cpp 文件。

(3)向 debounce.cpp 文件中添加 include 语句和 debounce()函数。

```
#include <iostream>
#include <chrono>
#include <thread>

using namespace std::chrono_literals;
```

```cpp
bool debounce(std::chrono::milliseconds timeout, bool
(*handler)(void)) {
  bool prev = handler();
  auto ts = std::chrono::steady_clock::now();
  while (true) {
    std::this_thread::sleep_for(1ms);
    bool value = handler();
    auto now = std::chrono::steady_clock::now();
    if (value == prev) {
      if (now - ts > timeout) {
        break;
      }
    } else {
      prev = value;
      ts = now;
    }
  }
  return prev;
}
```

（4）定义 main()函数。

```cpp
int main() {
  bool result = debounce(10ms, []() {
    return true;
  });
  std::cout << "Result: " << result << std::endl;
}
```

（5）添加包含程序构建规则的 CMakeLists.txt 文件。

```
cmake_minimum_required(VERSION 3.5.1)
project(debounce)
add_executable(debounce debounce.cpp)

set(CMAKE_SYSTEM_NAME Linux)
set(CMAKE_SYSTEM_PROCESSOR arm)

SET(CMAKE_CXX_FLAGS "--std=c++14")

set(CMAKE_CXX_COMPILER /usr/bin/arm-linux-gnueabi-g++)
```

（6）构建并运行应用程序。

12.7.2　工作方式

当前目标是检测按钮何时停止在开/关状态之间跳动。此处假设，在特定的时间间隔内读取按钮状态的所有连续尝试都返回相同的值（on 或 off），那么我们即可判断按钮的真实状态是 on 还是 off。

根据这一逻辑，我们实现了 debounce()函数。考虑到通用性，该函数不应知晓如何读取按钮的状态，因而函数接收两个参数。

```cpp
bool debounce(std::chrono::milliseconds timeout, bool (*handler)(void)) {
```

其中，第 1 个参数 timeout 定义了报告状态变化所需等待的特定时间间隔。第 2 个参数 handler 表示为一个函数或类函数对象，并知晓如何读取按钮的状态。该参数定义为一个指向不包含任何参数的布尔函数的指针。

debounce()函数运行一个循环。在每次循环过程中，将调用一个处理程序读取按钮状态，并将其与前一个值进行比较。如果二者相等，则检查自最近一次状态变化以来的时间值。如果该时间值大于超时时间（timeout），则退出循环并返回。

```cpp
auto now = std::chrono::steady_clock::now();
    if (value == prev) {
      if (now - ts > timeout) {
        break;
      }
```

如果二者不相等，则重置最近一次状态改变的时间并保持等待。

```cpp
} else {
      prev = value;
      ts = now;
    }
```

为了最小化 CPU 负载并令其他进程执行操作，我们在读取操作期间添加了 1 ms 的延迟；而对于不在多任务操作系统上运行的微控制器来说，则不需要添加延迟。

```cpp
std::this_thread::sleep_for(1ms);
```

main()函数针对 debounce()函数设置了一个应用示例。其间使用 C++ lambda 定义一个简单的规则读取按钮且总是返回 true。

```cpp
bool result = debounce(10ms, []() {
  return true;
});
```

这里，我们传递 10 ms 作为 debounce()函数的超时时间。运行应用程序，对应的输出结果如图 12.7 所示。

```
user@3324138cc2c7: /mnt/debounce — bash
user@3324138cc2c7:/mnt/debounce$ ./debounce
Result: 1
user@3324138cc2c7:/mnt/debounce$
```

图 12.7

debounce()函数工作 10 ms 后返回 true，因为测试输入中不存在任何伪状态变化。在实际输入中，该过程可能会占用更多的时间，直至按钮状态稳定。这一简单、有效的反抖动功能适用于多种实际输入。

第 13 章　实　时　系　统

实时系统也是一类嵌入式系统，且对反应时间要求严格。缺乏及时响应所产生的后果在不同的应用程序之间是不同的。根据严重程度，实时系统分为以下几种。

（1）硬实时：错过最后期限是不可接受的，并且被认为是一种系统故障。硬实时通常是飞机、汽车和发电厂的关键任务系统。

（2）固件实时：错过最后期限在极少数情况下是可以接受的。在最后期限之后，其结果不会发挥任何作用，如直播服务，延迟发送的视频帧可能会被丢弃。如果这种情况较少发生，其结果还是可以容忍的。

（3）软实时：错过最后期限是可以接受的。最终结果的有效性在最后期限之后下降，进而导致整体质量下降，这种情况应予以避免。例如，从多个传感器中捕获并同步数据。

实时系统并不一定要非常快，此类系统需要的是可预测的反应时间。如果某个系统通常在 10 ms 内正常地响应事件，但有时需要占用更长的时间，那么该系统就不是实时系统。如果系统可确保在 1 s 内响应，这就构成了硬实时系统。

确定性和可预见性是实时系统的主要特征。本章将探讨不可预测行为的潜在来源及其缓解方式。

本章主要涉及以下主题。

❑　使用 Linux 中的实时调度器。

❑　使用静态分配的内存。

❑　避免错误处理异常。

❑　实时操作系统。

本章示例有助于读者较好地理解实时系统的规范，并针对此类嵌入式系统学习软件开发中的一些最佳实践方案。

13.1　使用 Linux 中的实时调度器

Linux 是一个多功能的操作系统，鉴于其多用途特性，Linux 常用于各种嵌入式系统中，并可针对特定的硬件进行定制，而且是免费的。

Linux 自身并非实时操作系统，同时也不是实现硬实时系统的最佳选择方案。然而，

Linux 可用于构建软实时系统，因为它针对时间敏感型应用程序提供了实时调度器。

　　在当前示例中，我们将学习如何在应用程序中使用 Linux 调度器。

13.1.1　实现方式

　　本节将创建一个应用程序，并使用实时调度器。

　　（1）在工作目录~/test 中，创建一个名为 realtime 的子目录。

　　（2）使用文本编辑器在 realtime 子目录中创建 ealtime.cpp 文件。

　　（3）添加所需的 include 语句和命名空间。

```
#include <iostream>
#include <system_error>
#include <thread>
#include <chrono>

#include <pthread.h>

using namespace std::chrono_literals;
```

　　（4）添加一个函数，该函数配置一个线程并使用实时调度器。

```
void ConfigureRealtime(pthread_t thread_id, int priority) {
    sched_param sch;
    sch.sched_priority = 20;
    if (pthread_setschedparam(thread_id,
                              SCHED_FIFO, &sch)) {
        throw std::system_error(errno,
                std::system_category(),
                "Failed to set real-time priority");
    }
}
```

　　（5）定义一个以正常优先级运行的线程函数。

```
void Measure(const char* text) {
    struct timespec prev;
    timespec_get(&prev, TIME_UTC);
    struct timespec delay{0, 10};
    for (int i = 0; i < 100000; i++) {
        nanosleep(&delay, nullptr);
    }
    struct timespec ts;
```

```
    timespec_get(&ts, TIME_UTC);
    double delta = (ts.tv_sec - prev.tv_sec) +
        (double)(ts.tv_nsec - prev.tv_nsec) / 1000000000;
    std::clog << text << " completed in "
            << delta << " sec" << std::endl;
}
```

（6）随后是实时线程函数，和启动两个协程的 main()函数。

```
void RealTimeThread(const char* txt) {
    ConfigureRealtime(pthread_self(), 1);
    Measure(txt);
}

int main() {
    std::thread t1(RealTimeThread, "Real-time");
    std::thread t2(Measure, "Normal");
    t1.join();
    t2.join();
}
```

（7）创建包含程序构建规则的 CMakeLists.txt 文件。

```
cmake_minimum_required(VERSION 3.5.1)
project(realtime)
add_executable(realtime realtime.cpp)
target_link_libraries(realtime pthread)

SET(CMAKE_CXX_FLAGS "--std=c++14")
set(CMAKE_CXX_COMPILER /usr/bin/arm-linux-gnueabihf-g++)
```

（8）构建并运行应用程序。

13.1.2　工作方式

Linux 包含多种调度策略，且适用于应用程序进程和线程。其中，SCHED_OTHER 是默认的 Linux 分时策略，且适用于所有协程，但并未提供实时机制。

在当前应用程序中，我们将采用另一种策略，即 SCHED_FIFO，这是一种简单的调度算法。使用该调度器的全部线程只能被具有更高优先级的线程抢占。如果线程进入睡眠状态，它将被放置在具有相同优先级的线程队列的后面。

采用 SCHED_FIFO 策略的线程优先级总是高于基于 SCHED_OTHER 策略的线程。一旦 SCHED_FIFO 线程处于可运行状态，则立即抢占处于运行状态的 SCHED_OTHER

线程。在实际操作过程中，如果系统中仅存在一个 SCHED_FIFO 线程，那么该线程将占用大量的 CPU 时间。SCHED_FIFO 调度器的确定性行为和高优先级使其非常适合实时应用程序。

在将一个实时优先级赋予一个线程时，可定义一个 ConfigureRealtime()函数，该函数接收两个参数，即线程 ID 和所需的权限。

```
void ConfigureRealtime(pthread_t thread_id, int priority) {
```

该函数填写 pthread_setschedparam()函数的数据，后者使用操作系统的底层 API 修改调度器和线程的优先级。

```
if (pthread_setschedparam(thread_id,
                          SCHED_FIFO, &sch)) {
```

另外，我们还定义了一个运行循环的 Measure()函数，其间调用一个 nanosleep()函数，对应参数令其休眠 10 ns——这一时间间隔过短，以至于无法运行另一个线程。

```
struct timespec delay{0, 10};
for (int i = 0; i < 100000; i++) {
  nanosleep(&delay, nullptr);
}
```

该函数在循环前、后捕捉时间戳，并计算所经历的时间（以秒计）。

```
struct timespec ts;
timespec_get(&ts, TIME_UTC);
double delta = (ts.tv_sec - prev.tv_sec) +
    (double)(ts.tv_nsec - prev.tv_nsec) / 1000000000;
```

接下来，我们定义一个 RealTimeThread()函数作为 Measure()函数的封装器，这将把当前线程的优先级设置为"实时"并即刻调用 Measure()函数。

```
ConfigureRealtime(pthread_self(), 1);
Measure(txt);
```

main()函数启动两个线程，并作为参数传递文本字面值以区分输出结果。当在 Raspberry Pi 设备上运行程序时，对应的输出结果如图 13.1 所示。

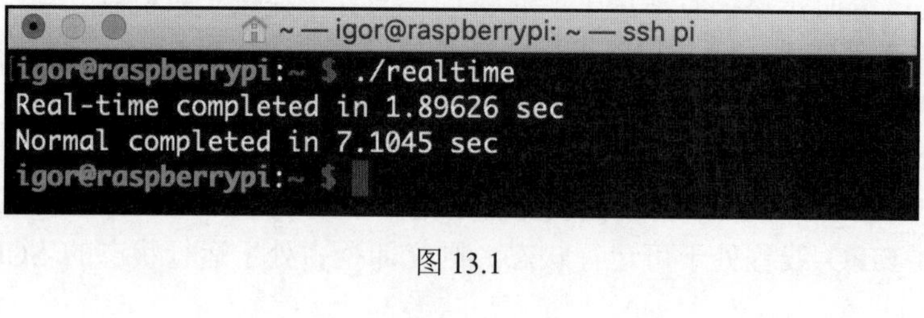

图 13.1

实时线程花费的时间仅有四分之一，因为它没有被普通线程抢占。该技术可以有效地满足 Linux 环境下的软实时需求。

13.2　使用静态分配的内存

本书在第 6 章讨论过，实时系统中应避免使用动态内存分配，因为通用内存分配程序并不包含时间限制。虽然在大多数情况下，内存分配不会花费很多时间，但这一结论无法得到有效的保证，因而无法被实时系统所接受。

对此，较为直接的方法是利用静态分配替代动态内存分配。C++开发人员常使用 std::vector 存储元素序列。考虑到与 C 数组的相似性，std::vector 具有高效和易用性等特征，并且其接口与标准库中的其他容器也保持一致。由于向量的元素数量是可变的，因而它们广泛地采用动态内存分配。但是，在许多情况下，std::array 类可以用来代替 std::vector。除了元素数量固定外，std::array 具有相同的接口，因而其实例可通过静态方式予以分配。当内存分配时间较为重要时，std::array 可视为 std::vector 的一个较好的替代方案。

在当前示例中，我们将学习如何高效地运用 std::array 表示固定大小的元素序列。

13.2.1　实现方式

本节将创建一个应用程序，并通过 C++标准库算法生成和处理固定的数据帧，且不使用动态内存。

（1）在工作目录~/test 中，创建名为 array 的子目录。

（2）使用文本编辑器在 array 子目录中创建 array.cpp 文件。

（3）将 include 语句和新的类型定义添加至 array.cpp 文件中。

```
#include <algorithm>
#include <array>
#include <iostream>
#include <random>

using DataFrame = std::array<uint32_t, 8>;
```

（4）添加一个函数以生成数据帧。

```
void GenerateData(DataFrame& frame) {
  std::random_device rd;
```

```
std::generate(frame.begin(), frame.end(),
[&rd]() { return rd() % 100; });
}
```

（5）随后是处理数据帧的函数。

```
void ProcessData(const DataFrame& frame) {
  std::cout << "Processing array of "
           << frame.size() << " elements: [";
  for (auto x : frame) {
    std::cout << x << " ";
  }
  auto mm = std::minmax_element(frame.begin(),frame.end());
  std::cout << "] min: " << *mm.first
           << ", max: " << *mm.second << std::endl;
}
```

（6）添加 main()函数，并关联数据生成和处理。

```
int main() {
  DataFrame data;

  for (int i = 0; i < 4; i++) {
    GenerateData(data);
    ProcessData(data);
  }
  return 0;
}
```

（7）创建包含程序构建规则的 CMakeLists.txt 文件。

```
cmake_minimum_required(VERSION 3.5.1)
project(array)
add_executable(array array.cpp)

set(CMAKE_SYSTEM_NAME Linux)
set(CMAKE_SYSTEM_PROCESSOR arm)

SET(CMAKE_CXX_FLAGS_RELEASE "--std=c++17")
SET(CMAKE_CXX_FLAGS_DEBUG "${CMAKE_CXX_FLAGS_RELEASE} -g -DDEBUG")

set(CMAKE_C_COMPILER /usr/bin/arm-linux-gnueabihf-gcc)
set(CMAKE_CXX_COMPILER /usr/bin/arm-linux-gnueabihf-g++)

set(CMAKE_FIND_ROOT_PATH_MODE_PROGRAM NEVER)
```

```
set(CMAKE_FIND_ROOT_PATH_MODE_LIBRARY ONLY)
set(CMAKE_FIND_ROOT_PATH_MODE_INCLUDE ONLY)
set(CMAKE_FIND_ROOT_PATH_MODE_PACKAGE ONLY)
```

（8）构建并运行应用程序。

13.2.2 工作方式

我们使用 std::array 模板声明一个自定义 DataFrame 数据类型。对于当前示例应用程序，DataFrame 表示为 8 个 32 位整数序列。

```
using DataFrame = std::array<uint32_t, 8>;
```

当前，我们可在函数中使用新的数据类型生成并处理数据。由于数据帧是一个数组，因而可通过指向 GenerateData()函数的引用对其进行传递，从而避免额外的复制行为。

```
void GenerateData(DataFrame& frame) {
```

GenerateData()函数利用随机数填充数据帧。由于 std::array 包含与其他标准库容器相同的接口，因而可采用标准算法使代码更加简洁且兼具可读性。

```
std::generate(frame.begin(), frame.end(),
[&rd]() { return rd() % 100; });
```

我们通过类似的方式还定义了 ProcessData()函数，该函数也接收一个 DataFrame，但不会对此进行修改。对此，我们通过一个常量引用显式地指出数据不应被修改。

```
void ProcessData(const DataFrame& frame) {
```

ProcessData()函数输出数据帧中的全部数据，并于随后查找数据帧中的最小值和最大值。与内建的数组不同，std::arrays 在传递至函数时不会衰退为原始指针，因而可采用基于范围的循环语法。

读者可能已经注意到，我们并未将数组的大小传递至函数中，也未使用任何全局常量对其进行查询。这些均是 std::array 接口中的一部分内容，这不仅可减少函数参数的数量，还可进一步确保在调用函数时无法传递错误的尺寸。

```
for (auto x : frame) {
  std::cout << x << " ";
}
```

当查找最小值和最大值时，此处并未编写自定义循环，而是使用标准库中的 std::minmax_element()函数。

```
auto mm = std::minmax_element(frame.begin(),frame.end());
```

main()函数创建了一个 DataFrame 实例，如下所示。

```
DataFrame data;
```

随后运行一个循环。在每次循环中，将生成一个新的数据帧并对其进行处理。

```
GenerateData(data);
ProcessData(data);
```

运行应用程序，对应的输出结果如图 13.2 所示。

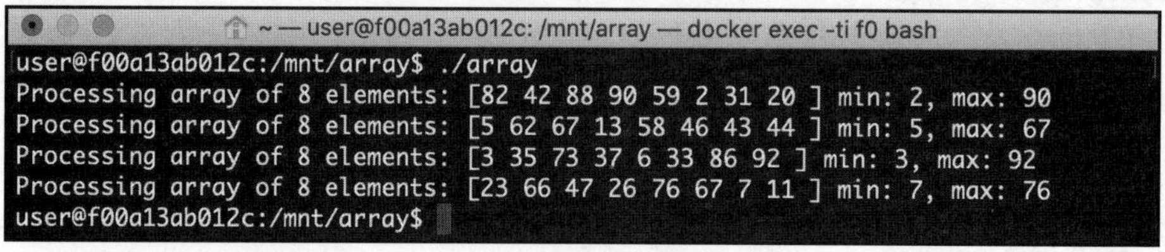

图 13.2

应用程序生成 4 个数据帧，并通过静态分配数据和几行代码处理数据。这也使 std::array 成为实时系统开发人员的较好选择。而且，与内建数组不同，当前函数是类型安全的并可在构建期检查并修复编码错误。

13.2.3　更多内容

C++ 20 标准引入了新的函数 to_array()，允许开发人员从一维内建数组中创建 std::array 实例。读者可访问 to_array 参考页面（https://en.cppreference.com/w/cpp/container/array/to_array）查看详细信息和相关示例。

13.3　避免错误处理异常

异常机制是 C++标准中不可或缺的内容，同时也是 C++程序中错误处理设计的推荐方式。然而，异常机制也包含一些限制条件，使其无法总是成为实时系统的可选方案，尤其是对安全要求较高的系统。

C++异常处理很大程度上依赖于堆栈展开。一旦抛出异常，它将通过调用堆栈传播到能够处理它的 catch 块。这意味着，将调用路径中所有堆栈帧中全部局部对象的析构函数，且难以确定并验证这一过程中的最坏情况所占用的时间。

因此，在安全性要求较高的系统中，如 MISRA 或 JSF，编码规范一般会针对错误处理机制显式地禁用异常。

这并不意味着 C++ 开发人员应转向传统的 C 错误码。在当前示例中，我们将学习如
何使用 C++ 模板保存数据类型，进而保存函数调用的相关结果或错误码。

13.3.1　实现方式

本节将创建一个应用程序，并使用 C++ 标准库算法生成和处理固定的数据帧，且无
须使用动态内存分配机制。

（1）在工作目录 ~/test 中，创建一个名为 expected 的子目录。

（2）使用文本编辑器在 expected 子目录中创建 expected.cpp 文件。

（3）将 include 语句和新类型定义添加至 expected.cpp 文件中。

```cpp
#include <iostream>
#include <system_error>
#include <variant>

#include <unistd.h>
#include <sys/fcntl.h>

template <typename T>
class Expected {
  std::variant<T, std::error_code> v;

public:
  Expected(T val) : v(val) {}
  Expected(std::error_code e) : v(e) {}

  bool valid() const {
    return std::holds_alternative<T>(v);
  }

  const T& value() const {
    return std::get<T>(v);
  }

  const std::error_code& error() const {
    return std::get<std::error_code>(v);
  }
};
```

（4）针对 POSIX open()函数添加一个封装器。

```cpp
Expected<int> OpenForRead(const std::string& name) {
  int fd = ::open(name.c_str(), O_RDONLY);
  if (fd < 0) {
    return Expected<int>(std::error_code(errno,
                         std::system_category()));
  }
  return Expected<int>(fd);
}
```

（5）添加 main()函数以展示如何使用 OpenForRead 封装器。

```cpp
int main() {
  auto result = OpenForRead("nonexistent.txt");
  if (result.valid()) {
    std::cout << "File descriptor"
              << result.value() << std::endl;
  } else {
    std::cout << "Open failed: "
              << result.error().message() << std::endl;
  }
  return 0;
}
```

（6）创建包含程序构建规则的 CMakeLists.txt 文件。

```cmake
cmake_minimum_required(VERSION 3.5.1)
project(expected)
add_executable(expected expected.cpp)

set(CMAKE_SYSTEM_NAME Linux)
#set(CMAKE_SYSTEM_PROCESSOR arm)

SET(CMAKE_CXX_FLAGS "--std=c++17")

#set(CMAKE_C_COMPILER /usr/bin/arm-linux-gnueabihf-gcc)
#set(CMAKE_CXX_COMPILER /usr/bin/arm-linux-gnueabihf-g++)

set(CMAKE_FIND_ROOT_PATH_MODE_PROGRAM NEVER)
set(CMAKE_FIND_ROOT_PATH_MODE_LIBRARY ONLY)
set(CMAKE_FIND_ROOT_PATH_MODE_INCLUDE ONLY)
set(CMAKE_FIND_ROOT_PATH_MODE_PACKAGE ONLY)
```

（7）构建并运行应用程序。

13.3.2　工作方式

当前应用程序创建了一种数据类型，可通过类型安全的方式保存所需值或错误码。C++ 17 引入了类型安全的联合类 std::variant，针对模板类 Expected，我们将以此作为底层数据类型。

Expected 类封装了 std::variant 字段，该字段保存了类型为 T 或 std::error_code 的两种数据类型之一，这可被视为 C++中错误码的标准生成方式。

```
std::variant<T, std::error_code> v;
```

虽然可直接与 std::variant 协同工作，但我们还是公开了一些公有方法以简化操作。其中，如果对应结果保存模板类型，valid()方法将返回 true，否则返回 false。

```
bool valid() const {
  return std::holds_alternative<T>(v);
}
```

value()和 error()方法则分别用于访问返回值或错误码。

```
const T& value() const {
  return std::get<T>(v);
}

const std::error_code& error() const {
  return std::get<std::error_code>(v);
}
```

在 Expected 类定义完毕后，可创建一个使用该类的 OpenForReading()函数。这将调用系统函数 open()，并根据返回值创建保存文件描述符或错误码的 Expected 实例。

```
if (fd < 0) {
  return Expected<int>(std::error_code(errno,
                       std::system_category()));
}
return Expected<int>(fd);
```

在 main()函数中，当文件不存在时调用 OpenForReading()函数，将会引发故障。运行应用程序，对应结果如图 13.3 所示。

```
● ● ●       🏠 ~ — user@f00a13ab012c: /mnt/expected — docker exec -ti f0 bash
user@f00a13ab012c:/mnt/expected$ ./expected
Open failed: No such file or directory
user@f00a13ab012c:/mnt/expected$
```

图 13.3

Expected 类允许我们编写可能返回错误代码的函数，并以类型安全的方式执行。另外，编译期类型验证可以帮助开发人员避免许多传统错误代码中常见的问题，从而使应用程序更加健壮和安全。

13.3.3　更多内容

Expected 数据类型实现是 std::expected 类（http://www.open-std.org/jtc1/sc22/wg21/docs/papers/2018/p0323r7.html）的另一个版本，但尚未成为标准中的一部分内容。读者可访问 GitHub 查看 std::expected 类实现，对应网址为 https://github.com/TartanLlama/expected。

13.4　实　时　系　统

如前所述，Linux 并不是一个实时系统，且适用于软实时任务。尽管 Linux 提供了实时调度器，但其内核过于复杂，因而无法保证硬实时应用程序所需的确定性级别。

对于时间要求严格的应用程序，要么需要一个实时操作系统运行程序，要么被设计和实现为在没有操作系统的裸机上运行。

实时操作系统通常比通用操作系统（如 Linux）简单得多。另外，实时操作系统一般需要定制相应的硬件平台，通常是一个微控制器。

许多实时操作系统具有专用特征且需要付费。对此，FreeRTOS 是考查实时操作系统功能的一个较好的起点。与大多数实时系统不同，FreeRTOS 是开源的并且是在 MIT 许可下发布的，因而可免费使用。FreeRTOS 可以被移植到许多微控制器和小型微处理器上，即使缺少特定的硬件，我们也可使用 Windows 和 POSIX 模拟器。

在当前示例中，我们将学习如何下载和运行 FreeRTOS POSIX 模拟器。

13.4.1　实现方式

本节将在构建环境下下载并构建一个 FreeRTOS 模拟器。

（1）切换至 Ubuntu Terminal，并将当前目录调整至/mnt。

```
$ cd /mnt
```

（2）下载 FreeRTOS 模拟器的源代码。

```
$ wget -O simulator.zip
http://interactive.freertos.org/attachments/token/r6d5gt3998niuc4/
?name=Posix_GCC_Simulator_6.0.4.zip
```

（3）解压下载后的归档文件。

```
$ unzip simulator.zip
```

（4）将当前目录调整至 Posix_GCC_Simulator/FreeRTOS_Posix/Debug。

```
$ cd Posix_GCC_Simulator/FreeRTOS_Posix/Debug
```

（5）运行下列命令修复 makefile 中的细微错误。

```
$ sed -i -e 's/\(.*gcc.*\)-lrt\(.*\)/\1\2 -lrt/' makefile
```

（6）从源代码中构建模拟器。

```
$ make
```

（7）启动模拟器。

```
$ ./FreeRTOS_Posix
```

此时，模拟器将处于运行状态。

13.4.2 工作方式

如前所述，与通用操作系统内核相比，实时操作系统的内核往往比较简单，这一点同样适用于 FreeRTOS。

由于这种简单性，内核可以在通用操作系统（如 Linux 或 Windows）中作为进程构建和运行。当在另一个操作系统中使用时，其实时特性也不复存在。但作为起点，我们可以开始着手探讨 FreeRTOS API，以供在后续目标硬件平台的实时环境中运行的应用程序使用。

在当前示例中，我们针对 POSIX 操作系统下载并构建了 FreeRTOS 内核。

其中，构建阶段较为直接。一旦代码下载并解压完毕，即可运行 make 命令并构建一个可执行文件 FreeRTOS-POSIX。在运行 make 命令之前，可将-lrt 选项置于 GCC 命令行尾部，进而修复 makefile 中的错误。对此，可执行 sed 命令，如下所示。

```
$ sed -i -e 's/\(.*gcc.*\)-lrt\(.*\)/\1\2 -lrt/' makefile
```

运行应用程序将启动内核和预打包的应用程序，如图 13.4 所示。

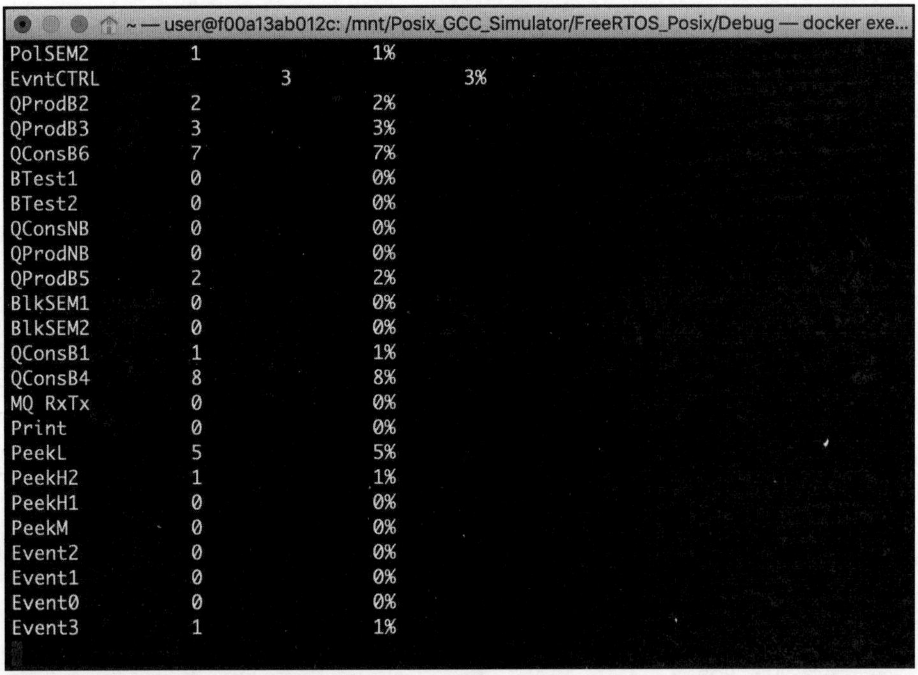

图 13.4

当前，我们可在构建环境中运行 FreeRTOS。读者还可查看代码库和文档，以深入理解实时操作系统的内部机制和 API。

13.4.3　更多内容

如果读者工作在 Windows 环境下，可下载 FreeRTOS 模拟器的 Windows 版本，对应网址为 https://www.freertos.org/FreeRTOS-Windows-Simulator-Emulator-for-Visual-Studio-and-Eclipse-MingW.html，其中包含了详细的文档和教程。

第 14 章　安全性系统的指导原则

嵌入式系统的代码质量要求一般高于其他软件。嵌入式系统往往在无监督状态下工作，或者控制较为昂贵的工业设备，因而错误的成本也较高。在安全性要求较高的系统中（软件或硬件故障可能导致人身伤害或死亡事件），安全成本将变得更加高昂。此类系统软件需要遵循特定的指导原则，目的是尽量减少在调试和测试阶段出现 bug 的概率。

本章将通过下列示例考查安全关键型系统中的一些要求和最佳实践方案。

- ❑　使用全部函数的返回值。
- ❑　使用静态代码分析器。
- ❑　使用前置条件和后置条件。
- ❑　代码正确性的正规验证方案。

上述示例有助于理解安全关键型系统中的各项要求和指导原则，以及用于认证和一致性测试的相关工具和方法。

14.1　使用全部函数的返回值

C 语言和 C++语言都不要求开发人员使用任何函数返回的值。例如，定义一个返回整数的函数，随后在代码中调用该函数，同时忽略其返回值是完全可以接受的。

这种灵活性常会导致难以诊断和修复的软件错误。一种最为常见的情况是，错误出现于返回错误码的函数中。另外，开发人员可能会忘记针对函数添加错误条件检查，而这些函数通常较少出现问题，如 close()函数。

MISRA 是广泛使用的安全关键型系统编码标准之一，同时针对 C 和 C++语言定义了相关规则，即 MISRA C 和 MISRA C++。最近引入的 Adaptive AUTOSAR 定义了汽车行业的编码规则，预计 Adaptive AUTOSAR 规则在不久的将来将用作 MISRA C++规则的基础内容。

MISRA 和 AUTOSAR 的编码规则（https://www.autosar.org/fileadmin/user_upload/standards/adaptive/17-03/AUTOSAR_RS_CPP14Guidelines.pdf）要求开发人员使用所有非void 函数和方法返回的值。

在当前示例中，我们将学习如何在代码中使用 A0-1-2 规则。

14.1.1　实现方式

本节将创建两个类，并将两个时间戳保存到一个文件中。其中，一个时间戳表示实例生成的时间；而另一个时间戳则表示实例销毁的时间。这对于编码分析十分有用，可以测量某个函数或我们所关注的其他代码块中所消耗的时间。

（1）在工作目录~/test 中创建一个名为 returns 的子目录。

（2）使用文本编辑器在 returns 子目录中创建一个 returns.cpp 文件。

（3）将第 1 个类添加至 returns.cpp 文件中。

```cpp
#include <system_error>

#include <unistd.h>
#include <sys/fcntl.h>
#include <time.h>

[[nodiscard]] ssize_t Write(int fd, const void* buffer,
                            ssize_t size) {
  return ::write(fd, buffer, size);
}

class TimeSaver1 {
  int fd;

public:

  TimeSaver1(const char* name) {
    int fd = open(name, O_RDWR|O_CREAT|O_TRUNC, 0600);
    if (fd < 0) {
      throw std::system_error(errno,
                              std::system_category(),
                              "Failed to open file");
    }
    Update();
  }

  ~TimeSaver1() {
    Update();
    close(fd);
  }
```

```
private:
  void Update() {
    time_t tm;
    time(&tm);
    Write(fd, &tm, sizeof(tm));
  }
};
```

（4）添加第 2 个类。

```
class TimeSaver2 {
  int fd;

public:
  TimeSaver2(const char* name) {
    fd = open(name, O_RDWR|O_CREAT|O_TRUNC, 0600);
    if (fd < 0) {
      throw std::system_error(errno,
                              std::system_category(),
                              "Failed to open file");
    }
    Update();
  }

  ~TimeSaver2() {
    Update();
    if (close(fd) < 0) {
      throw std::system_error(errno,
                              std::system_category(),
                              "Failed to close file");
    }
  }

private:
  void Update() {
    time_t tm = time(&tm);
    int rv = Write(fd, &tm, sizeof(tm));
    if (rv < 0) {
      throw std::system_error(errno,
                              std::system_category(),
                              "Failed to write to file");
    }
  }
};
```

（5）main()函数创建两个类实例。

```
int main() {
  TimeSaver1 ts1("timestamp1.bin");
  TimeSaver2 ts2("timestamp2.bin");
  return 0;
}
```

（6）创建包含程序构建规则的 CMakeLists.txt 文件。

```
cmake_minimum_required(VERSION 3.5.1)
project(returns)
add_executable(returns returns.cpp)

set(CMAKE_SYSTEM_NAME Linux)
set(CMAKE_SYSTEM_PROCESSOR arm)

SET(CMAKE_CXX_FLAGS "--std=c++17")
set(CMAKE_CXX_COMPILER /usr/bin/arm-linux-gnueabi-g++)
```

（7）构建并运行应用程序。

14.1.2　工作方式

我们创建了两个类 TimeSaver1 和 TimeSaver2，这两个类基本等同，且执行相同的任务：在构造函数中打开一个文件，调用 Update()函数，该函数将一个时间戳写入一个打开的文件。

类似地，其析构函数也调用相同的 Update()函数，添加第 2 个时间戳并关闭文件描述符。

但是，TimeSaver1 破坏了 A0-1-2 规则且是不安全的。具体来说，其 Update()函数调用两个函数，即 time()和 write()函数。这两个函数可能会出现故障，并返回相应的错误码，但当前实现忽略了这一问题。

```
time(&tm);
Write(fd, &tm, sizeof(tm));
```

另外，TimeSaver1 的析构函数通过调用 close()函数关闭打开的文件，该过程可能会失败并返回错误码。但当前实现忽略了这一问题。

```
close(fd);
```

第 2 个类 TimeSaver2 符合要求。我们将 time()函数调用的结果赋予 tm 变量。

```
time_t tm = time(&tm);
```

如果 Write()函数返回错误，会抛出一个异常。

```
int rv = Write(fd, &tm, sizeof(tm));
if (rv < 0) {
  throw std::system_error(errno,
                          std::system_category(),
                          "Failed to write to file");
}
```

类似地，如果 close()函数返回错误，也会抛出一个异常。

```
if (close(fd) < 0) {
  throw std::system_error(errno,
                          std::system_category(),
                          "Failed to close file");
}
```

为了缓解此类问题，C++ 17 引入了被称为[[nodiscard]]的特殊属性。如果函数通过该属性声明，或者返回一个标记为 nodiscard 的类或枚举，那么若其返回值被丢弃，编译器将显示一条警告消息。当使用这一特性时，我们围绕 write()函数创建一个自定义封装器，并将其声明为 nodiscard。

```
[[nodiscard]] ssize_t Write(int fd, const void* buffer,
                            ssize_t size) {
  return ::write(fd, buffer, size);
}
```

当构建应用程序时，我们可以在编译器的输出中看到这一点，这也意味着我们有机会对此进行修复，如图 14.1 所示。

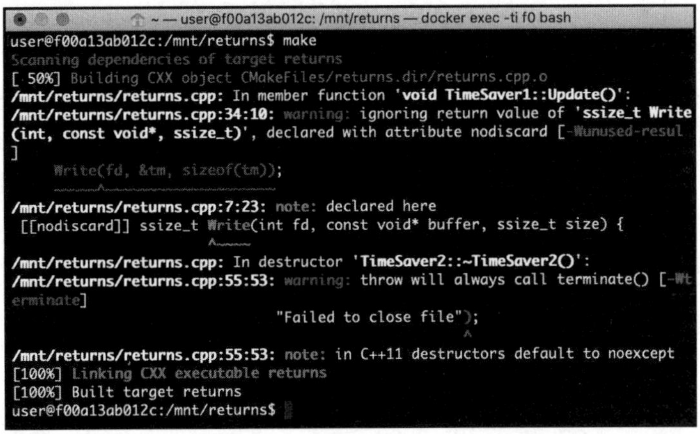

图 14.1

实际上，编译器能够识别并报告代码中的另一个问题，我们将在下一个示例中讨论这个问题。

如果我们构建并运行应用程序，此时将看不到任何输出结果，因为所有的写入都指向文件。对此，我们可以运行 ls 命令检查程序是否生成一个结果，如下所示。

```
$ ls timestamp*
```

据此，可得到如图 14.2 所示的输出结果。

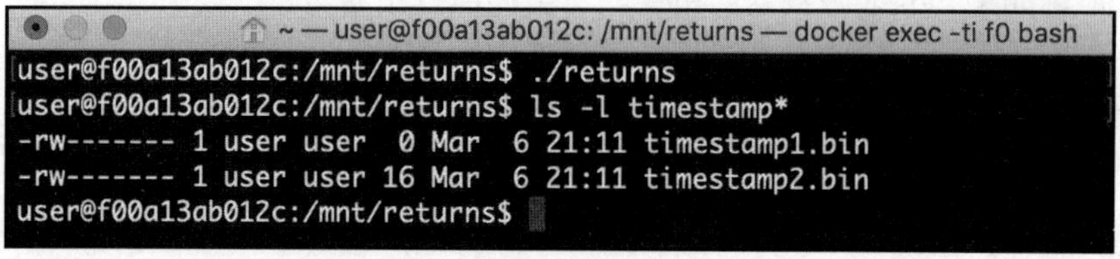

图 14.2

正如期望的那样，程序创建了两个文件，二者理应等同，但事实并非如此。TimeSaver1 创建的文件是空文件，这意味着实现过程出现了问题。

TimeSaver2 创建的文件则为有效文件，但其实现就是 100%正确的吗？未必，稍后将对此加以讨论。

14.1.3　更多内容

关于[[nodiscard]]属性，读者可访问其参考页面（对应网址为 https://en.cppreference.com/w/cpp/language/attributes/nodiscard）以了解更多信息。自 C++ 20 起，nodiscard 属性可包含一个字符串字面值，以解释为何对应值不应被丢弃，如[[nodiscard("Check for write errors")]]。

遵循安全指导原则确实会使代码更加安全，但不能保证万无一失，理解这一点很重要。在 TimeSaver2 实现中，我们使用了 time 返回的值。类似地，如果 wirte()函数返回一个非 0 值，那么该函数写入的数据仍然少于请求的数据。即使代码形式上与安全原则匹配，也可能包含相关问题。

14.2　使用静态代码分析器

全部安全原则均定义为特定需求集合，并可通过静态代码分析器自动检查。

静态代码分析器可分析源代码，如果检测到与代码质量需求冲突的代码模式，会发出警告消息。这对于错误检测和防护来说十分方便。由于静态代码分析器在代码构建之前运行，因而大量的错误可以在开发早期阶段被修复，且不涉及较为耗时的测试和调试处理过程。

除错误检测和防护外，静态代码分析器还用于验证认证过程中目标需求和原则之间的符合程度。

在当前示例中，我们将学习如何在应用程序中使用静态代码分析器。

14.2.1　实现方式

本节将创建一个简单的程序，并运行检查潜在问题的开源代码分析器。

（1）访问之前创建的~/test/returns 目录。

（2）在该目录中安装 cppcheck 工具，确保位于 root 账户下（而非 user）。

```
# apt-get install cppcheck
```

（3）再次修改为 user 账户。

```
# su - user
$
```

（4）再次针对 returns.cpp 文件运行 cppcheck。

```
$ cppcheck --std=posix --enable=warning returns.cpp
```

（5）分析输出结果。

14.2.2　工作方式

代码分析器可解析应用程序的源代码，并针对多种模式（代表较差的编码实践）进行测试。

市场上存在多种代码分析器，包括免费使用的开源工具和供企业级应用的商业产品。

前述示例中的 MISRA 编码标准是一类商业标准，这意味着，使用时需要购买证书。在购买了授权后的代码分析器后，即可测试代码是否符合 MISRA 要求。

出于学习目的，我们将使用开源代码分析器 cppcheck，该分析器得到了广泛的使用并包含于 Ubuntu 库中。我们可采用与其他 Ubuntu 相同的方式对其进行安装。

```
# apt-get install cppcheck
$ cppcheck --std=posix --enable=warning returns.cpp
```

当前，我们可将源文件名作为参数进行传递，检查过程十分迅速，同时生成如图 14.3

所示的输出结果。

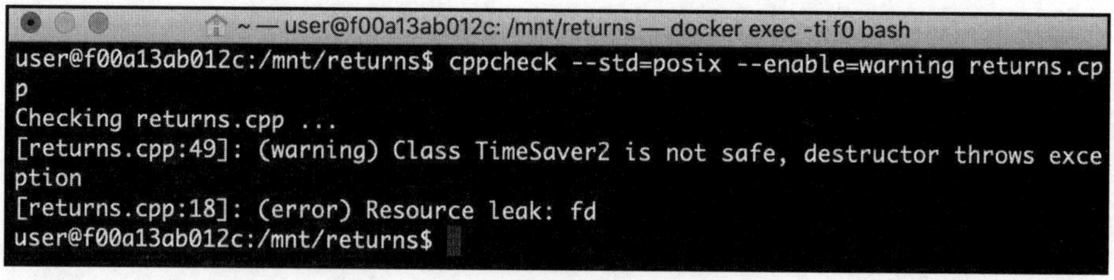

图 14.3

可以看到，代码在构建前既包含两个问题。其中，第 1 个问题位于相对安全且增强的 TimeSaver2 类中。为了使其遵循 A0-1-2 规则，需要检查 close()函数返回的状态码，并在出现错误时抛出一个异常。但是，对应操作在析构函数中完成，这破坏了 C++错误处理机制。

资源泄露则是代码分析器检测到的第 2 个问题，这也解释了为何 TimeSaver1 生成了一个空文件。当打开一个文件时，我们意外地将文件描述符赋予了局部变量——fd，而不是实例变量。

```
int fd = open(name, O_RDWR|O_CREAT|O_TRUNC, 0600);
```

当前，我们可修复这些问题并再次运行 cppcheck，以确保问题消失且不会引入新的问题。在开发工作流中使用代码分析器可提升代码的运行速度和性能，因为可在开发的早期阶段检测并消除问题。

14.2.3　更多内容

虽然 cppcheck 是一个开源工具，但它支持多种 MISRA 检查。但对于 MISRA 原则符合程度验证来说，cppcheck 并不是一种已认证的工具。尽管如此，我们仍可了解代码与 MISRA 原则间的接近程度，以及达到符合要求所需付出的努力。

MISRA 检查实现为一个附加组件，并可根据相关指令对其运行。读者可访问 GitHub 中的 add-ons 部分以了解更多内容，对应网址为 https://github.com/danmar/cppcheck/tree/master/addons。

14.3　使用前置条件和后置条件

在前述示例中，我们学习了如何使用静态代码分析器并在开发早期阶段防止出现代码错误。除此之外，另一种功能强大的错误预防机制则是契约式编程。

契约式编程是一种实践方案，其间，开发人员针对函数的输入值、模块、结果和中间状态显式地定义契约或预期结果。当中间状态依赖于实现，输入和输出值的契约可定义为公共接口的一部分内容。这些预期结果分别称作前置条件和后置条件，以避免模糊定义的接口导致的编程错误。

在当前示例中，我们将学习如何在 C++代码中定义前置条件和后置条件。

14.3.1　实现方式

当测试前置条件和后置条件的工作方式时，需要复用前述示例中的 TimeSaver1 类代码。

（1）在工作目录~/test 中，创建名为 assert 的子目录。

（2）使用文本编辑器在 assert 子目录中创建 assert.cpp 文件。

（3）向 assert.cpp 文件中添加 TimeSaver1 类的修正版本。

```cpp
#include <cassert>
#include <system_error>

#include <unistd.h>
#include <sys/fcntl.h>
#include <time.h>

class TimeSaver1 {
  int fd = -1;

public:
  TimeSaver1(const char* name) {
    assert(name != nullptr);
    assert(name[0] != '\0');

    int fd = open(name, O_RDWR|O_CREAT|O_TRUNC, 0600);
    if (fd < 0) {
      throw std::system_error(errno,
                              std::system_category(),
                              "Failed to open file");
    }
    assert(this->fd >= 0);
  }

  ~TimeSaver1() {
    assert(this->fd >= 0);
```

```
    close(fd);
  }
};
```

（4）定义 main()函数。

```
int main() {
  TimeSaver1 ts1("");
  return 0;
}
```

（5）将构建规则置于 CMakeLists.txt 文件中。

```
cmake_minimum_required(VERSION 3.5.1)
project(assert)
add_executable(assert assert.cpp)

set(CMAKE_SYSTEM_NAME Linux)
set(CMAKE_SYSTEM_PROCESSOR arm)

SET(CMAKE_CXX_FLAGS "--std=c++11")
set(CMAKE_CXX_COMPILER /usr/bin/arm-linux-gnueabi-g++)
```

（6）构建并运行应用程序。

14.3.2　工作方式

此处复用了前述示例中 TimeSaver1 类的部分代码。出于简单性考虑，我们移除了 Update()方法，仅保留该类的构造函数和析构函数。

其间，我们故意保留了之前示例中静态代码分析器发现的相同错误，以检查是否可以使用前置条件和后置条件防止此类问题。

其中，构造函数作为参数接收一个文件名，除有效性外，文件名并无特殊要求。下列内容展示了两种无效文件名。

（1）采用 null 指针作为文件名。

（2）空的文件名。

通过 assert 宏，可将这些规则设置为前置条件。

```
assert(name != nullptr);
assert(name[0] != '\0');
```

当使用 assert 宏时，需要包含一个头文件 csassert。

```
#include <cassert>
```

随后使用文件名打开文件，并将其存储至 fd 变量中。这里，我们将其赋予局部变量 fd 中，而非实例变量，并将此视为可检测到的编码错误。

```
int fd = open(name, O_RDWR|O_CREAT|O_TRUNC, 0600);
```

将后置条件置于构造函数中。在当前示例中，唯一的后置条件是实例变量 fd 应为有效。

```
assert(this->fd >= 0);
```

此处添加了 this 以消除 fd 与局部变量之间的歧义。

通过相同方式，可向析构函数中添加一个前置条件。

```
assert(this->fd >= 0);
```

这里无须添加任何后置条件。因为在析构函数返回后，对应实例将不再有效。

接下来将测试代码。在 main()函数中，我们将创建一个 TimeSaver1，并将其作为参数传递一个空文件名。

```
TimeSaver1 ts1("");
```

构建和运行应用程序，对应的输出结果如图 14.4 所示。

```
● ● ●          ⌂ ~ — user@f00a13ab012c: /mnt/assert — docker exec -ti f0 bash
user@f00a13ab012c:/mnt/assert$ ./assert
assert: /mnt/assert/assert.cpp:14: TimeSaver1::TimeSaver1(const char*): Assertio
n `name[0] != '\0'' failed.
Aborted
user@f00a13ab012c:/mnt/assert$
```

图 14.4

构造函数中的前置条件检测到代码违反契约，并终止了程序。下面将文件名修改为有效的文件名。

```
TimeSaver1 ts1("timestamp.bin");
```

再次构建并运行应用程序，对应的输出结果将有所不同，如图 14.5 所示。

```
● ● ●          ⌂ ~ — user@f00a13ab012c: /mnt/assert — docker exec -ti f0 bash
user@f00a13ab012c:/mnt/assert$ ./assert
assert: /mnt/assert/assert.cpp:21: TimeSaver1::TimeSaver1(const char*): Assertio
n `this->fd >= 0' failed.
Aborted
user@f00a13ab012c:/mnt/assert$
```

图 14.5

目前，全部预置条件均已得到满足，但违反了后置条件，因为无法更新实例变量 fd。对此，可移除 fd 之前的类型定义，如下所示。

```
fd = open(name, O_RDWR|O_CREAT|O_TRUNC, 0600);
```

重新构建并运行应用程序将生成如图 14.6 所示的空输出结果。

图 14.6

这表明，输入参数和结果的所有预期结果均已得到满足。即使在基本的形式中，使用契约编程也有助于避免两种编码问题。因此，该技术广泛地应用于各种条件开发领域中，尤其是安全关键型系统中。

14.3.3　更多内容

C++20 标准预计对契约编程提供更强力的支持，但被推迟至后期的标准中。具体描述可参考 G. Dos Reis、J. D. Garcia、J. Lakos、A.Meredith、N. Myers、B. Stroustrup 发表的一篇名为 *A Contract Design* 的论文（http://www.open-std.org/jtc1/sc22/wg21/docs/papers/2016/p0380r1.pdf）。

14.4　代码正确性的正规验证方案

如前所述，代码分析器和契约编程技术有助于开发人员减少代码中的编码错误数量。然而，在安全关键型开发中，这并非足够，以正规方式证明软件组件的设计是正确的且十分重要的。

这一过程可通过复杂的方法和工具实现自动化处理。在当前示例中，我们将考查一种正规软件验证工具，即 CPAchecker（https://cpachecker.sosy-lab.org/index.php）。

14.4.1　实现方式

本节将在构建环境中卸载并安装 CPAcheck，随后针对一个示例文件运行 CPAcheck。
（1）在构建环境中打开终端。
（2）确保持有根权限；否则，按 Ctrl+D 组合键从用户会话中退回至根会话。
（3）安装 Java 运行环境。

```
# apt-get install openjdk-11-jre
```

（4）切换至用户会话，并将目录调整至/mnt。

```
# su - user
$ cd /mnt
```

（5）卸载并解压 CPACheck 归档文件。

```
$ wget -O -
https://cpachecker.sosy-lab.org/CPAchecker-1.9-unix.tar.bz2 | tar
xjf -
```

（6）将目录调整至 CPAchecker-1.9-unix。

```
$ cd CPAchecker-1.9-unix
```

（7）针对一个示例文件运行 CPAcheck。

```
./scripts/cpa.sh -default doc/examples/example.c
```

（8）卸载包含 bug 的示例文件。

```
$ wget
https://raw.githubusercontent.com/sosy-lab/cpachecker/trunk/doc/examples/
example_bug.c
```

（9）针对新的示例文件运行检查器。

```
./scripts/cpa.sh -default example_bug.c
```

（10）切换至 Web 浏览器并打开该工具生成的~/test/CPAchecker-1.9-unix/output/
Report.html 报告文件。

14.4.2　工作方式

当运行 CPAcheck 时，需要安装 Java 运行环境。Ubuntu 对此提供了支持，并可通过
apt-get 安装 CPAcheck。

接下来需要下载 CPAcheck，使用 wget 工具下载归档文件，并将其传送至 tar 工具中
立即解压。当操作完成后，可在 CPAchecker-1.9-unix 目录中查看 CPAcheck。

我们使用一个预打包的示例文件检查该工具的工作方式。

```
./scripts/cpa.sh -default doc/examples/example.c
```

这将生成如图 14.7 所示的输出结果。

可以看到，该工具未发现当前文件中的任何问题。CPAcheck 归档文件中也不存在包
含 bug 的类似文件，但可访问 CPAcheck 站点进行下载。

```
$ wget
https://raw.githubusercontent.com/sosy-lab/cpachecker/trunk/doc/examples/
example_bug.c
```

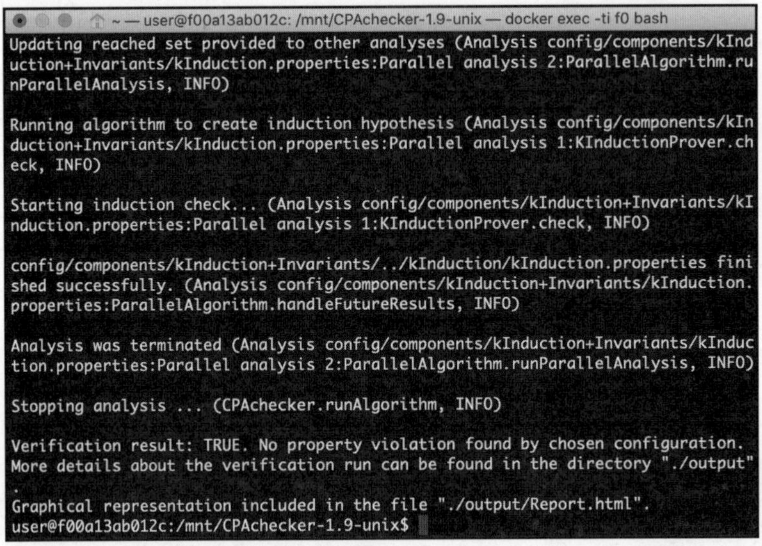

图 14.7

再次运行工具将得到如图 14.8 所示的输出结果。

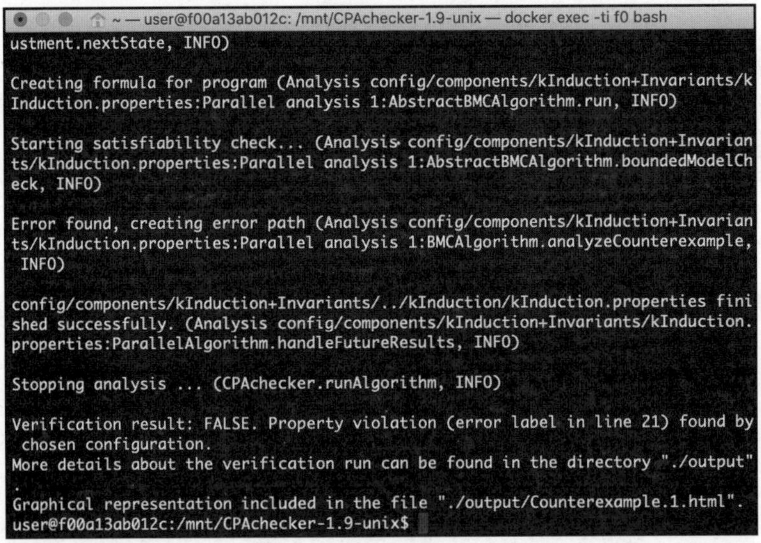

图 14.8

不难发现，两次结果有所不同，即检查到了一个错误。对此，可打开工具生成的 HTML 报告以供进一步分析。除日志和统计数据外，其中还显示了一个流程自动化图，如图 14.9 所示。

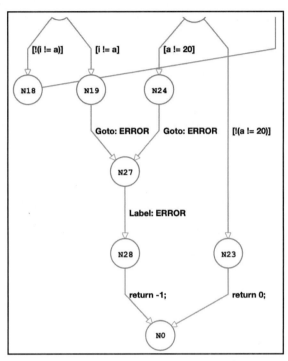

图 14.9

正规的验证方法和工具较为复杂，可处理相对简单的应用程序，但可确保各种情况下应用程序逻辑的正确性。

14.4.3　更多内容

读者可访问 https://cpachecker.sosy-lab.org/index.php 以查看与 CPAchecker 相关的更多内容。

第 15 章　微控制器编程

前述章节讨论了与功能强大的嵌入式系统相关的主题，这些系统具有 MB 字节的内存并运行 Linux 操作系统。本章将考查嵌入式系统的另一面，即微控制器。

微控制器常用于简单、实时任务，如采集信息或向专用设备提供高级 API。微控制器价格低廉、功耗较小且适用于各种环境，因而对于 IoT 应用程序来说是一种较好的选择。

另外，微控制器的各项功能也反映了其低成本特征。通常情况下，微控制器配置了 KB 级别的板载内存，且不包含内存映射机制。微控制器并不会运行任何操作系统，或者运行像 FreeRTOS 这样简单的实时操作系统。

微控制器的型号繁多，且为特定的应用量身定做。本章将学习如何使用 Arduino 开发环境。相关示例面向构建于 ATmega328 微控制器之上的 Arduino UNO 开发板，它被广泛用于教育领域和原型设计，但也适用于其他 Arduino 开发板。

本章主要涉及以下主题。

❑　设置开发环境。

❑　编译并上传程序。

❑　调试微控制器代码。

上述示例可帮助我们设置开发环境，并开始尝试微控制器开发。

15.1　设置开发环境

Arduino UNO 配置了集成开发环境或 IDE，称作 Arduino IDE，读者可访问 https://www.arduino.cc/website 免费下载。

在当前示例中，我们将学习如何设置和连接 Arduino 开发板。

15.1.1　实现方式

本节将安装 Arduino IDE，将 Arduino UNO 开发板连接至计算机设备，并于随后构建 IDE 和开发板之间的通信。

（1）在浏览器中打开下载页面（https://www.arduino.cc/en/Main/Software）并选择与操作系统匹配的选项。

（2）待下载完毕后，可按照 Getting started 页面（https://www.arduino.cc/en/Guide/HomePage）中的指示进行操作。

（3）将 Arduino 通过 USB 连线连接至计算机设备上并自动供电。

（4）运行 Arduino IDE。

（5）构建 IDE 和开发板间的通信。切换至 Arduino IDE 窗口，在应用程序菜单中选择 Tools|Port 命令。这将打开包含串口选项的子菜单。选择名称中包含 Arduino 的相关命令。

（6）在 Tools 菜单中选择 Board 命令，并于随后选择 Arduino 开发板的型号。

（7）选择 Tools|Board Info 命令。

15.1.2　工作方式

Arduino 开发板配备了免费的 IDE，读者可在制造商网站中下载。IDE 的安装过程较为直接，且与平台上其他软件的安装过程并无太多不同。

所有代码都是在 IDE 中编写、编译和调试的，但是编译后的镜像应刷新至目标开发板中，并于其中执行。对此，IDE 应该能够与开发板进行通信。

开发板通过 USB 连线连接至运行 IDE 的计算机设备上。这里，USB 连线不仅提供了通信方式，还向开发板提供了电源。一旦开发板连接至计算机设备，即会自动启动并开始工作。

IDE 使用串行接口与开发板通信。由于计算机设备上配置了多个串口，因而通信配置的步骤之一是选取可用的端口。通常情况下，对应端口在其名称中包含 Arduino 字样，如图 15.1 所示。

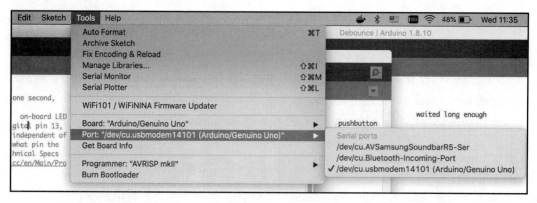

图 15.1

当端口选择完毕后，即可令 IDE 知晓所用的 Arduino 开发板类型。随后，可检查开发板和 IDE 工作间的通信行为。当选择 Board Info 命令时，IDE 将显示一个对话框，其中包含了与连接的开发板相关的信息，如图 15.2 所示。

如果未弹出对话框，则表明安装过程出现了问题。例如，开发板可能未予连接，或已经受损，或选择了错误的端口。否则，我们可以开始准备构建和运行第 1 个程序。

图 15.2

15.1.3　更多内容

读者可访问 Arduino 站点查找相关问题的解决方案，对应网址为 https://www.arduino.cc/en/Guide/Troubleshooting。

15.2　编译并上传程序

前述内容讨论了如何设置开发环境。接下来将编译和运行第 1 个程序。

Arduino UNO 开发板自身并未配置显示屏，因而需要通过某种方式了解程序所执行的工作。但是，内建 LED 十分有用，进而可从程序中进行控制，而无须将外围设备连接至开发板上。

在当前示例中，我们将学习如何编译和运行程序，进而在 Arduino UNO 开发板上实现闪烁的 LED 效果。

15.2.1　实现方式

本节尝试将现有的示例应用程序编译并上传至配置了 IDE 的开发板上。

（1）将 Arduino 开发板连接至计算机设备上，并打开 Arduino IDE。

（2）在 Arduino IDE 中，打开 File 菜单并选择 Examples | 01. Basics | Blink 命令。

（3）随后将显示一个新窗口。在该窗口中，单击 Upload 按钮。

（4）查看开发板内置 LED 的闪烁方式。

15.2.2　工作方式

Arduino 是一款用于教学目的的平台，它简单易用且包含了大量的示例。在第 1 个程序中，开发板不需要与外部设备连接。当启动了 IDE 后，我们可从示例中选择 Blink 应用程序，如图 15.3 所示。

这将打开一个包含程序代码的窗口，如图 15.4 所示。

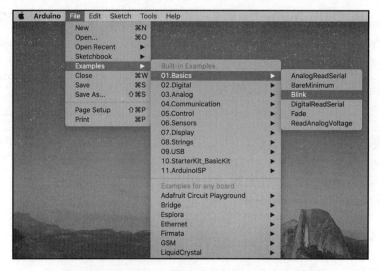

图 15.3

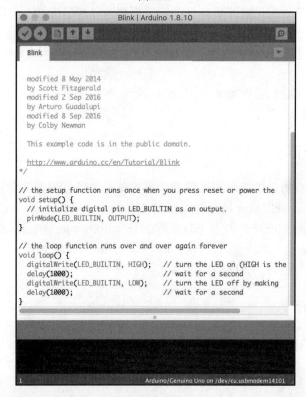

图 15.4

除程序的源代码外，还可看到一个黑色的控制台窗口和一个状态栏，表示 Arduino UNO 开发板已通过/dev/cu.usbmodem14101 串口连接。设备名称取决于开发板型号，在 Windows 或 Linux 环境中，端口名称可能会有所不同。

在源代码上方，还可看到多个按钮。其中，第 2 个按钮（右箭头）为 Upload 按钮。当单击该按钮时，IDE 开始构建应用程序，并于随后将最终的二进制文件上传至开发板中。在控制台窗口中，还可进一步查看其构建状态，如图 15.5 所示。

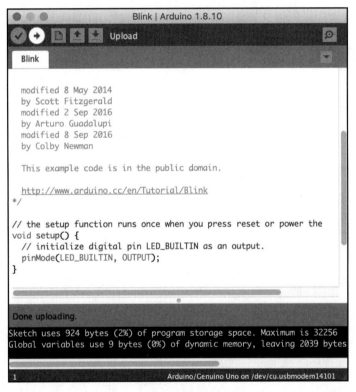

图 15.5

应用程序在上传后立即启动。当观察开发板时，可以看到内置的黄色 LED 已开始闪烁。至此，我们构建并运行了第 1 个 Arduino 应用程序。

15.2.3　更多内容

在应用程序上传后，程序将存储至板载闪存中。当关闭开发板并再次启动时，程序将开始运行，即使 IDE 未处于运行状态。

15.3　调试微控制器代码

与功能强大的嵌入式平台相比，如 Raspberry Pi，Arduino 的调试能力有限。Arduino IDE 并未提供集成式调试器，同时 Arduino 开发板自身也并未配备内建显示屏，但却配置了 UART，并提供了可用于调试目的的串行接口。

在当前示例中，我们将学习如何使用 Arduino 串口，以调试并读取用户输入内容。

15.3.1　实现方式

本节将针对 Arduino 控制器实现一个简单的程序，等待串口上的用户输入内容，并根据数据开启/关闭内建 LED。

（1）打开 Arduino IDE 并选择 File 菜单中的 New 命令，随后将显示一个新的 Sketch 串口。

（2）将下列代码片段粘贴至 Sketch 串口。

```
void setup() {
 pinMode(LED_BUILTIN, OUTPUT);
 Serial.begin(9600);
 while (!Serial);
}

void loop() {
  if (Serial.available() > 0) {
     int inByte = Serial.read();
     if (inByte == '1') {
       Serial.print("Turn LED on\n");
       digitalWrite(LED_BUILTIN, HIGH);
     } else if (inByte == '0') {
       Serial.print("Turn LED off\n");
       digitalWrite(LED_BUILTIN, LOW);
     } else {
       Serial.print("Ignore byte ");
       Serial.print(inByte);
       Serial.print("\n");
     }
     delay(500);
  }
}
```

（3）单击 Upload 按钮构建并运行代码。

（4）选择 Arduino IDE 的 Tools 菜单中的 Serial Monitor 命令，随后将显示一个 Serial Monitor 窗口。

（5）在 Serial Monitor 窗口中输入 1010110。

15.3.2　工作方式

我们创建了一个新的 Arduino Sketch 并包含两个函数。其中，第 1 个函数，即 setup() 函数，在程序启动时调用，用于提供应用程序的初始配置。

在当前示例中，需要初始化串行接口。串行接口中最重要的参数是其速度（位数/秒）。这里，微控制器和 IDE 应使用相同的速度，否则通信行为无法正常工作。默认状态下，串口监视器使用 9600 位/秒。相应地，应用程序也将使用该值。

```
Serial.begin(9600);
```

虽然可使用较高的通信速度，但串行监视器在屏幕的右下角有一个下拉菜单，进而可选取其他速度。如果确定使用其他速度，那么代码也应随之进行适当的调整。

此外，根据内建 LED，我们还针对输出配置了引脚 13。

```
pinMode(LED_BUILTIN, OUTPUT);
```

这里使用了常量 LED_BUILTIN（而非 13）以使代码更具可读性。第 2 个函数 loop() 则定义了 Arduino 程序的无限循环。每次循环都会从串口中读取一个字节。

```
if (Serial.available() > 0) {
    int inByte = Serial.read();
```

如果对应字节为 1，那么将开启 LED，并将一条消息写回至串口中。

```
Serial.print("Turn LED on\n");
digitalWrite(LED_BUILTIN, HIGH);
```

类似地，如果字节为 0，则关闭 LED。

```
Serial.print("Turn LED off\n");
digitalWrite(LED_BUILTIN, LOW);
```

所有其他字节均被忽略。在从端口读取每个字节后，我们将添加 500 ms 的延迟。通过这种方式，可定义不同的闪烁模式。例如，如果发送 1001001，LED 将开启 0.5 s、关闭 1 s、开启 0.5 s、关闭 1 s，最后再次开启。

如果运行代码并在串口监视器中输入 1001001，将会看到如图 15.6 所示的输出结果。

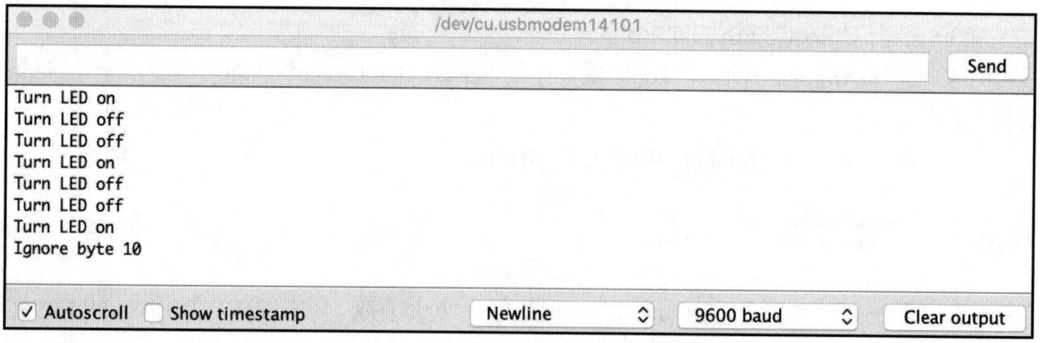

图 15.6

　　此时，LED 按照期望的方式闪烁。除此之外，还可看到串口监视器中的调试消息。通过这种方式，我们可以调试更加复杂的应用程序。